高等职业教育"十四五"规划教材

蔬菜生产技术

（南方本）

练华山　欧阳丽莹　主编

中国农业大学出版社
·北京·

内容简介

本书为高等职业教育农林牧渔大类专业教材，共13个部分，主要介绍了蔬菜作物的生长发育规律和产品形成规律及其与环境条件的相互关系，探讨实现蔬菜持续高产、优质、高效的生产理论和技术措施。教材从我国南方，尤其是西南地区的蔬菜生产实际出发，本着职业教育以培养一线岗位与岗位群能力为中心，理论教学与实践训练并重的基本原则，以形成能力本位、项目教学、工学结合、理实一体的教学方法组织与编排教材内容体系。本书适合作为高等职业院校相关专业课程教材，也可供蔬菜生产相关从业人员学习、参考。

图书在版编目(CIP)数据

蔬菜生产技术：南方本/练华山，欧阳丽莹主编．—北京：中国农业大学出版社，2020.7(2022.7重印)

ISBN 978-7-5655-2394-6

Ⅰ.①蔬…　Ⅱ.①练…②欧…　Ⅲ.①蔬菜园艺-高等职业教育-教材　Ⅳ.①S63

中国版本图书馆CIP数据核字(2020)第122987号

书　名	蔬菜生产技术(南方本)		
作　者	练华山　欧阳丽莹　主编		
策划编辑	康昊婷	**责任编辑**	郭建鑫
封面设计	郑　川		
出版发行	中国农业大学出版社		
社　址	北京市海淀区圆明园西路2号	**邮政编码**	100193
电　话	发行部 010-62733489,1190		读者服务部 010-62732336
	编辑部 010-62732617,2618		出　版　部 010-62733440
网　址	http://www.caupress.cn	**E-mail**	cbsszs @ cau.edu.cn
经　销	新华书店		
印　刷	北京溢漾印刷有限公司		
版　次	2020年7月第1版　2022年7月第2次印刷		
规　格	787×1 092　16开本　16印张　400千字		
定　价	48.00元		

图书如有质量问题本社发行部负责调换

编写人员

主　编　练华山（成都农业科技职业学院）
　　　　　欧阳丽莹（成都农业科技职业学院）

副主编　唐　懿（四川农业大学）
　　　　　辛亚宁（成都农业科技职业学院）

编　委　李春文（成都金田种苗有限公司）
　　　　　李　慧（成都农业科技职业学院）
　　　　　练华山（成都农业科技职业学院）
　　　　　刘　继（成都市农林科学院）
　　　　　欧阳丽莹（成都农业科技职业学院）
　　　　　唐　懿（四川农业大学）
　　　　　脱飞飞（成都农业科技职业学院）
　　　　　万　群（成都农业科技职业学院）
　　　　　辛亚宁（成都农业科技职业学院）
　　　　　熊丙全（成都农业科技职业学院）
　　　　　闫　凯（成都农业科技职业学院）
　　　　　阳　淑（成都农业科技职业学院）
　　　　　曾安俊（成都金穗绿丰种苗有限公司）
　　　　　张金容（成都农业科技职业学院）

前言 PREFACE

蔬菜生产技术研究蔬菜作物的生长发育规律和产品形成规律及其与环境条件的相互关系，探讨实现蔬菜持续高产、优质、高效的生产理论和制定生产技术措施，是园艺专业和相关种植类专业的一门重要核心课程。我国曾先后出版过多种版本的蔬菜生产技术教材，对培养蔬菜、园艺及种植类专业技术人才，促进蔬菜产业的快速发展起到了重要推动作用。

蔬菜是我国重要的农产品，也是农民增收致富的主要经济作物。以四川省为例，四川省发展蔬菜产业优势明显，经过多年发展，全省蔬菜生产基地逐步向优势区域集中，呈现出栽培品种互补、上市档期不同、区域协调发展的格局，形成了攀西早市蔬菜、川西加工外销蔬菜、川南早春蔬菜、川东北特色蔬菜、川藏高原秋淡蔬菜等五大优势区域。四川蔬菜发展的趋势是安全、优质、生态、特色和高效，突出优势，稳定面积，提高标准化水平，提高生产力水平，提高产品质量。

本教材从我国南方，尤其是西南地区的蔬菜生产实际出发，本着高等职业教育"以培养一线岗位与岗位群能力为中心，理论教学与实践训练并重"的基本原则，以"形成能力本位、项目教学和工学结合，融'教、学、做'理实一体"的教学方法组织与编排教材内容体系。

本教材绪论由张金容编写；项目一由李慧、曾安俊编写；项目二由闫凯、李春文编写；项目三由练华山编写；项目四、选学项目二由熊丙全编写；项目五由阳淑编写；项目六由唐懿编写；项目七由刘继编写；项目八由辛亚宁编写；项目九由万群编写；项目十由脱飞飞编写；选学项目一由欧阳丽莹编写。全书由练华山、欧阳丽莹任主编，并统编定稿。

教师可根据教学计划进度、当地蔬菜生产情况以及学校实训条件，在项目教学中合理选择蔬菜生产任务进行教学。

本教材在编写过程中，参考、借鉴与引用了许多专家的研究成果与资料，同时各兄弟单位给予了大力支持，在此一并表示衷心感谢。

由于作者学识、水平所限，疏漏与错误在所难免，敬请各位专家、学者和读者朋友提出宝贵意见。

编　者

2019 年 10 月

目录
CONTENTS

Introduction

绪　论

学习目标

一、知识目标

1. 掌握蔬菜的定义、特点及其营养保健价值；
2. 理解与掌握蔬菜生产的地位、特点及其方式；
3. 了解我国蔬菜产业的发展现状、发展趋势与存在的问题；
4. 了解蔬菜生产技术课程的主要特点，掌握课程学习任务和学习方法。

二、技能目标

1. 能识别当地生产的主要蔬菜种类，区分蔬菜作物与其他粮食、饲料、药用植物，了解各种蔬菜的营养保健价值；

2. 能说出当地蔬菜的主要生产方式，比较各类蔬菜的优缺点，并能根据当地的气候特征、消费习惯、销售行情，正确选择蔬菜生产方式；

3. 能结合当地实际，分析我国蔬菜产业发展中存在的问题及原因，并拟定解决措施。

一、蔬菜的定义、特点及其营养保健价值

蔬菜是人们日常生活中的重要副食品。狭义上讲,凡是以柔嫩多汁的产品器官作为副食品的一年生、二年生及多年生的草本植物,统称为蔬菜。广义上讲,凡是可供佐餐的植物,统称为蔬菜。

蔬菜品种繁多,资源丰富。据统计,现今我国生产的蔬菜包括32科的210种以上,普遍生产的蔬菜有60多种。而每一种蔬菜又因驯化、育种、生产等因素和气候条件的不同而具有不同的变种或亚种,以及数量众多的生产种。大部分蔬菜属于草本植物,还有一些属于木本植物、真菌或藻类。目前,绝大多数蔬菜还属于半生产种和野生种,可供开发利用的蔬菜资源比较丰富,开发潜力巨大。随着蔬菜育种技术的不断发展以及蔬菜生产技术的不断进步,蔬菜品种的数量将不断上升。

蔬菜的食用器官多种多样,包括根、茎、叶、花,以及果实、种子和菌丝体等。如萝卜、胡萝卜的肉质直根,莴苣、菜薹的嫩茎,马铃薯、山药、莲藕的块茎,芋、荸荠的球茎,生姜、竹笋的根状茎,菠菜、白菜的嫩叶,大白菜、结球甘蓝的叶球,大葱、洋葱的鳞茎,芹菜的叶柄,金针菜的花,花椰菜的花球等,南瓜、冬瓜、豇豆的瓠果、浆果、荚果等,几乎包括了植物所有的器官,食用范围广泛。

有些植物既可作蔬菜,又可作为粮食作物,如豌豆、蚕豆、菜豆、豇豆、马铃薯;或可作为饲料,如南瓜、胡萝卜、芜菁;或可作为水果,如西瓜、甜瓜。

二、蔬菜生产的地位、特点及方式

(一)蔬菜生产的地位

蔬菜生产在人类生活中有着举足轻重的地位,特别是在农业和农村经济发展中的作用不可小觑。蔬菜生产产量高、经济效益显著,在大生产、大流通的经济一体化、全球化格局下,蔬菜生产已成为一些经济欠发达国家和地区的支柱产业。目前,蔬菜生产已成为除主要粮食作物外,种植业中的第二大产业,是广大农户发家致富的主要途径,同时也是我国一些地区乃至世界其他国家和地区最充满活力的经济增长点之一。

(二)蔬菜生产的特点

蔬菜生产是根据所生产蔬菜的生长发育规律及其对生产环境的要求,通过采取各种相应的生产管理措施,来创造适合蔬菜生长的优良环境,获得优质高产蔬菜的过程。其生产过程中既遵循植物生长的一般规律,又具有鲜明的种类和品种特性,技术性很强。其生产过程与其他植物生产相比,有着明显的特点:①季节性很强;②技术要求高;③限制因子多;④设施化趋势明显;⑤商品化程度高。

(三)蔬菜生产的方式

蔬菜生产的方式多种多样。根据生产场地,分为设施生产和露地生产;根据生产基质,分为土壤生产和无土生产;根据生产种类,分为普通蔬菜生产和特色蔬菜生产;根据生产规模大小,分为零星生产和规模生产;根据生产目的,分为自给自足的庭院蔬菜生产、半农半菜的季节性蔬菜生产、以种菜为主要职业的专业蔬菜生产、以外销为主的出口蔬菜生产及特产

蔬菜生产等；根据生产手段，分为促成生产、早熟生产、延迟生产、露地直播生产等。

三、蔬菜产业与蔬菜产业化生产

随着人们生活水平的不断提高，蔬菜种植水平和规模的不断扩大，带动了与蔬菜种植、运输、销售等相关产业的发展，逐渐形成了蔬菜种苗业、蔬菜运输业、蔬菜销售业等产前、产中、产后相互衔接的蔬菜产业体系，蔬菜产业在人们日常生活中的地位不断上升，蔬菜经济成为各地农业经济的重要组成部分。

（一）蔬菜产业的概念

所谓蔬菜产业，就是指直接进行商品蔬菜生产以及直接服务于蔬菜生产并产生经济效益的各生产环节组成的产业体系。如蔬菜种子业、蔬菜育苗业、蔬菜种植业、蔬菜销售运输业、蔬菜产品深加工业等。蔬菜业和蔬菜产业其实是两个不同的概念，前者仅指与蔬菜种植栽培密切相关的各生产环节体系，以发展其各生产环节内涵为主要目的，对其经济效益或经济指标要求不高；后者则强调以追求较高的经济效益为主要生产目标。

蔬菜产业体系中的商品形态有：蔬菜种子、蔬菜秧苗、鲜用蔬菜、贮藏蔬菜、加工蔬菜、运销蔬菜、深加工蔬菜、出口蔬菜等。

（二）蔬菜产业的结构

蔬菜产业的基本结构可划分为产前、产中、产后 3 个环节。产前包括蔬菜良种研究及生产环节、蔬菜种子销售环节、蔬菜育苗环节等。产中包括蔬菜种植、田间管理、采收等蔬菜直接生产过程环节。产后包括蔬菜贮藏环节、蔬菜运输环节、蔬菜加工环节、蔬菜销售环节、餐饮等相关服务环节及相关出口包装环节等。显然，蔬菜产前环节是进行蔬菜生产的基础，蔬菜产后环节是蔬菜经济效益的延伸、体现和保证。蔬菜生产过程中的产前、产中、产后各环节、各部门组成了一个完整的综合生产体系。

蔬菜产中环节是蔬菜产业体系中的核心环节，只有通过蔬菜种植过程才能形成具体的蔬菜产品，蔬菜产前、产后环节都是围绕着产中环节进行准备和延伸的，即具有“两头小、中间大”的特点。但这并不意味着可以否认蔬菜产前、产后环节的重要性，而二者恰恰为蔬菜生产提供了功能强大的服务体系，为蔬菜种植保驾护航。

蔬菜产业是一个庞大的体系。毋庸置疑，其产前、产中、产后各主要环节均可单独成为产业。在蔬菜产业结构较为完善、商品经济较为发达和大蔬菜、大流通、大市场的基础上，有选择性地突出当地或本部门具有生产优势的蔬菜产业中的一个或几个环节，形成产业龙头，融入全国产业链群，以带动和促进全局性蔬菜产业的发展，实现经济效益和社会效益的最大化。

（三）蔬菜产业的特点

蔬菜的食用部分主要是鲜嫩器官，即使进行深加工也必须以鲜嫩产品为加工对象。另外由于蔬菜生产具有很强的季节性，导致了蔬菜产品极容易腐烂变质，必须及时进行运输、销售或贮藏加工，这使得蔬菜产业与其他生产行业相比，具有鲜明的产业特点。

1. 蔬菜产业系统结构的复杂性

蔬菜生产的过程，涉及蔬菜优良品种研发，种子生产与销售，蔬菜秧苗生产与销售，蔬菜种植，蔬菜种植技术培训，蔬菜肥料、农药等生产资料的生产、销售、使用和蔬菜运输、蔬菜保藏、蔬菜加工、蔬菜销售及出口等环节。蔬菜产业涉及蔬菜科研院所、教育、化工、运输、机械、农业、林业、贸易、销售等行业和部门。蔬菜植物种类繁多，产品包括植物的根、茎、叶、花、果及食用菌的子实体等。尤其是在大生产、大市场、大流通的商品经济形势下，蔬菜产业各系统、各部门之间必须紧密衔接、互相促进，才能有力地促进蔬菜产业的发展。

2. 蔬菜产业经济效益的易变性

一般来说，蔬菜产业的经济效益较高，因而发展迅速。然而，由于蔬菜产品的鲜嫩性特点、副食品地位，以及人们口味的变化，如果对蔬菜市场发展规律把握不准、对市场情况调查了解不够，就容易导致蔬菜销售不畅、产品积压、大量腐烂等情况发生，使蔬菜种植者投入的成本难以回收，甚至出现巨额亏损，严重打击蔬菜经营者发展蔬菜产业的信心。这种情况已在一些地区屡见不鲜。因此，要推动蔬菜产业的均衡发展并大力发展蔬菜加工业、蔬菜贮藏业、蔬菜贸易业等，这不仅可以促进蔬菜产业做强做大，更能显著提高蔬菜产业的经济效益和稳定性。

3. 蔬菜产品流动的特殊性

蔬菜是鲜嫩产品，必须及时进行销售和运输。在蔬菜生产专业化、规模化、大生产、大市场、大流通的商品经济条件下，蔬菜产品的及时运输显得尤为重要。根据这一产业特点，应广泛开展的“蔬菜产品运输绿色通道”以及冷链运输。

4. 蔬菜产品包装形态的多样性

蔬菜产品采收后，人们为了保持其鲜嫩程度、减少成本及加快流通速度，往往以散装的形式直接在农贸市场、蔬菜批发市场进行销售。随着蔬菜产业的发展及人们生活水平的提高，遵循绿色无污染、清洁、安全、健康、营养、周年化供应等原则，蔬菜产品经过进一步的加工、贮藏等产后处理，然后进行包装销售，不仅提高了蔬菜产品的形象，而且改善了产品的品质，提高了蔬菜产品的附加值。通过对蔬菜产品的种植过程、农药化肥等的使用规范、产后处理程序等进行严格的分级，同时各蔬菜生产企业以品牌和商标的形式予以确认和公布，才能保证人民身体健康和促进蔬菜产业发展。

5. 蔬菜产业利益分配的矛盾性

蔬菜产业体系涉及多个单位和部门，因此蔬菜价格必然包括技术部门的技术价值、种植者的种植成本、运输销售单位的工作价值等。从蔬菜生产的过程来说，蔬菜种植者付出的劳动最为重要和关键，付出的劳动力等生产成本也最高，但其价值难以在蔬菜销售价格中得到充分体现。这种现象在我国乃至世界范围内的农业生产中具有一定的普遍性。如今一些发达国家以及在我国的一些发达地区都已对蔬菜种植者进行经济补贴，以弥补和缓解蔬菜产业利益分配的矛盾。

(四)蔬菜商品性生产与产业化

蔬菜生产是环环相扣的系统工程，必须依赖各环节的相互配合。蔬菜生产的产业化过程，实际上就是蔬菜产业的产前、产中、产后各生产环节的产业化发展过程。在大市场、大流通的背景下，依托自身优势，大力建设针对其中若干环节的产业化龙头企业，以此带动该环节的整体产业化程度深入发展，提高产业化规模，有力促进全国范围内的商品蔬菜的产业化发展。例如，蔬菜优质种业的商品化和市场化发展，在保证整个蔬菜产业能提供优质蔬菜的同时，还能为优质蔬菜种子研究者、生产者、销售者带来丰厚的利润，实现良好的经济和社会效益。

蔬菜生产过程的产业化发展包括蔬菜种业的产业化发展、蔬菜种植业的产业化发展、蔬菜销售业的产业化发展、蔬菜流通业的产业化发展、蔬菜配套农资及服务的产业化发展等。

在蔬菜种业产区，以蔬菜科研院所为依靠，以优质蔬菜品种开发为核心，对蔬菜优良品种的研究、开发、试种、推广、种业销售等以市场化、产业化的方式发展，将智力优势转化为资源优势，不仅将成为本部门、本地区的重要经济增长点，更将有力地推进全国蔬菜产业的发展。在蔬菜产区，通过充分发挥本地自然资源优势，规划与发展各季节常规大宗蔬菜、绿色有机蔬菜生产，不断调整蔬菜种植和销售的菜源结构，满足人民群众的生活需求；优化菜田的种植结构，合理轮作、间作、混作、套作和连作，提高土地的复种指数和利用率；实施蔬菜周年种植和反季节种植，优化蔬菜种类的周年均衡供应途径，提高种植者的经济效益；贯彻环保蔬菜、绿色有机蔬菜、可持续发展蔬菜等生产方式，提高蔬菜产品的品质和可持续发展能力。建立健全蔬菜运输、中转等物流配送体系，蔬菜批发、零售等蔬菜销售体系，化肥、农药等蔬菜化工产品的生产、销售体系，以及蔬菜生产技术指导等农资服务体系等。遵循商品化、市场化和产业化规律，蔬菜生产各环节在专业化、规模化、产业化发展的同时，必将极大促进蔬菜整体产业的稳步发展。在促进当地经济发展和社会进步的同时，也必将提高种植者、经营者的经济收入。

四、四川蔬菜产业的发展现状与趋势

（一）四川蔬菜产业发展现状

（1）产业规模全国领先　2018 年四川全省蔬菜种植面积达 2 000 万亩（1 亩≈667 m^2），产量近 4 352 万 t（含食用菌），面积和产量均跃居全国第五位。

（2）助农增收效果显著　2018 年四川蔬菜产值达 2 068 亿元（含四川泡菜），位居种植业榜首，实现农民人均增收 80 多元，在促进农民持续增收和脱贫攻坚方面发挥了重要作用。

（3）区域布局更加合理　基本形成了盆地加工外销蔬菜、攀西冬春喜温蔬菜、川南早春蔬菜和盆周山区高山蔬菜“三区一带”优势区，建成了全国最大的冬春喜凉露地蔬菜生产基地、羊肚菌生产基地、黄背木耳生产基地。

（4）质量安全水平提升　农业农村部对四川蔬菜质量安全监测合格率达 96%以上，居全国前列。2018 年，四川省农产品例行抽检合格率达到 99.4%。

（5）泡菜加工全国第一　2018 年泡菜产量、产值分别达到 400 万 t、340 亿元，建成了全国最大的泡菜加工基地，四川已成为全国第一泡菜产业大省。泡菜加工工艺达到国际领先水平，比肩日本、韩国。

（6）品牌深入人心　四川地区连续举办了 10 届泡菜博览会、9 届蔬菜博览会、4 届食用菌博览会、3 届蔬菜品赏会，打响了“四川蔬菜 天然生态”品牌。常年外销鲜菜到重庆、西藏、宁夏等周边省（市、自治区）及“三北”地区，调剂了全国蔬菜市场供给。2018 年四川蔬菜出口 38 个国家和地区，出口额达 3.8 亿元，居农产品出口额首位。

（二）四川蔬菜产业发展的优势

（1）气候类型多样，可实现周年均衡生产　与全国相比，四川属亚热带湿润气候，温暖湿润，自然条件下本地区蔬菜可进行露地周年生产。其中，成都平原冬春季可露地生产莴笋、甘蓝和芹菜等叶菜，成本低、品质好；攀西地区冬暖夏凉，日照丰富，早春可生产喜温的番茄、茄子、黄瓜等蔬菜，可在当年12月份到翌年4月份上市；川西北高山、高原冬寒夏凉，日照充足，适合发展采摘期较晚的夏秋蔬菜。

(2)种质资源丰富，满足市场多样化需求　四川是全国蔬菜、食用菌品种资源最丰富的地区之一。13个大类、105个种或变种、上千个品种的蔬菜，绝大部分在四川有栽培，其中以芥菜、萝卜、辣椒、莴笋、菜豆、豌豆、南瓜和芋头的种植最为丰富。全省有大型真菌1 300余种，食(药)用菌600种以上，有良好的新品种选育、新种类驯化基础。

(3)种植模式优越，产品生态安全　四川蔬菜以露地生产为主，同时通过“菜—稻—菜”水旱轮作模式，既解决了土壤盐渍化、酸化和板结问题，又能有效减轻病虫害，减少化肥和农药用量，保证了四川蔬菜的营养、生态、健康和安全。连续10多年的研究结果表明，水旱轮作蔬菜的粗纤维、维生素含量等营养指标和可溶性总糖、氨基酸总量等适口性指标均比设施栽培的蔬菜好。

(4)短期设施栽培，作用显著　四川全省设施蔬菜面积约160万亩，川南、川西和川东北“春提前”“秋延后”设施栽培，投入低，覆盖时间短，作用效果好，有利于缓解淡季压力。尤其是攀西地区的“稻菜”轮作水旱两用设施，既保障了夏秋粮食生产，又可使瓜果类蔬菜上市期提前1～2个月，缓解了冬春喜温蔬菜淡季，特别是缓解了元旦、春节“两节”供应紧张的局面，优化了品种结构，提高了自给率。

(5)冬春露地蔬菜，市场优势明显　我国北方地区冬春季节蔬菜生产主要以节能日光温室为主，但产品数量不足、品种单一、成本较高，因此叶菜和茎菜类蔬菜缺口较大，而我省的冬春季节也是蔬菜供应旺季。特别是川西片区，冬春蔬菜生产品种多，尤以叶菜、根茎菜为主，外调量逐年增加。加之攀西地区1—4月份冬春早市菜以及川南片区“春提前”“秋延后”蔬菜生产，填补了北方及重庆等地蔬菜供应的市场空当，因此四川商品菜在川渝大中城市及“三北”地区都极具竞争力。

(三)发展趋势

以习近平新时代中国特色社会主义思想为指导，全面贯彻落实习近平总书记对四川工作系列重要指示、四川省委十一届三次全会和省委有关文件精神，以“优、绿、特、强、新、实”六字经为统领，以融入现代农业园区为抓手，充分发挥生态优势和资源优势，以保障“菜篮子”均衡供应、促进农民持续增收为目标，以推进供给侧结构性改革为主线，以稳面积、调结构、提质量、创品牌、增效益为主旋律，着力打造“两千亿”蔬菜产业，实现四川由蔬菜大省向蔬菜强省跨越。

(1)建设现代育苗中心　结合蔬菜“三区一带”布局，建设区域性集约化育苗基地，开展新品种引进、筛选，配套技术集成示范、培训。依托良种繁育基地，展示科技新成果，促进科技普及推广，带动区域蔬菜生产水平提升。加快县域蔬菜集约化育苗场或食用菌菌种繁育场建设，大力发展茄果类、瓜类、叶菜类等集约化育苗、嫁接育苗，推动蔬菜种苗和食用菌生产。

(2)建设标准化蔬菜基地　按照“五网”配套要求，开展基地田土改造及排灌渠系、田间道路、物联网等建设。因地制宜，发展钢架大棚、喷灌滴灌等生产设施。推进蔬菜育苗播种、整地、采收等环节的机械作业，降低生产成本，提升蔬菜生产能力。推广蔬菜轻简化栽培、设施周年规范化栽培、避雨栽培等新技术，稻菜轮作、粮经复合栽培等新模式，以及杀虫灯、防虫网、粘虫色板等新材料。开展有机肥替代化肥行动和园艺作物绿色高产高效创建，减少农药化肥使用，生产绿色安全的蔬菜（食用菌）产品。

（3）发展采后商品化处理　建设一批田间小型预冷处理冷库，对采收后的蔬菜及时预冷处理，提高贮藏保鲜能力。在蔬菜生产集中区，结合种植品种、规模和销售需求，建立蔬菜集中处理中心、冷藏库，配备清洗、分级、包装等设备，推进蔬菜产品分等分级、包装标识，积极发展方便净菜、袋装蔬菜、真空保鲜蔬菜等鲜切类蔬菜。结合产地批发市场，建设一批生鲜农产品低温配送处理中心，引进大型物流企业，打造集群冷链物流园区，形成产区城市相配套、设施先进、功能完善的蔬菜物流综合服务体系。

（4）建设蔬菜出口备案基地　在现有标准化蔬菜基地的基础上，按照出口备案基地建设要求，进一步改造和提升硬件设施，特别是产地采后商品化处理设施建设。依据目标市场需求确定主导出口产品，构建"政府主导、企业主体、行业自律、社会监督"的出口质量管理机制，保障出口蔬菜产品质量。强化人员培训，重点开展蔬菜出口贸易政策法规、国际市场动态、技术标准指南、行业预警等方面的培训，提高国际营销和应对贸易摩擦的能力。

（5）打造省级现代蔬菜园区　以标准化蔬菜基地为依托，打造一批规模相对集中、产业效益好、在全省有影响力和带动力的省级现代蔬菜园区。园区布局合理，规划科学，基础设施完善，"良种、良法、良机"配套，市场流通、冷链贮运设施完备，生产方式绿色环保，利益联结机制完善，园区农户可支配收入高于当地平均水平20%以上。

五、蔬菜生产季节与茬口安排

（一）蔬菜茬口安排的基本原则

（1）要有利于蔬菜生产和周年供应　应以当地的主要栽培茬口为主，充分利用有利的自然环境，获得高产、优质产品，并降低生产成本。同一种蔬菜或同一类蔬菜应通过排开播种，将全年的种植任务分配到不同的栽培季节里进行周年生产，保证蔬菜的全年均衡供应。

（2）要有利于提高土地利用率，提升经济效益　蔬菜生产投资大、成本高，应通过合理的间、套作，以及育苗移栽等措施，做好前后茬的衔接，尽量缩短土地空闲时间，提高土地利用率；根据当地的蔬菜市场供应情况，适当增加一些高效蔬菜茬口以及淡季供应茬口，提高栽培效益；有条件的地区应逐渐加大蔬菜设施栽培的比例。

（3）要有利于控制蔬菜的病虫害　同种蔬菜长期连作，容易诱发或加重病虫害，在安排茬口时，进行一定年限的轮作可以有效控制病虫害的发生。

（二）蔬菜生产季节的确定与季节茬口

1.蔬菜生产季节的确定

基本原则是将蔬菜的整个生长期安排在其能适应的温度季节，而将产品器官的生长期安排在温度最适宜的季节里，以保证产品的高产、优质。不同类型的蔬菜有相应的温度适应范围，如耐热以及喜温性蔬菜的产品器官形成期要求高温，以春夏季栽培效果最好；耐寒性、半耐寒性蔬菜在栽培前期对高温有较强的适应性，而产品器官形成期则喜欢冷凉，故适宜栽培季节为夏秋季。除温度条件外，还应考虑光照、雨量、病虫害等对蔬菜栽培季节的影响，如西瓜、甜瓜的开花坐果期应避开雨季；大白菜等应适当晚播以避开病害；大蒜、洋葱的鳞茎形成需要长日照，而四季豆结荚需要短日照等。

2. 露地蔬菜季节茬口

(1)越冬茬　俗称过冬菜，一般于秋季露地直播或育苗，冬前定植，来年春季或早夏收获上市，解决春季蔬菜供应不足问题。主要栽培一些耐寒或半耐寒性蔬菜，南方多栽培菠菜、莴苣、芹菜、甘蓝、春白菜、菜心等。

(2)春茬　即早春菜，在长江流域一般于2—3月份播种，4—5月份上市，正好在夏季茄、瓜、豆大量上市前，过冬菜大量下市后收获。多栽植耐寒性较强，生长期短的绿叶菜，如芹菜、菠菜、小白菜等；也有冬季设施育苗，早春定植的春白菜、春甘蓝、春花椰菜等。

(3)夏茬　即春夏菜，多为春季终霜后露地定植的喜温蔬菜，如茄果类、瓜类、豆类蔬菜，是各地主要的季节茬口。长江流域多在清明前后定植，在6—7月份大量上市，宜将中晚熟品种排开播种，分期、分批上市。一般在立秋前腾茬出地，后茬种植伏菜或晒地后种秋冬菜。

(4)伏茬　又称伏菜，是专门解决秋淡的一类耐热蔬菜，在长江流域多于6—7月份播种或定植，8—9月份上市，主要有早秋白菜、蕹菜、豇豆、夏黄瓜、夏甘蓝、夏萝卜等，后茬为秋冬茬。

(5)秋冬茬　俗称秋菜或秋冬菜，一般立秋前后直播或定植，10—12月份收获上市。以喜冷凉的白菜类、根菜类、茎菜类为主，也有部分喜温的果菜类、豆类、绿叶菜类，是全年蔬菜种植面积最大的季节茬口，主要供应秋冬季蔬菜市场。

六、蔬菜播种

(一)播前处理

1. 浸种

浸种就是在水温适宜和水量充足的条件下，促使种子在短时间内吸足从种子萌动到出苗所需的全部水量。有时候浸种还能在一定程度上起到消毒灭菌的作用。浸种的水温和浸泡时间是重要条件，根据浸泡的水温不同，可将浸种分为一般浸种、温汤浸种和热水烫种3种方法。

(1)一般浸种　也叫温水浸种，用温度与种子发芽适温相同的水浸泡种子，一般为25～30℃。只对种子起供水作用，无种子灭菌作用，适用于种皮薄、吸水快的种子。

(2)温汤浸种　先用55～60℃的温汤浸种10～15 min，其间不断搅拌，之后加入凉水，降低温度转入一般浸种。由于55℃是大多数病菌的致死温度，10 min是在致死温度下的致死时间，因此，温汤浸种对种子具有灭菌作用，同时还有增加种皮透性和加速种子吸胀的作用。

(3)热水烫种　将种子投入70～75℃或更烫的热水中，快速烫种3～5 s，之后加入凉水，降低温度至55℃进行温汤浸种7～8 min，再进行一般浸种。该浸种法通过热水烫种，促进种子吸水的效果比较明显，适用于种皮厚、吸水困难的种子，同时其消毒作用显著。

浸种时应注意以下几点：第一，种子应淘洗干净，除去果肉物质后再浸种；第二，浸种过程中要勤换水，一般每5～8 h换1次水为宜；第三，浸种水量要适宜，以种子量的5～6倍为宜；第四，浸种时间要适宜。主要蔬菜浸种的适宜水温与时间如下表所列。

主要蔬菜浸种、催芽的适宜水温和时间

蔬菜种类	浸种		催芽		蔬菜种类	浸种		催芽	
	水温/℃	时间/h	温度/℃	天数/d		水温/℃	时间/h	温度/℃	天数/d
黄瓜	25～30	4～6	26～30	1～2	番茄	25～30	6～8	28～30	2～3
西葫芦	25～30	6	28～30	2～3	甘蓝	20	2～4	18～20	1.5
冬瓜	25～30	24	28～32	2～4	白菜	20	2～4	20	1.5
丝瓜	25～30	12～24	25～30	1～2	花椰菜	20	3～4	18～20	1.5
苦瓜	25～30	6～18	30～32	2～3	芹菜	20	24	20～22	2～3
辣椒	25～30	6～10	28～30	2～3	菠菜	20	24	15～20	2～3
茄子	30	6～12	28～30	2～3	菜豆	25～30	2～4	20～25	2～3

2.催芽

催芽是将浸泡过的种子，放在黑暗的弱光环境里，并给予适宜的温度、湿度和氧气条件，促其迅速发芽。催芽以浸种为基础，但浸种后也可以不催芽而直接播种。催芽的一般方法：先将浸种后的种子甩去多余水分，包裹于多层潮湿纱布、麻袋片或毛巾中，然后在适宜的恒温条件下催芽，当大部分种子露白时，停止催芽。催芽期间，一般每 4～5 h 松动包内种子 1 次，每天用清水淘洗 1～2 次。催芽后若遇恶劣天气而不能及时播种，应将种子放在 5～10℃ 低温环境下，保湿待播。

3.种子的化学处理

(1)打破休眠　应用发芽促进剂如 H_2O_2、硫脲、KNO_3、赤霉素等，对打破种子休眠有效。

(2)促进萌发出土　国内外均有报道，在较低温度下用 25%或稍低浓度的聚乙二醇(PEG)处理甜椒、辣椒、茄子、冬瓜等出土困难的蔬菜种子，可使种子提前出土，提高出土率。

(3)种子消毒　可用药剂拌种消毒，一般用药量为种子重量的 0.2%～0.3%。常用杀菌剂有 70%敌克松、50%福美双、多菌灵、克菌丹等，杀虫剂有 90%敌百虫粉剂等。拌种时药剂和种子必须均是干燥的，拌过药粉的种子不宜浸种催芽。也可用一定浓度的药剂浸泡种子进行消毒，常用药剂有多菌灵、福尔马林、高锰酸钾、磷酸三钠等。应注意药液浓度与浸种时间，浸泡后用清水将种子上的残留药液清洗干净，再催芽或播种。例如，用 100 倍福尔马林(40%甲醛)浸种 15～20 min，然后捞出种子密闭熏蒸 2～3 h，最后用清水冲洗；或用 10%磷酸三钠或 2%氢氧化钠的水溶液浸种 15 min，捞出洗净。这两种方法都可钝化番茄花叶病毒。

(二)播种时期

确定播种适期的总原则：将产品器官生长旺盛期安排在条件最适宜的时期。栽培方式不同，确定的播种期也不同，育苗的播期依据秧苗定植日期推算；设施栽培则更多考虑茬口安排，应使各茬蔬菜的采收初盛期恰好处于该蔬菜的盛销高价始期；露地栽培则将产品器官生长的旺盛期安排在气候条件(主要是温度)最适宜的月份。如茄果类蔬菜在四川地区多于 3 月份温度适宜时播种，若温床育苗则可提前到上一年的 11—12 月份播种；茎用芥菜在重庆地区于 9 月上旬播种时产量最高，但蚜虫为害严重，为避免蚜虫为害，多于 9 月下旬至 10 月上旬播种。

(三)播种技术

1.播种方式

(1)撒播　撒播是将种子均匀撒播到畦面上,多用于生长迅速、植株矮小的速生菜类及苗床播种。撒播可合理利用土地面积,省工省时,但存在不利于机械化耕作管理、用种量大等缺点。

(2)条播　将种子均匀撒在规定的播种沟内,多用于单株占地面积较小而生长期较长以及需要中耕培土的蔬菜,如菠菜、芹菜、胡萝卜、洋葱等。条播便于机械播种及机械化耕作管理,用种量较少。

(3)点播　又称穴播,是将种子播在规定的穴内,适用于营养面积大、生长期较长的蔬菜,如豆类、茄果类、瓜类蔬菜等。点播用种最省,也便于机械化耕作管理,但存在出苗不整齐、播种用工多、费工费事等缺点。

2.播种方法

播种一般有干播(播前不浇底水)和湿播(播前浇底水)两种方法。干播一般用于湿润地区或干旱地区的湿润季节,趁雨后土壤墒情合适,能满足发芽对水分需要时播种,干播后应适当镇压;如果土壤墒情不足,或播后天气炎热干旱,则需在播后连续浇水,始终保持地面湿润状态直到出苗。

3.播种深度

播种过深,延迟出苗,幼苗瘦弱,根茎或胚轴伸长,根系不发达;播种过浅,表土易干,不能顺利发芽,造成缺苗断垄。一般干旱地区、高温及沙质土壤、大粒种子播种宜深;黏质土壤、土壤水分充足的地块、小粒种子播种宜浅;喜光种子如芹菜等宜浅播;种子的播种深度一般为种子直径的2～3倍,小粒种子一般覆土0.5～1 cm,中粒种子1～3 cm,大粒种子3 cm左右。

七、蔬菜育苗技术

(一)设施育苗

1.设施育苗的设施

育苗设施主要有阳畦、温床、地膜覆盖、塑料大棚、温室、夏季遮阴设施等。一般南方地区冬春季常用塑料大棚、地膜覆盖、酿热温床和电热温床等保温加温设施以抵御低温危害,夏季育苗则常用遮阳网、防虫网、草帘等遮阴降温、防雨、防虫。

2.育苗土的配制

育苗土的原料主要是菜园田土和有机肥。菜园田土多选用非重茬、较肥沃的园田土。有机肥较理想的有草炭、猪粪、马粪等充分腐熟的圈肥,育苗土的具体配方根据不同蔬菜和育苗时期灵活掌握,目前常用的配方:播种床土配方为田土∶腐熟有机肥＝6∶4,土质偏黏时,应掺入适量的细沙或炉渣;分苗床土配方为田土或园土∶腐熟有机肥＝7∶3。

菜园土和有机肥过筛后,掺入速效肥料,并充分拌和均匀,堆置过夜。育苗土使用前应进行消毒,常用药剂消毒和物理消毒。药剂常用福尔马林、井冈霉素等。如用5%福尔马林喷洒床土,拌匀后堆起来,盖塑料薄膜密闭5～7 d,然后去掉覆盖物,散净福尔马林,可防治猝倒病和菌核病，一般处理1～2周后才可使用。物理消毒方法主要有蒸汽消毒、太阳能消毒等。

3. 苗床准备及播种

设施准备好后铺设育苗床，苗床畦宽1～1.5 m。采用电热温床的应事先在床内布设好地热线。将育苗土均匀铺在育苗床内，播种床铺土厚约10 cm，分苗床铺土厚12～15 cm。若用育苗容器播种，则直接在容器内填入床土装床。苗床装填好后整平床面。低温季节应在使用前3～5 d覆盖设施升温。低温季节宜选晴暖天上午播种，播前浇透底水，水渗下后，在床面薄薄撒盖一层育苗土，小粒种子多撒播，瓜类、豆类等大粒种子一般点播，瓜类种子应平放以防止产生"戴帽"现象。催芽的种子表面潮湿，不易散开，可用细沙或草木灰拌匀后再撒播。播后覆土，并用薄膜平盖畦面。

4. 苗期管理

(1)播种床的管理

①出苗期　在浇足底水的前提下，番茄、黄瓜等喜温蔬菜苗床适宜温度应为25～30℃，莴苣、芹菜等喜冷凉蔬菜为20～25℃。当70%以上幼苗出土后，撤除薄膜，适当降温，把白天和夜间的温度分别降低3～5℃，防止幼苗的下胚轴旺长，形成高脚苗。

②籽苗期　出苗至第一片真叶展开为籽苗期，幼苗最易徒长，应加强温度和光照的调控。出苗后适当控制夜温，喜温蔬菜和喜凉蔬菜分别控制在10～15℃和9～10℃，昼温则分别保持在25～30℃和20℃左右。籽苗期一般不浇水。当大部分幼苗出土时，将苗床均匀撒盖一层育苗土，保湿并防止子叶"戴帽"出土，形成"戴帽"苗。

③小苗期　第一片真叶破心至第二、第三片真叶展开为小苗期，苗床管理的原则是"促控结合"，保证小苗在适温、不控水和光照充足的条件下生长。喜温果菜昼、夜温分别保持在25～28℃和15～17℃，喜凉蔬菜分别保持在20～22℃和10～12℃。

(2)分苗　即育苗过程中的移植，主要目的是扩大营养面积、增加根群、培育壮苗。

①分苗原则　点播，营养面积足够的不用分苗。分苗时间宜早，瓜类、菜豆等不耐移植的蔬菜应于子叶期分苗；茄果类、白菜、甘蓝等蔬菜耐移植，可在小苗期分苗；萝卜等根菜移植后肉质根易分杈，不宜移植。分苗次数应少，一般分苗1次。

②分苗密度　根据成苗大小、单叶面积大小及叶开张度确定分苗密度，一般甘蓝类分苗距离为6～8 cm，茄果类8～10 cm，瓜类10～12 cm。

③分苗技术　分苗前3～5 d，应加大苗床通风量，降低温度以提高秧苗的适应性，以利于分苗后缓苗生长。分苗前一天，将苗床浇透水，以减少起苗时伤根。早春气温低时，应采用暗水法分苗，即先按行距开沟、浇水，边浇水边按株距摆苗，水渗下后覆土封沟；高温期应采用明水法分苗，即先栽苗，全床栽完后浇水。

(3)分苗后的管理

①缓苗期　分苗后3～5 d为缓苗期，管理以保温、保湿为主，以利于恢复根系，促进缓苗。一般喜温果菜地温不能低于18～20℃，白天气温25～28℃，夜温不低于15℃；喜凉蔬菜可相应降低3～5℃。缓苗期间一般不需通风，以保湿。此外，应避免强光，光照过强时应适当遮阴。当幼苗心叶由暗绿转为鲜绿时，表明幼苗已缓苗。

②成苗期　缓苗后幼苗生长加快，应加强温度和光照管理。及时降低温度以防徒长，喜

温蔬菜宜保持白天25℃左右，夜间12～14℃；喜凉蔬菜白天20℃左右，夜间8～10℃。幼苗封行前，光照好，则幼苗不易徒长，可适当通风，切忌通风过猛造成“闪苗”。幼苗封行后，幼苗基部光照变弱，空气湿度较大，易造成徒长，应经常清洁温室玻璃或薄膜，覆盖物早揭晚盖，增加光照，加强通风排湿或向畦面撒盖干土。

(4)定植前的秧苗锻炼　即定植前对秧苗进行适度的低温、控水处理，增强秧苗对不良环境的适应能力，并促进瓜果类蔬菜花芽分化。一般定植前7～10 d，通过降温控水，加强通风和光照，进行炼苗。果菜类昼温降到15～20℃，夜温5～10℃；叶菜类白天10～15℃，夜间1～5℃。土壤湿度以地面见干见湿为宜，对于番茄、甘蓝等秧苗生长迅速、根系较发达、吸水能力强的蔬菜应严格控制浇水，而对茄子、辣椒等水分控制不宜过严。

(二)露地育苗

露地育苗就是无须任何固定覆盖设施，在露地或附加简易遮阳、防虫等设施的条件下，设置苗床育苗的一种育苗方式。

1.露地育苗的特点

露地育苗的设施简单，主要是育苗田块和简易育苗床。育苗地应选地下水位低、不积水、易排水的高地，土壤疏松肥沃，通透性和保水性良好；夏天多在透风阴凉处，秋末、早春则多选避风向阳的高地，做畦进行育苗。早春露地育苗为了保温，可设置临时风障、覆盖草帘或铺薄膜；夏季高温多雨季节，应覆盖防雨棚或遮阳网进行遮阴防雨。

2.露地育苗的技术要点

(1)苗床准备及播种技术　在选好的田块施入充分腐熟的有机肥，做成畦宽1.2 m、沟宽0.5 m左右的高畦，畦面耙细整平，但不可太细。为防止苗期病虫害的发生，应选择病虫害少的田块做苗床，并对床土进行消毒。播种前应打足底水，多在晴天播种，切忌在大雨将来临时播种，可用干播法或湿播法。

(2)苗期管理

①春季露地育苗　春季露地育苗除了加强水分管理外，应着重注意防冻、防杂草、防干旱以保苗。为避免低温造成冷害，播期应选择在终霜后出苗，出苗后遇到寒流或霜冻，应利用地膜覆盖等措施做好临时保护。播后用薄膜、稻草或旧报纸保湿保温；结合苗床中耕，手工除草，务求干净彻底，对于撒播且幼苗密度大的苗床可用除草剂除草。

②夏季露地育苗　夏季高温、多雨、光强，时有干旱，病虫害多且危害严重，露地育苗时应采取相应措施减少病虫害。可用寒冷纱或遮阳网进行遮阴覆盖以防止高温、强降雨及强光危害，也可通过选择田间阴凉处或在高秆作物遮阴下设置苗床以避免高温和强光。为防治病虫害，应选择抗病虫品种，尽量创造幼苗健壮生长和不利于病虫害发生的条件，如覆盖防虫网防虫，用频振式杀虫灯或黄板诱杀、银灰膜驱避，也可用种衣剂包衣种子或药剂浸种防止苗期病虫害，病害发生时及时用农药防治。此外，夏季幼苗易徒长，可通过控水、及时分苗或喷乙烯利、矮壮素等生长调节剂来防治。

③秋季露地育苗　秋季露地育苗的蔬菜主要为越冬蔬菜，育苗时应注意确定适宜的播种期，播早了易发生病害；播晚了植株不耐寒无法正常越冬，或营养体过小而影响产量。一般在保证足够生长期的前提下，应适当晚播，以减轻病害。秋季雨水减少，易受干旱影响，播后应加强水分管理。

八、栽植技术

(一)定植前准备

生产上常见的菜畦类型有:平畦、高畦、低畦和垄。做畦一般跟土壤耕作结合进行,在土壤耕翻后,根据栽培需要确定合理的菜畦类型及走向,按照栽培畦的基本要求做畦。整地做畦后定植前,按照确定的行株距开沟或挖定植穴,施入适量腐熟的有机肥和复合肥,与土拌匀后覆一层细土,避免定植后秧苗根系与肥料直接接触。选择适龄幼苗定植,苗子过小不易操作,过大则伤根严重,缓苗期长。一般叶菜类以幼苗具5~6片真叶为宜;瓜类、豆类根系再生能力弱,定植宜早,瓜类多在5片真叶时定植,豆类在具2片对称子叶而真叶未出时定植;茄果类根系再生能力强,可带花或带果定植,但缓苗期长。定植前对秧苗进行蹲苗(适当控制浇水)锻炼,可提高其对定植后环境条件的适应性,缩短缓苗期。

(二)定植时期

露地栽培应更多考虑气候与土壤条件,在适宜的栽培季节,影响蔬菜定植时期的主导因素是温度。喜温性蔬菜如茄果类、瓜类、豆类(豌豆、蚕豆除外)等冬季不能栽植,应在春季地上断霜、地温稳定在10~15℃时定植,一般霜期过后尽早定植;秋季则以初霜期为界,根据蔬菜栽培期长短确定定植期,如番茄、菜豆和黄瓜应从初霜期向前推3个月左右定植。耐寒或半耐寒蔬菜,如豌豆、蚕豆、甘蓝、菠菜、芥菜等在长江以南地区多进行秋冬季栽培,以幼苗越冬;在北方地区冬季不能露地越冬,多在春季土壤解冻、地温达5~10℃时及早定植。华南热带和亚热带地区终年温暖,定植时期要求不太严格。

(三)定植密度

定植密度因蔬菜的株型、开展度以及栽培管理水平、环境条件等不同而异。合理密植就是在保证蔬菜正常生长发育的前提下,尽量增加定植密度,充分利用光、温、水、土、气、肥等环境条件,提高蔬菜产量及品质。在同等气候及土壤条件下,爬地生长的蔓生蔬菜定植密度应小,搭架栽培密度则应大;丛生的叶菜类和根菜类密度宜小;早熟品种或栽培条件不良时,密度宜大,而晚熟品种或适宜条件下栽培的蔬菜密度应小。

(四)定植方法

在适宜的定植时期,根据定植密度,选择适宜的时间进行定植,定植方法有明水定植法与暗水定植法。

1.明水定植法

先按行、株距挖穴或开沟栽苗,栽完苗后及时浇定根水,这种定植方法称为明水定植法。该法浇水量大,地温降低明显,适用于高温季节。

2.暗水定植法

(1)座水法　按株行距开穴或开沟后先浇足水,将幼苗土坨或根部置于泥水中,水渗下后再覆土。该定植法速度快,还可保持土壤良好的透气性、促进幼苗发根和缓苗等作用。成活率较高。

(2)水稳苗法　按株行距开穴或开沟栽苗,栽苗后先少量覆土并适当压紧、浇水,待水全部渗下后,再覆盖干土。该法既能满足土壤湿度要求,又能增加地温,利于根系生长,适合于冬春季定植,一般秧苗、带土移栽及各种容器苗定植多采用此法。

栽植时应注意：一是尽量多带土，减少伤根；二是栽植深浅应适宜，一般以子叶下为宜，如“黄瓜露坨，茄子没脖”“深栽茄子浅栽蒜”等，在潮湿地区不宜定植过深，避免下部根腐烂；三是选择合适的定植时间，一般寒冷季节选晴天，炎热季节选阴天或午后。

(五)定植后的苗期管理

幼苗定植到大田后，因根部受伤，影响水分和养分的吸收，生长会有一段停滞期，待新根发生后才恢复生长，这一过程称缓苗。生产上对定植后的苗期管理比较重视，采取相应措施缩短缓苗期。瓜类可采用塑料杯、营养土块、营养钵育苗等保护根系，减少定植时伤根，缓苗快；移植时尽量多带土，少伤根；栽植后遇太阳过强应遮阴；缓苗前注意浇水促进成活。此外，生产中还应准备一定的后备苗，以备缺苗时补植所用。

九、蔬菜田间管理

(一)施肥技术

1.施肥的基本原则

蔬菜施肥应坚持“有机肥为主，化肥为辅；基肥为主，追肥为辅；多元复合肥为主，单元素肥料为辅”的原则，注意有机肥与化肥的配合，并根据不同作物合理配比氮、磷、钾及微肥。

2.施肥方法

(1)基肥　又称底肥，指在蔬菜播种前或定植前施入田间的肥料。其用量占总施肥量的70%以上，主要以有机肥为主、配合部分速效肥，有机肥施用前必须充分腐熟。提倡使用生物有机肥。基肥有撒施、条施和混合施用3种施用方法。撒施是结合深耕将肥料均匀施入；肥料不足时，可采用条施，将肥料集中施在播种行一侧，或在播种或定植前将肥料施在种植穴内；混合施用法一般是将有机肥与化肥混合施用，可减少土壤对化肥的固定作用。

(2)追肥　追肥是基肥的补充，应根据蔬菜不同生育时期的需要，适时适量地分期追肥，多为速效性的氮、钾肥和少量磷肥。施用时应“少施、勤施”，每次施用量不宜过多，一般在蔬菜产量形成期多次追肥，以补充基肥的不足。追肥方法主要有埋施(在蔬菜周围开沟或开穴，将肥料施入后覆土)、撒施(撒施于蔬菜行间并进行灌水)、冲施(将肥料先溶解于水，随灌溉施入根系周围土壤)和设施追施(利用滴灌设施进行追肥)。

(3)根外追肥　又称叶面喷肥，是将化学肥料配成一定浓度的溶液，喷施于叶片上，具有操作简便、用肥经济、作物吸收快等优点。根外追肥的浓度应根据肥料和蔬菜的种类而定，不宜过高，以免造成叶片烧伤；宜选无风的晴天，在傍晚或早晨露水刚干时进行，避免高温干燥天气造成叶片伤害或喷后遇雨将肥料冲掉。

(二)灌溉与排水技术

1.合理灌溉的依据

依据菜农在长期生产实践中，联系当地气候、土壤特点及蔬菜需水规律总结而得的蔬菜灌溉经验，“看天、看地、看苗”进行蔬菜灌水。

“看天”主要是根据季节、气候变化，特别是雨量分布特点来决定灌水与否，一般雨季以排水为主，旱季以灌水为主。

“看地”则指根据土壤盐碱状况、保水性、地下水位情况等因素决定是否灌水。保水性差的土地应勤浇保水；易积水的土壤则加强排水深耕；盐碱地用河水或井水，进行明水大灌；低洼地则应“小水勤浇，排水防碱”。

“看苗”灌水就是根据蔬菜的需水特性、植株的水分状况、生长情况等决定灌水与否。如早晨看叶的上翘与下垂；中午观察叶片是否萎蔫及程度轻重，傍晚看萎蔫恢复的快慢。

2. 灌溉技术

(1)地面灌溉　地面灌溉是我国农业灌溉的主要形式，主要有畦灌、沟灌、淹灌等几种形式，适用于水源充足、土地平整、土层较厚、土壤底层排水顺利的土壤和地段。其优点是投资小，易实施，适用于大面积蔬菜生产，但费工费水，易使土表板结。随着现代节水农业的发展，以精细地面灌溉技术研究及设备开发为特征的现代地面灌溉技术也有应用，如地面浸润灌溉、膜上灌等。

(2)地下灌溉　地下灌溉主要是利用地下渗水管道系统，将水引入田间，借土壤毛细管作用自下而上湿润土壤，又称为渗灌。其优点是土壤湿润均匀，不破坏土壤团粒结构，蒸发损失小，省水，占耕地少，不影响机械耕作，灌水效率高、能耗少，能有效控制病害；不足是投资高、灌水均匀性差、地下管道检修困难，迄今仍限于小面积使用。传统渗灌管采用多孔塑料管、金属管或无砂混凝土管；现代渗灌使用新型微孔渗水管，管表面布满了肉眼看不见的无数细孔。渗灌管埋于耕层下。

(3)地上灌溉　地上灌溉包括喷灌、滴灌等多种形式，通过低压管道系统与安装在末级管道上的特制灌水器，将水以较小的流量，均匀、准确地直接输送到作物根部附近的土壤表面或土层中，是目前节水灌溉的主要形式。根据灌水器的不同分为滴灌和喷灌。

3. 排水技术

在低洼地和降雨量多的地区，或某些年总降水量不大但雨季和旱季分明、降水时期集中的地区，必须处理好排水问题。明沟排涝、暗管排土壤水、井排调节区域地下水位是目前排水技术的主要方式。

(三)植株调整技术

1. 整枝、摘心、打杈

对分枝性强的茄果类、瓜类蔬菜，为控制其生长，促进果实发育，人为地使每一植株形成最适的果枝数目的措施称为整枝。除去顶芽，控制茎蔓生长称“摘心”(或闷尖、打顶)；除去多余的侧枝或腋芽称为“打杈”(或抹芽)。多在晴天上午露水干后进行整枝，以利于整枝后伤口愈合，防止感染病害。整枝时应避免植株过多受伤，病株则暂时不整，以免病害传播。

整枝应以蔬菜的生长和结果习性为依据。一般以主蔓结果为主的蔬菜(如早熟黄瓜、西葫芦等)，应保护主蔓，去除侧蔓；以侧蔓结果为主的蔬菜(如甜瓜、瓠瓜等)，则应及早摘心，促发侧蔓，提早结果；主侧蔓均能正常结果的蔬菜(如冬瓜、西瓜、丝瓜、南瓜等)，大果型品种应留主蔓去侧蔓，小果型品种则留主蔓并适当选留强壮侧蔓结果。整枝还应考虑栽培目的，如西瓜早熟栽培应进行单蔓或双蔓整枝，增加种植密度，而高产栽培则应进行三蔓或四蔓整枝，增加单株的叶面积。

2. 摘叶、束叶

(1)摘叶　指在蔬菜生长期间及时摘除病叶及下部老叶，以免不必要的营养消耗，利于维持适宜的群体结构，改善通风、透光条件。摘叶多选择晴天上午进行。摘叶不可过重，对同化功能还较为旺盛的叶片不宜摘除。

(2)束叶　是将靠近产品器官周围的叶片尖端聚集在一起。多用于花球类和叶球类蔬菜，可保护花球洁白柔嫩，叶球软化，提高产品商品性，此外还有一定的防寒和防治病害的作用。束叶不宜过早，应在光合同化功能已很微弱时进行，以免影响产量，或严重时造成叶球、花球腐烂。一般在生长后期，叶球已充分灌心，花球充分膨大后，或温度降低时束叶。

3.疏花疏果与保花保果

(1)疏花疏果　以营养器官为产品的蔬菜，疏花疏果有利于产品器官的形成，如马铃薯、莲藕、百合等摘除花蕾有利于地下器官的膨大。对于西瓜、番茄等果菜类蔬菜，疏花疏果则可提高单果重和果实品质。畸形果、病果、机械损伤的果实也应及早摘除。

(2)保花保果　植株营养不足、逆境影响(如干旱、低温或高温等)都可能造成花或果实自行脱落，应及时采取措施保花保果，如加强肥水管理，及时采摘成熟果实，整枝打杈等。此外，可以通过施用植物生长调节剂改善植株自身营养状况来保花保果。

4.压蔓、落蔓

(1)压蔓　蔓性蔬菜如南瓜、西瓜、冬瓜等爬地栽培时，通过压蔓，可使植株排列整齐，受光良好，管理方便，促进果实发育，增进品质，同时可促生不定根，有防风和增加营养吸收的作用。

(2)落蔓　搭架栽培的蔓生或半蔓生蔬菜，生长后期基部叶落造成空间过疏，顶部空间不足，或设施栽培的番茄、黄瓜等蔬菜生育期长达9个月，导致茎蔓过长。为保证茎蔓有充分的生长空间，有效调节群内通风透光，可于生长期内进行多次落蔓。一般在茎蔓生长到架顶时开始落蔓，落蔓前先摘除下部老叶、黄叶、病叶，将基部茎蔓在地上盘绕。

5.搭架、绑蔓

(1)搭架　蔓生蔬菜不能直立生长，常进行搭架栽培。搭架的主要作用是使植株充分利用空间，改善田间的通风、透光条件，达到减少病虫害、增加产量、改善品质的目的。常用的架形如下。

①单柱架　在每一植株旁插一架杆，架杆间不连接，架形简单，适用于分枝性弱、植株较小的豆类蔬菜。

②“人”字架　在相对应的两行植株旁相向各斜插一架杆，上端分组捆紧再横向连贯固定，呈“人”字形。此架牢固程度高，承受重量大，较抗风吹，适用于菜豆、豇豆、黄瓜、番茄等植株较大的蔬菜。

③棚架　在植株旁或畦两侧插对称架杆，并在架杆上扎横杆，再用绳、杆编成网格状，有高、低棚两种，适用于生长期长、枝叶繁茂、瓜体较长的冬瓜、长丝瓜、长苦瓜等。搭架必须及时，宜在倒蔓前或初花期进行。

(2)绑蔓　对搭架栽培的蔬菜，需要进行人工引蔓和绑扎，固定在架上。绑蔓松紧要适度，不使茎蔓受伤或出现缢痕，又不能使茎蔓在架上随风摇摆磨伤。露地栽培蔬菜应采用“8”字扣绑蔓，使茎蔓不与架杆发生摩擦。绑蔓材料常用麻绳、稻草、塑料绳等。

(四)中耕、除草与培土

(1)中耕　中耕是蔬菜生长期间于播种出苗后、雨后或灌水后在株、行间进行的土壤耕作。中耕的深度根据蔬菜根系的分布特点和再生能力决定，如黄瓜、葱蒜类根系较浅，再生能力弱，应进行浅中耕；番茄、南瓜根系较深，再生能力强，宜深中耕。栽培最初及最后的中耕宜浅，中间的中耕宜深；距植株远宜深，近则宜浅。一般中耕的深度在5～10 cm。中耕的次数则依据蔬菜种类、生长期长短及土壤性质而定，但必须在植株未全部覆盖地面之前进行。

(2)除草　通常田间杂草的生长速度远远超过蔬菜作物，且生命力极强，如不及时除掉，就会大量滋生，不仅会与作物竞争水分、养分和光照，还会成为某些病原微生物的潜伏场所和传播媒介。除草的方式主要有人工除草、机械除草和化学除草3种。

(3)培土　培土是在植株生长期间将行间土壤分次培于植株根部，一般结合中耕除草进行。南方多雨地区，通过培土可以加深畦沟，利于排水。

(五)病虫害防治技术

蔬菜的品种繁多，复种指数高，常年种植给病虫害的繁殖和传播提供了良好的寄主，因此蔬菜病虫害较多，生产中应贯彻“预防为主、综合防治”的植保方针，突出“以防为主、防治结合”的原则，以农业防治和生物防治为主，结合物理和化学防治。

(1)农业防治　通过耕作栽培措施或利用抗病、抗虫作物品种防治有害生物的方法，包括：及时清园，建立良好的耕作制度；选用抗病虫的优良品种；进行种子及土壤消毒；应用嫁接育苗技术；实行科学的田间管理。

(2)生物防治　利用生物或其代谢产物控制有害物种群的发生、繁殖或减轻其为害的方法。常用的生物防治方法：一是利用害虫的天敌防治，如用丽蚜小蜂防治温室白粉虱；二是利用生物制剂防治，如印楝素、苦参碱、细菌农药Bt制剂、抗病毒制剂等防治某些病虫害；三是利用农用抗生素防治，如虫螨克乳油、农用链霉素、新植霉素等。

(3)物理防治　物理防治是利用简单工具和各种物理因素，如光、热、电、温度、湿度和放射能、声波等防治病虫害的措施。常见的有人工摘除、种子热力消毒、防虫网覆盖、黄板诱蚜、灯光诱杀某些成虫等，近年频振式光波杀虫灯、黑光灯和高压电网灭虫器应用广泛。

(4)化学防治　即利用化学药剂进行病虫害防治。目前化学农药在蔬菜产品上的残留以及环境污染问题日益受到关注。为保证蔬菜的无公害生产，在进行化学防治病虫害时，应注意严格控制农药品种、适时防治以及合理用药。

复习思考题

1. 何为蔬菜？它有何特点？蔬菜有哪些营养保健价值？
2. 如何确定蔬菜生产季节与茬口安排？
3. 种子播前处理的方法有哪些？
4. 蔬菜施肥的方法有哪些？
5. 蔬菜灌溉的主要方式有哪些？
6. 蔬菜植株调整的作用是什么？有哪些调整措施？
7. 蔬菜病虫害防治的主要措施有哪些？

Project 1

项目一

茄果类蔬菜生产

学习目标

一、知识目标

1. 茄果类蔬菜(番茄、辣椒、茄子)的生物学特性;
2. 品种的选择;
3. 育苗知识;
4. 整地、做畦、定植知识;
5. 肥水管理知识;
6. 病虫害识别与防治知识;
7. 采收及采后处理知识;
8. 茄果类蔬菜生产过程中常见问题发生的原因及解决措施。

二、技能目标

通过理论教学及实践操作,让学生全程参与完成茄果类蔬菜(番茄、辣椒、茄子)的产前计划、产中管理、产后营销等整个生产过程,使学生能根据季节特点、地域特征及市场需求制订茄果类蔬菜生产计划,熟悉茄果类蔬菜的生产流程,掌握相应生产管理技术及产后销售、效益评估,能独立或协作分析并解决茄果类蔬菜生产过程中常见问题。

三、工作任务

1. 会制订茄果类蔬菜(番茄、辣椒、茄子)生产技术方案;
2. 会根据市场需要合理选择品种;
3. 能掌握茄果类蔬菜播种育苗技术;
4. 能掌握整地、做畦与定植技术;
5. 掌握茄果类蔬菜田间管理技术;
6. 掌握茄果类蔬菜采收与采后处理技术;
7. 能分析茄果类蔬菜生产过程中常见问题发生的原因并提出解决措施。

茄果类蔬菜主要包括番茄、辣椒、茄子，均属茄科植物。茄果类蔬菜适应性强、产量高、供应季节长，营养丰富，既可露地生产，也适于设施生产，是世界上生产历史悠久、生产地区广泛的重要果菜种类，在我国南北各地均普遍生产，在生产、供应和人们生活中占有重要地位。

茄果类蔬菜含有丰富的维生素、矿物质、碳水化合物、有机酸及少量蛋白质等人体必需的营养物质。番茄果实中葡萄糖、果糖、柠檬酸、苹果酸等含量较高，辣椒与番茄的果实均含有大量维生素 C，此外辣椒含有促进食欲的辣椒素；茄子含有丰富的蛋白质，并含有少量茄碱苷 M。茄果类蔬菜既可鲜食，也可加工，如番茄可加工成番茄酱、番茄汁或整果罐头，茄子可晒干制成茄干，辣椒可做辣椒酱、辣椒粉等调味品，或制成泡椒。

茄果类蔬菜均起源于热带，在生物学特性及生产管理方面具有许多共性：一是喜温暖，不耐寒冷也不耐炎热，温度低于 10℃时生长停滞，超过 35℃则植株易早衰；二是要求较强的光照及良好的通风条件，属于喜光植物；三是根系比较发达，属半耐干旱性植物，不耐湿涝；四是幼苗生长缓慢、苗龄较长，要求进行育苗移栽，为了提早采收、延长生长结果期，常在冬季利用保护设施育苗，从而培育壮苗，达到早熟、丰产；五是分枝较多，陆续开花结果，需要整枝打杈，调节植株营养生长和生殖生长；六是生长季节长、结果期长，产量高，对肥水的需要量大，特别是磷、钾肥的需求；七是茄果类蔬菜有一些共同的病虫害，应实行轮作，避免连茬。

任务一　番茄生产

番茄又名西红柿，为茄科番茄属一年生蔬菜，原产中美洲和南美洲。番茄传入我国历史并不长，但发展非常迅速，南北各地均有生产，现在已经成为我国城乡各地主要夏令蔬菜和加工出口蔬菜之一。番茄的食用部位为多汁的浆果，营养丰富，风味鲜美，含有蛋白质、糖和矿物质以及较高的胡萝卜素、维生素 C、B 族维生素、维生素 P，属于菜果兼用的高档鲜菜。番茄含有的“番茄红素”，具有抗氧化、消除人体自由基、抗癌、防癌等生理功能，含有的苹果酸、柠檬酸和糖类，有助消化的功能。

一、生物学特性

（一）植物学特征

番茄根系发达，分布广而深，但经过育苗移栽后，主根被切断，产生许多侧根，根群分布直径多在表土层 20～30 cm，横向伸展 1 m 左右。番茄发根力很强，茎部也易生不定根，可进行扦插繁殖。茎为半蔓生至直立，基部木质化，高 60～120 cm 不等。假轴分枝，分枝能力强。叶为复叶，深裂，每叶有小叶片 7～9 对，其大小、形状、颜色等视品种及环境而异。番茄的茎叶表面均有腺毛，能分泌出一种有特殊气味的汁液，对某些昆虫有驱避作用。花为聚伞花序，但小型果变种为总状花序。花序生于节间，每花序具 5～10 朵花，黄色，自花授粉。果实为浆果，多汁，食用部分为果皮及胎座组织。果实颜色有红、黄、粉红等。种子黄褐色，扁卵圆形，具灰白色绒毛，千粒重 3 g，发芽年限 4～5 年。

(二)生长发育周期

番茄从播种到采收可分为发芽期、幼苗期、开花着果期和结果期。

(1)发芽期　指从种子发芽到第一片真叶出现,需要 10～14 d。

(2)幼苗期　指第一片真叶展开到定植或第一片真叶展开到出现大花蕾这一段时期,根据不同育苗季节差异很大,大棚保护地越冬育苗需要 90～110 d,春季育苗需 45～50 d,秋番茄育苗需 25～35 d。

(3)开花着果期　指第一花序现蕾(大花蕾出现)、开花到第一个果实形成,一般需要 15～30 d,早熟品种或高温季节生产,这个时期较短;晚熟品种,早春或低温时期生产,开花着果期稍长。

(4)结果期　指第一花序着果一直到采收结束,一般情况下从开花到果实成熟需 50～60 d,夏秋高温季节需 40～50 d,冬季低温寡光条件下需 70～100 d。结果期的长短,随生产季节、生产方式、生产的海拔高度的不同而不同,如早春早熟生产 65～75 d,春季生产需 75～80 d。

番茄生长发育过程如图 1-1 所示。

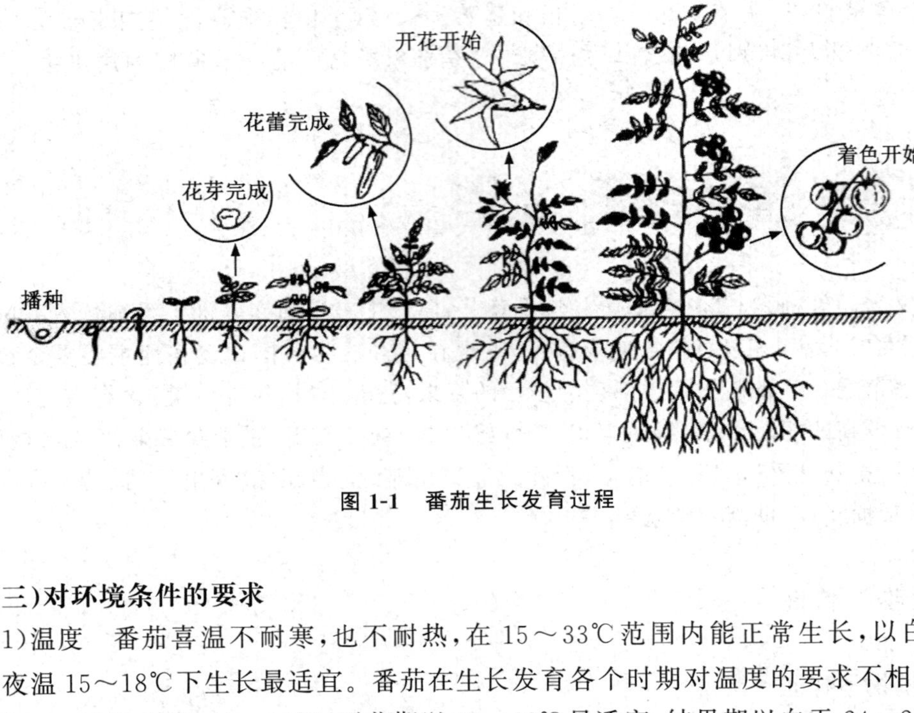

图 1-1　番茄生长发育过程

(三)对环境条件的要求

(1)温度　番茄喜温不耐寒,也不耐热,在 15～33℃范围内能正常生长,以白天 20～26℃、夜温 15～18℃下生长最适宜。番茄在生长发育各个时期对温度的要求不相同。幼苗期日温 23～28℃、夜温 12～16℃;开花期以 25～28℃最适宜;结果期以白天 24～28℃、夜间 15～20℃最为适宜。番茄根系生长的最适地温是 20～22℃,低于 8℃时根毛停止生长。因此,在早春番茄定植时,地温需稳定在 8℃以上。

(2)光照　番茄属中光性植物,对日照长短要求较宽,但以 16 h 光照条件下生产最好。番茄光饱和点为 70 klx,一般应保持 30～35 klx。不同的生育期对光照要求不同。发芽期不需要光照,幼苗期对光照要求比较严格。若光照不足则植株徒长,延长花芽分化,着花节位上升,花数减少,花芽质量下降。开花期光照不足,易导致落花落果。结果期光照充足不仅坐果多,而且果实大、品质好。弱光下坐果率低,果实着色不良,单果重下降,还容易出现空洞果、筋腐病果。

(3)水分　番茄需水量大,要求土壤湿度在65%～85%,既不耐干旱,又不耐雨涝。其在不同生育期对水分要求不同,发芽期需水多,要求土壤湿度80%以上,幼苗期以65%～75%为宜,结果期则要求在75%以上,空气相对湿度以50%～66%为宜。

(4)土壤及营养　番茄对土壤要求不太严格,适合微酸性和中性土壤,以pH 6～7为宜。在生产上宜选择土层深厚,富含有机质,排水和通气性良好的肥沃壤土。整个生长期对氮、磷、钾三要素的吸收量以钾最多,氮次之,磷较少。

二、类型与品种

按照花序着生位置及主轴生长的特性,可分为有限生长型和无限生长型两大类。

(一)有限生长型

有限生长型又称自封顶类型。6～7片真叶后开始着生第一花序,以后每隔1～2片叶生一花序,在主茎发生2～6个花序后自行封顶,由叶腋所生的侧枝上发生2～3个花序后再次封顶。此类型番茄,其植株较矮小,开花结果早而集中,早期产量高,供应期较短,大多为早中熟品种。大棚早熟生产及秋季生产宜选用有限生长类型。适宜南方地区生产的代表品种有早丰、早魁、渝抗2号、合作903、合作906、浙杂804、浙杂805、浙杂7号、金棚六号系列品种等。

(二)无限生长型

无限生长型在主茎生长7～12片真叶后着生第一花序,以后每隔2～3叶着生一花序,主茎无限生长。无限生长类型的番茄熟性较迟,开花结果期长,供应期也长,总产量高。适宜作为露地生产或春延后生产。适宜南方地区生产的代表品种有毛粉802、浙杂5号、金棚M215系列品种等。近年来从纽内姆、瑞克斯旺、先正达等国外企业引进的番茄品种具有高抗病毒病和枯萎病的优点,抗病效果十分显著。

另外按照成熟期来分,可以分为早熟种、中熟种和晚熟种;按果实颜色来分,可分为大红、粉红和黄色等;按果实大小来分,可分为大果型和小果型;按叶的形状来分,可分为大叶种和普通小叶种等;按番茄的利用来分,可分为加工品种和鲜食品种。其中小果型的樱桃番茄按其形状可分樱桃型、李型和洋梨型。樱桃番茄如台湾农友种苗股份有限公司推出的F1品种圣女果、千禧樱桃小番茄(无限生长型、果短椭圆形、果色桃红、品质优)、中国农业科学院蔬菜花卉研究所最新推出的串珠番茄(有限生长类型,极早熟种)。

三、生产季节与茬口安排

长江流域春夏秋三季均可生产番茄。番茄大棚春早熟生产一般在保护地10月下旬至12月上旬用冷床或加温苗床播种育苗,翌年2月下旬至3月上旬定植到大棚,5月上、中旬开始采收;早春露地生产于2月上旬播种,3月中旬至4月上旬定植,5月下旬开始采收;越夏生产一般在4月下旬至5月上中旬育苗,7月开始采收;秋番茄一般在6月下旬至7月上旬播种,7月下旬至8月上旬定植,9月份即可采收。华南地区一年四季均可生产。通常分为春番茄、夏番茄、秋冬番茄。

番茄的前作，在南方各地为各种叶菜及根菜。广东、广西番茄前作多为甘蓝、莴苣，后作多生产瓜类或豆类蔬菜。在四川有些地方采取番茄与水稻轮作的方式，早春番茄在6月15日前采收完毕，6月20日前水稻栽完。水稻收获后从9月中旬至翌年3月份，栽种一季喜冷凉的蔬菜。

四、生产技术

(一)春季露地生产

1.品种选择

应根据不同地区的气候特点、生产形式及生产目的等，选择适宜本地区的品种。早熟生产宜选择自封顶生长类型的早熟丰产的品种，如早丰、西粉3号、苏抗5号等，晚熟生产宜选择非自封顶生长类型的晚熟、抗病、高产的品种，如中蔬4号、毛粉802、佳红、金棚一号等系列优良品种。

2.培育壮苗

番茄春季露地生产多采用保护地冷床育苗。番茄壮苗的标准为：株高15～20 cm，茎粗0.5～0.8 cm，上下部粗细一致；子叶完整，8～9片真叶，叶柄粗短，叶大而厚，色浓绿；带花蕾；侧根多而白；苗龄50 d。

(1)苗床的选择及营养土的制备　育苗床要选择地势干燥、灌溉方便、避风向阳、病虫害较少的大棚。营养土的配制方法为：取3～5年内未种过茄果类蔬菜的菜园土或用沟泥、塘泥(50%～60%)晾干打碎，与充分腐熟的堆肥、厩肥(40%～50%)混合，1 m^3 混合后的土加草木灰5 kg、颗粒复合肥2 kg、过磷酸钙2 kg，充分拌匀。为了防止苗期病害，要对营养土进行消毒，用50%代森锌1∶(200～400)倍液按2～4 kg/m^2 喷浇在营养土中或用65%代森锌可湿性粉剂、50%多菌灵粉剂或50%托布津粉剂配制成药土，在播种前用1/3药土撒在苗床上作垫种土，余下2/3作盖种土。

用优质的泥炭土与珍珠岩按照(3～4)∶1的比例混合，适当加入肥料，具有质地轻、透气、便于运输等优点，适合现代工厂化育苗生产。

(2)种子处理

①播种前把种子放在太阳下晒2～3 d。

②将种子用纱布包好浸入55℃恒温水中15 min，让其自然冷却后浸泡4 h。

③用1.5%～2.0%的福尔马林浸种30 min，或用10%磷酸三钠浸种20～30 min，或用1%的硫酸铜溶液浸种15 min，几种方法可参考选用。然后用清水反复冲洗并放到清水中浸泡6～8 h。

④将吸胀水的种子放到25～30℃条件下催芽，经过2～3 d就可发芽。催芽过程中，每天用温水冲洗1～2次。出芽率达70%时播种。

(3)播种

①播种时期及播种量　一般番茄春季露地生产的播种期为2月下旬，可根据各地气候的差异做适度调整。一般每667 m^2 需种子25～50 g。

②播种方法　将苗床内营养土平整后，浇一次透水，使土壤持水量达90%，若床土未进行消毒的，可将杀菌药剂溶于水中喷洒。然后将种子均匀撒到床土上，用培养土覆盖0.5～

0.8 cm，轻压后喷一次小水，盖上稻草或薄膜。

(4)苗期管理

①间苗　当70%～80%的幼苗出土后，揭去地面覆盖物，及时拔出过密的苗、畸形苗和弱苗。

②温光管理　番茄育苗期的温度控制概括为“三高四低”，即白天高、夜间低；晴天高、阴天低；出苗前高、出苗后低。总的温度要求：高温 20～25℃（发芽期温度可高达 30℃），低温为 10～15℃（炼苗时温度可更低一些）。当幼苗出土后加强通风换气，降低床内温度和湿度，进行幼苗期的低温锻炼。幼苗分苗（假植）恢复生长后，只要外界不低于 5℃，都要进行通风换气。除雨天、霜雪天外，逐渐提早揭膜，延后盖膜，延长通风炼苗时间。定植前 7～10 d，严格控制水分，揭开大棚两侧薄膜，让其昼夜通风炼苗。对光照的管理主要依靠揭盖小拱棚、覆盖物，控制大棚通风口的大小和通风时间长短来调节。总的原则是在保持适宜的温度、湿度条件下多增加光照。

③肥水管理　育苗的营养土比较肥沃，一般不再追施养分。若床土不够肥沃，可在晴天中午喷浇适量低浓度的猪粪水或用 0.3%～0.5%尿素，或 0.15%的尿素加 0.15%磷酸二氢钾混合溶液进行叶面喷施。水肥管理以防止苗旺长为目的，配好营养土后，整个苗期不施提苗肥，尽量少浇水，忌大水漫灌，土壤干燥时可向床面喷水或撒干细土保墒。

(5)嫁接育苗　随着番茄生产面积不断扩大，连作障碍逐年加剧，土传病害（基腐病、枯萎病、青枯病、根接线虫）的发生日趋严重，防治难度大，严重影响番茄的产量、品质和经济效益。采用嫁接育苗技术，选择兴津 BF-101 号、Ls-89、KNVF、PFN 等砧木种类，以优质番茄品种作接穗，不但能增强植株抗低温能力，而且能有效防治各种土传病害，提高产量和品质。番茄嫁接多采用劈接和靠接。

劈接法嫁接，其砧木要比接穗提早 7 d 播种，嫁接方法是将砧木在保留基部 2～3 片真叶处（或离地面 15 cm 处）横向切断，再在横切口中央垂直向下切 1.5～2 cm 切口，然后，将接穗保留顶部 2～3 片真叶，将其基部削成小“V”形（长 1.5～2 cm，与砧木切口长短一致），小心插入砧木切口，对齐后用嫁接夹固定。

采用靠接法嫁接，方法是在真叶初现时将砧木移栽，相距 3 cm 栽植接穗，在 3 片真叶时，在着生第一或第二真叶的节间进行靠接，砧木保留 3 片真叶进行摘心，茎短时可在第二真叶以上进行嫁接。

3. 整地施肥

番茄忌连作，选择地势较高、土层深厚、疏松肥沃、排水良好、光照充足、酸碱度适宜的土壤，或选择地势较高、排水性能好的水稻田搭建大棚。整地结合施肥在定植前 7～15 d 内完成。基肥撒施或沟施，每 667 m^2 开沟施腐熟优质有机肥 3 000～4 000 kg 或者微生物有机肥 200～300 kg，尿素 10～15 kg、过磷酸钙 50 kg、硫酸钾 20～25 kg 或者三元素复合肥 50～100 kg，适当施用中微量元素肥料。采用深沟高畦，以 1.3～1.6 m 包沟为宜，沟宽 20 cm，深 20 cm，厢面 1.1～1.4 m，耙细整平后，在畦面覆盖地膜以保墒防草。

4. 定植

(1)定植时期　当露地 10 cm 深的土温稳定在 8℃以上时即可定植。四川及重庆地区一般在 4 月上中旬定植。利用多层覆盖可以适当提前，如彭州地区少数农户将定植时间提早到春节前。

(2)定植方法　选择健壮无病害幼苗在晴暖天定植，起苗前对幼苗用 600～800 倍百菌清加 0.2%～0.3%磷酸二氢钾混合液喷一次，带药、带肥定植，定植深度以到子叶节位为宜。定植时要少伤根、多带土。定植后浇定根水，忌大水漫灌。

(3)定植密度　根据生产方式、品种特性、上市时间要求及整枝方式而异。一般每畦种 2 行，株距 33～40 cm。自封顶早熟品种每 667 m^2 定植 3 500～3 800 株，无限生长的中晚熟品种每 667 m^2 定植 3 000～3 500 株。

5. 田间管理

(1)肥水管理　番茄对营养的吸收量较大，并随着植株生长发育和开花结果的增加而增加，养分的吸收盛期是在结果的盛期。定植成活一周内，结合浇水，施一次“催苗肥”，以低浓度的人畜粪水为主；第一果穗坐果以后，结合浇水要追施一次催果肥，按照每 667 m^2 过磷酸钙 20 kg、硫酸钾 10 kg 或草木灰 100 kg 与人畜粪水混合施入；第一穗果将要成熟，第二、第三穗果已经坐果时，进行第三次追肥，每 667 m^2 按照速效三元复合肥 10～15 kg 结合稀粪水 1 500 kg 施入；第一、第二穗果采收后，第三、第四穗果正迅速生长，应进行第四、第五次追肥。另外，番茄根外追肥可延长叶片寿命，促进生长发育，增强植株抗病能力，增加产量，减少脐腐病。可选用 0.2%～0.4%的磷酸二氢钾，或 0.2%～0.3%的尿素，或 2%的过磷酸钙水溶液，或喷多元复合肥喷施叶片。番茄在开花结果盛期，需水量大，应及时浇水保持土壤湿润。多采用沟灌，但水不能漫过厢面，要做到水过沟干。四川成都地区正 5—6 月份雨水较多，易造成涝害，因此要及时排水防涝。

(2)植株调整

①搭架绑蔓　当植株长到 30 cm 时需搭架绑蔓。搭立支架的类型，因生产目的、方式及采用的品种不同而各异，大多采用“人”字架、直立架或篱壁式联架。露地番茄一般采用篱“人”字架，即在每株番茄离根部 7～10 cm 插一小竹竿，其上方紧绑一横杆，在植株的第六节位处，用稻草或塑料绳将植株与竹竿连成倒“8”形，以后每一果穗下绑一道绳。

②整枝打杈　方式分为单干整枝、一干半整枝和双干整枝，有限型早熟品种一般采取单干整枝或一干半整枝，无限型中晚熟品种稀植的可采用双干整枝(图 1-2)。

单干整枝：摘除全部侧枝，只留一个主干，顶端花序上面留 2～3 叶摘心。一般早熟生

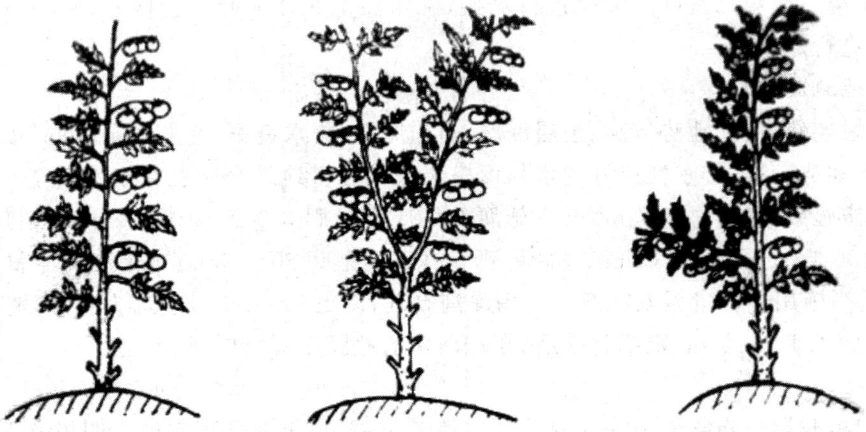

A. 单干整枝　　B. 双干整枝　　C. 一干半整枝

图 1-2　番茄整枝方式

产、密植生产、大果品种或植株开展度较大的品种多采用此整枝方法。

一干半整枝：在主干第一花序下留一侧枝，待侧枝上接两穗果后摘心，而主干仍为单干整枝。大棚生产的早熟自封顶品种多用此法。

双干整枝：在主干的第一花序下留一侧枝，让其与主干同时生长，摘除其余侧枝。此整枝方法适用于中晚熟生产。番茄植株调整，应在晴天露水干后操作，侧枝摘除应在侧枝5 cm左右时进行，根据生产需要、生产目的打顶摘心，生长中后期适当摘除下部老叶、病叶。

③保花保果与疏花疏果　春番茄前期温度低，后期温度高，都不利于授粉受精，番茄不易坐果，因此要进行人工辅助保花保果。主要措施除了要培育壮苗，加强生产管理外，合理使用植物生长调节剂是最有效的措施。生产上多用25～50 mg/L的PCPA（又叫番茄灵、防落素），在花序有2～3朵花开放时喷花。要注意不同的温度、不同的天气条件下施用的浓度不同，如早春温度较低，用药浓度为40～50 mg/L；晴天25～30 mg/L，阴天30～40 mg/L；温度稳定在25℃以上，可以不使用药剂处理。番茄因品种不同，每个花序着生的花数少则几个，多则10个以上，有的甚至超过20个。为确保果实品质和商品性，必须进行疏花疏果。在四川及重庆早熟生产，一般保留3～4穗果，每穗果只留基部的3～4个果，其余的于开花期就摘除。中晚熟品种视气候、肥水条件及生长情况确定结果穗数，一般留4穗果，每穗果只留基部3～4个果。在疏果时要尽早疏掉畸形果、病果。疏花疏果都要在晴天露水干后进行。

（3）病虫害防治　番茄病害种类较多，其中以苗期的猝倒病、立枯病，成株期的晚疫病、青枯病、灰霉病等为主。苗期病害可通过对种子消毒、床土消毒、苗床管理、药剂喷施等方法综合防治，药剂防治可喷施75％百菌清可湿性粉剂800倍液，或58％甲霜灵·锰锌可湿性粉剂500倍液，或64％杀毒矾可湿性粉剂500倍液。成株期病害可通过土地轮作、加强生产管理、药剂施用等办法进行防治，晚疫病可采用25％瑞毒霉可湿性粉剂800～1 000倍液、72％普力克水剂1 000倍液、58％雷多米尔可湿性粉剂600倍液或77％可杀得可湿性粉剂800倍液，每隔7～10 d喷一次；灰霉病可采用速克灵烟剂熏烟或用50％速克灵、扑海因可湿性粉剂1 000倍液或农利灵1 000倍液重点对果实进行喷施；而青枯病可撒施石灰调节土壤pH，在发病初期用100～200 mg/L农用链霉素或“农抗401”500倍液灌根，每7～10 d一次。番茄虫害主要有蚜虫和棉铃虫等，可用吡虫啉、抗蚜威、功夫乳油等药剂防治。

6. 采收

根据市场行情，结合果实成熟情况，确定最佳采收期。露地番茄在定植后60 d左右便可陆续采收。鲜果上市最好在转色期或半熟期采收。贮藏或长途运输最好在白熟期采收。加工番茄最好在坚熟期采收。适时早采收可以提早上市，增加前期产量和产值，并且有利于植株上部花穗果实的生长发育。番茄采收时要去掉果柄，以免刺伤别的果实。番茄采收后，要根据大小、颜色、果实形状及有无病斑和损伤等进行分级包装，以提高商品性。为了加快番茄成熟，提早上市，生产上常用乙烯利进行人工催熟。催熟可在植株上进行，也可以采收后进行。植株上催熟可用1 000 mg/L的乙烯利手工涂抹或小喷雾器直接喷洒白熟果（注意不能喷到叶上，以防药害），约4 d后即可大量转红。采后催熟可用2 000 mg/L乙烯利浸泡果实1～2 min，然后贮存在25℃左右条件下催熟，4～5 d即转色变红。采收后催熟必须严格控制温度，低于20℃催熟慢，低于8～10℃时易受冻害腐烂，高于30℃也易引起腐烂。在最后一批果实成熟前，可用2 000～4 000 mg/L的乙烯利全田整株喷洒，虽然叶片产生药害，但果实可提早4～6 d采收。

(二)秋季露地生产

(1)品种选择　选择耐高温、抗病性强、适宜本地区的品种。可选用西粉3号、早丰、合作903、合作906、21世纪粉红番茄、渝抗2号、毛粉802等品种。

(2)播种育苗　成都地区于6月上旬至7月中旬采用保护地育苗，大棚薄膜只盖顶部，留四周以利通风，顶部覆遮阳网降温，可防暴雨、防暴晒。可将种子直播在塑料钵中，也可撒播在苗床上，再分苗入塑料钵。

(3)整地定植　定植前先施肥整地。一般每667 m^2施优质圈肥5 000 kg，过磷酸钙50 kg，尿素15 kg，硫酸钾15 kg，锌肥、硼肥、铁肥各2 kg。深翻整细耙平做高畦，畦宽1.4 m，双行种植。苗龄30 d，7月上旬左右定植。定植前逐渐揭开薄膜和遮阳网让幼苗适应自然光照和温度。定植一般下午进行，定植后浇透定根水。

(4)田间管理　强化肥水管理；及时进行搭架、绑蔓、抹侧芽、疏花疏果等植株调整；加强病虫害防治特别是疫病的防治。

(5)采收　国庆前开始采收，12月上旬拉秧。

五、生产中常见问题及对策

(一)番茄落花落果现象

番茄在环境条件不利、植株营养不良时，容易落花落果，特别是落花。不同生产形式及生产季节落花落果原因不同：春早熟番茄生产，低温和气温骤变，妨碍花粉管的伸长及花粉发芽是落花落果的主要原因；越夏番茄生产，高温干旱或连续阴雨天是主要原因。另外，生产管理不当，如密度过大、整枝打杈不及时引起"疯秧"、管理粗放等也都会引起落花落果。

防治措施：一是培育壮苗。加强苗期管理、提高秧苗质量是保花保果的基础。二是加强花期管理。应根据具体情况和原因，加强花期肥水管理，及时进行植株调整；保护地番茄生产应采取增温保温和增光措施；夏季应遮光降温，防止高温干燥；番茄坐果后，营养生长和生殖生长同时进行，要及时整枝打杈、摘叶摘心、疏花疏果，使其平衡生长。三是人工辅助授粉。上午9:00—10:00，可摇动植株或架材或通过人来回走动来震动植株，以促进花粉扩散。四是激素处理。生产上常用25～50 mg/L的PCPA进行处理。

(二)番茄常见生理病害

1.脐腐病

脐腐病又称蒂腐果、顶腐果，俗称"黑膏药""烂脐"，在番茄上发生较普遍，病果失去商品价值，发病重时损失很大。通常在花后15 d左右，果实核桃大小时发生，随着果实的膨大病情加重。发病初期，在果实脐部出现暗绿色、水浸状斑点，后病斑扩大，呈褐色，变硬凹陷。病部后期常因腐生菌着生而出现黑色霉状物或粉红色霉状物。幼果一旦发生脐腐病，往往会提前变红。番茄脐腐果发生的原因目前尚未明确，多数人认为是果实缺钙所致。为防止脐腐病的发生，可采用如下措施：土壤中施入消石灰或过磷酸钙作基肥；追肥时要避免一次性施用氮肥过多而影响钙的吸收；定植后勤中耕，促进根系对钙的吸收；及时疏花疏果，减轻果实间对钙的争夺；坐果后30 d内，是果实吸收钙的关键时期，此期间要保证钙的供应，可叶面喷施1%的过磷酸钙或0.1%氯化钙，能有效减轻脐腐病的发生。

2. 筋腐病

筋腐病又称条腐果、带腐果，俗称“黑筋”“乌心果”等。筋腐果明显有两种类型：一是褐变型筋腐果，在果实膨大期，果面上出现局部褐变，果面凸凹不平，果肉僵硬，甚至出现坏死斑块。切开果实，可看到果皮内维管束褐色条状坏死，不能食用。二是白变型筋腐果，在绿熟期至转色期发生，外观看果实着色不均，病部有蜡样光泽。切开果实，果肉呈“糠心”状，病果果肉硬化，品质差。番茄筋腐病因至今尚有许多不明之处，但普遍认为番茄植株体内碳水化合物不足和碳/氮值下降，引起代谢失调，致使维管束木质化，是导致褐变型筋腐果的直接原因。而白变型筋腐果主要是由于烟草花叶病毒(TMV)侵染所致。生产中可通过选用抗病品种，改善环境条件，提高管理水平，实行配方施肥等方法来防止筋腐病的发生。

3. 空洞果

典型的空洞果往往比正常果大而轻，从外表看带棱角，酷似“八角帽”。切开果实后，可以看到果肉与胎座之间缺少充足的胶状物和种子，而存在着明显的空腔。空洞果的形成是由于花期授粉受精不良或果实发育期养分不足造成的。生产中选择心室数多的品种，不易产生空洞果；同时生长期间加强肥水管理，使植株营养生长和生殖生长平衡发展，正确使用生长调节剂进行保花保果处理等措施均可防止空洞果的发生。

4. 裂果

番茄裂果使果实不耐贮运，开裂部位极易被病菌侵染，使果实失去商品价值。根据果实开裂部位和原因可分为放射状开裂、同心圆状开裂和条纹状开裂。裂果的主要原因主要是高温、强光、土壤干旱等因素使果实生长缓慢，如突然灌大水，果肉细胞还可以吸水膨大，而果皮细胞因老化已失去与果肉同步膨大的能力而开裂。为防止裂果的发生，除选择不易开裂的品种外，管理上应注意均匀供水，避免忽干忽湿，特别应防止久旱后过湿。植株调整时，把花序安排在架内侧，靠自身叶片遮光，避免阳光直射果面而造成果皮老化。

5. 畸形果

畸形果又称番茄变形果，尤以番茄设施生产中发生较多。番茄畸形果多是由于环境条件不适宜而致。扁圆果、椭圆果、偏心果、菊形果、双(多)心果产生的直接原因是在花芽分化及花芽发育时，肥水过于充足，超过了正常分化与发育所需的量，致使番茄心室数量增多，而生长又不整齐，从而产生上述畸形果。使用生长调节剂蘸花时，浓度过高易形成尖顶果。为防止畸形果的发生，应加强育苗期的温、光、水、肥管理，特别是在花芽分化期，尤其是第一花序分化期，即发芽后 25～30 d，2～3 片真叶时，要防止温度过高或过低，开花结果期合理施肥，使花器得到正常生长发育所需的营养物质，防止分化出多心皮及形成带状扁形花而发育成畸形果。另外，使用生长调节剂保花保果时，要严格掌握浓度和处理时期。

6. 生理性卷叶

生理性卷叶主要表现为番茄小叶纵向向上卷曲，严重时整株所有叶片均卷成筒状。卷叶不仅影响蒸腾作用和气体交换，还严重影响光合作用的正常进行。因此，轻度卷叶会使番茄果实变小，重度卷叶导致坐果率降低，果实畸形，产量锐减。番茄生理性卷叶是植株在干旱缺水条件下，为减少蒸腾面积而引发的一种生理性保护作用。另外，过度整枝也可引起下部叶片大量卷叶。为防止生理性卷叶的发生，生产中应均匀灌水，避免土壤过干过湿，设施生产中要及时放风，避免温度过高。生理性缺水导致卷叶发生后，应及时降温、灌水，短时间就会缓解。同时，注意适时、适度整枝打杈。

任务二　辣椒生产

辣椒，又称海椒、番椒、秦椒、辣茄等，为茄科辣椒属一年生或多年生草本植物，原产中南美洲热带地区。明代传入中国，至今已有三四百年的生产历史，各地广泛生产，为我国最普遍的蔬菜之一。辣椒果实色泽鲜艳，风味好，营养价值高，维生素 C 的含量尤为丰富，干辣椒则富含维生素 A。以嫩果或成熟果供食，既是人们喜食的一种蔬菜，更是一种应用广泛的调味品，可腌渍和干制，加工成干辣椒、辣椒粉、辣椒油、辣椒酱等。

一、生物学特性

(一)植物学特征

辣椒根系不发达，根量少，入土浅，根群一般分布于 15～30 cm 土层中，根系再生能力弱，不易发生不定根，不耐旱、不耐涝。茎直立，基部木质化，腋芽萌发力弱，株丛较小。茎端出现花芽后，以双杈或三杈分枝。辣椒的分枝分为无限分枝和有限分枝两种类型，绝大多数生产品种属无限分枝类型，各种簇生椒均属有限分枝类型。单叶、互生，卵圆形、长卵圆形或披针形。完全花，单生或簇生，属常异交植物，天然杂交率约 10%。果实为浆果，汁液少，食用部分主要是果皮。种子短肾形，扁平稍皱，色淡黄，千粒重 4.5～8.0 g，种子寿命 3～7 年。

(二)生长发育周期

(1)发芽期　自种子播种萌动到子叶展平、真叶显露，在正常的育苗条件下需 7～10 d，经催芽的种子一般 5～8 d 子叶出土。

(2)幼苗期　自真叶出现至第一朵花蕾显露，80～100 d，温床或温室育苗只需 70～90 d，当植株 2 片真叶展开、苗端分化有 8～11 片叶时，开始花芽分化，一般是在播种后 35～45 d。

(3)初花期　自第一朵花蕾显露到第一个果实(门椒)坐果，需 15～20 d。这一时期辣椒的营养生长与生殖生长同时进行，植株正处于定植缓苗后期的发秧阶段，同时也是植株早期花蕾开花坐果，前期产量形成的重要时期，生产上应创造适宜的环境条件，促使秧果均衡发展。

(4)结果期　自门椒坐果至采收完毕。随着各层次分枝不断产生，植株连续开花结果，门椒、对椒、四门斗椒、八面风椒、满天星椒陆续收获，直至拉秧。

(三)对环境条件的要求

(1)温度　属喜温蔬菜，不耐严寒。种子发芽的适宜温度为 25～30℃，高于 35℃或低于 15℃均不利于发芽；幼苗期可稍低，白天 23～25℃、夜间 15～22℃；开花结果期以白天 25～28℃、夜间 15～20℃为宜，温度低于 15℃或高于 35℃均授粉受精不良。

(2)光照　辣椒属中光性植物，对光照的适应性较广。光饱和点 30 klx，补偿点 1 500 lx，较耐弱光。发芽时种子要求黑暗条件，在有光条件下往往发芽不良，开花结果期需充足的光照，光照不足则会引起落花落果。

(3)水分　不耐旱也不耐涝，因根系不发达，需经常供水才能生长良好。开花结果期土壤干旱易引起落花落果，影响果实膨大；多雨季节应做好排水。一般空气相对湿度 60%～80%有利于茎叶生长及开花坐果；空气湿度过高，不利于授粉受精，并易发多种病害。

(4)土壤及营养　辣椒对土壤适应能力强，但以土层深厚、结构良好、有机质丰富，排灌良好的壤土最好。辣椒对矿质营养要求较高，N、P、K 的施肥比例为 1∶0.5∶1。氮肥不足或过多会影响营养生长及营养分配，导致落花，充足的磷、钾肥则有利于提早花芽分化，促进开花及果实膨大，并使植株健壮，增强植株抗性。

二、类型与品种

辣椒按生产目的不同，分为菜椒和干椒；按辣味的浓淡分为“辣椒”和“甜椒”；按果实形状又分为长椒类、灯笼椒类、樱桃椒类、圆锥椒类、簇生椒类 5 种类型(图 1-3)。

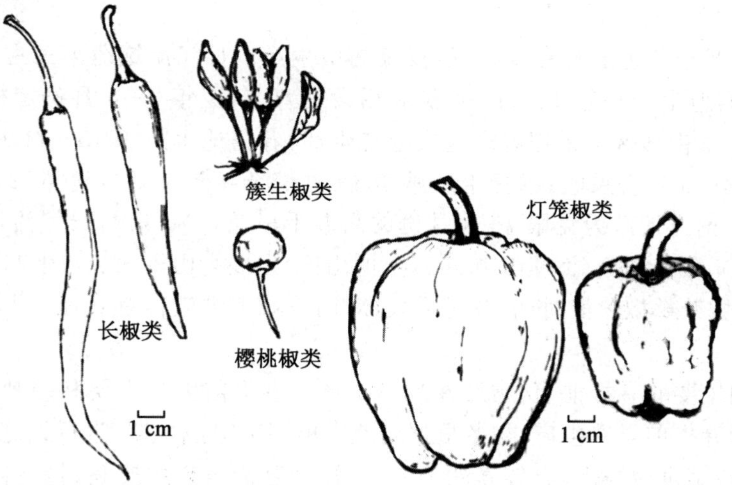

图 1-3　辣椒的主要类型

(引自：浙江农业大学主编，《蔬菜栽培学各论》，中国农业出版社，1997)

(一)长椒类

长椒类植株中等，果实多下垂，长角形，先端尖微弯曲似羊角或线形。肉薄辣味强的主要供干制、盐制，辣味适中的主要供鲜食。产量较高，生产最为普遍。我国著名的干辣椒如河南永城大羊角椒，陕西线辣子、二荆条，山西代县长辣椒，福建宁化牛角椒，云南邱北辣椒等均属这一类型。适合鲜食的长椒主要有湖南长牛角椒，伏地椒，杭州鸡爪椒，湘研 30 号，湘辣 6 号，农大 21 号，早杂 2 号，辛香 8 号，16 号、18 号等。

(二)灯笼椒类

灯笼椒类又称柿子椒、甜椒。植株健壮而高大，叶片较大，卵圆形或椭圆形。果实大，圆球、扁圆、椭圆、圆锤或钟形，先端凹陷，果面常具纵沟，果肉肥厚，味微辣，带甜，主要适于鲜食。品种有北京大柿子椒、吉林三道、筋上海茄门椒，兰州大圆椒、中椒 8 号、朝研新 6 号、湘研 8 号、农大 8 号、甜杂 3 号等。世界冠军、茄门甜椒、济南甜椒、早丰 1 号、北京铁把黑、锦州油椒等品种。

(三)樱桃椒类

樱桃椒类株型中等,分枝性强,叶片中等,卵圆或椭圆形,先端渐尖。果实朝天或斜生,圆形或扁圆形,小如樱桃,呈红、紫或黄色。果肉薄,种子多,辣味强,主要制干辣椒或供观赏,品种如四川成都扣子椒、五色椒等。

(四)圆锥椒类

圆锥椒类株型矮小,叶片中等,卵圆,果实较大、呈圆锤形或短圆柱形,果梗朝天或下垂,果肉较厚,辣味中等,适于鲜食,品种有成都二斧头、南京早椒等。

(五)簇生椒类

簇生椒类枝条密生,叶片狭长,果实簇生,果梗朝天,果色深红,果肉薄,辣味强,主要供干制调味,主要品种有四川七星椒、陕西线椒、湖南朝天椒。

三、生产季节与茬口安排

辣椒露地生产季节主要有春露地、越夏及高山生产。长江流域蔬菜三主作区是我国最大的辣椒产区,露地生产一般 11—12 月份利用设施育苗,翌年 3—4 月份定植,5 月下旬至 10 月中旬采收。华南地区多采用春露地或越夏生产,春露地生产于 10—11 月份育苗,翌年 1—2 月份定植,4—6 月份采收;越夏生产则于 12 月份至翌年 1 月份育苗,2—3 月份定植,5—9 月份采收。南方地区为克服 7—9 月份的高温干旱及台风暴雨,长江流域(海拔 500~1 200 m 的山区)、华南地区(海拔 500 m 以上的山区)发展高山露地辣椒生产,采收旺季 7—9 月份正值平原城镇辣椒秋淡时期,及时采收,对调节城市供应很有好处。干辣椒生产一般采用露地生产。

设施生产则主要有春提前、秋延后及越冬生产。春提前生产主要利用塑料大、中、小棚或日光温室进行春提前早熟生产,初冬根据当地定植期确定播种期,进行设施育苗,春、夏季上市,正值春季蔬菜供应淡季,有较高的经济效益;秋延后生产主要利用塑料大棚或日光温室进行生产,7—8 月份播种,冬季上市;越冬生产则利用保温性能良好的日光温室抵御冬季低温进行辣椒生产,元旦和春节前上市,经济效益高。

四、生产技术

(一)大棚春提早生产

1.品种选择

应选用株型紧凑、适于密植、耐低温、耐弱光、连续坐果能力强、丰产的早熟或中早熟品种,果色与风味应适合当地消费习惯。如湘研系列、辛香系列、中椒系列等。

2.培育壮苗

多利用塑料大棚进行设施冷床育苗,有时还利用电热或酿热温床提高地温,或利用穴盘或育苗盘进行无土育苗,近年利用嫁接育苗防止辣椒病害的技术也在推广。

(1)播前准备　选择三年未种过茄果类蔬菜的土壤做床土,整细整平,用 50%多菌灵进行土壤消毒,也可将用量为 5~7 g/m^2 的金雷多米尔与苗床土壤均匀混合,对苗期立枯病和猝倒病有很好防治效果;底层撒上乐斯本等杀虫剂防治地下害虫。播种前将种子摊晒 1~

2 d,特别是陈种子必须晒种;播前应进行温汤浸种,放入 55～60℃的热水中烫种 15 min,再用 35℃左右的温水继续浸泡 2～3 h;然后在 28～30℃的温度条件下催芽,每天用温水淘洗 1～2 次,4～5 d 种子大部分"露白"时即可播种。

(2)播种　应根据品种特性、当地气候条件和设施条件确定定植期,再依据辣椒的适宜苗龄确定播种期,一般辣椒的适宜苗龄为 90～100 d,长江流域一般于 10 月上旬至 12 月上旬播种,华南地区多于 12 月份至翌年 1 月份播种。播种量为 50～150 g/667 m^2,苗床播种为 25～30 g/m^2。播前浇足底水,待底水渗下后用撒播法播种,播后覆盖 1 cm 厚的湿润细土,再覆盖 1 层地膜保温保湿,出苗后及时揭去。当幼苗子叶平展以后要及时间苗,间苗后再行覆土护根;幼苗长至 2～3 片真叶时进行分苗,分苗密度为 8 cm×8 cm,每穴 2 株。

(3)苗期　管理苗期应注意保温,白天温度为 25～30℃,夜晚温度保持在 15℃以上,地温 18～20℃,若地温低于 16℃,生根缓慢,低于 13℃,则停止生长,甚至死苗。定植前 10 d 逐渐降低温度、适度控水,进行定植前的秧苗锻炼。出苗后应在保证温度条件的前提下,白天尽量揭膜以加强透光。分苗后的 2～3 d 应适当遮阴,以免幼苗失水萎蔫;缓苗后应加强透光,白天尽量揭开棚膜,特别是阴天,只要温度适宜也要揭膜。苗床应保证充足的水分,但又不能过湿,若浇足底水一般在分苗前不用再浇水,若床面湿度大,可在床面撒草木灰。分苗后,若心叶开始生长可根据情况于晴天上午浇水,一次性浇足浇透,并根据秧苗生长情况,适当追施尿素、复合肥等化肥,浓度不宜超过 0.3%。苗期主要病害有猝倒病、立枯病和灰霉病,可通过加强管理,如高温期间注意通风降温,减少浇水次数,避免低温、冷风等防止病害发生,发现个别病株应立即拔除,幼苗出齐后用 50%多菌灵 400 倍液、75%百菌清 600 倍液等轮换进行喷药防治,每隔 7～10 d 喷 1 次,连喷 2～3 次。

(4)嫁接育苗　辣椒嫁接育苗主要防治疫病,此外对青枯病、枯萎病等土传病害也有防病增产效果。目前辣椒嫁接所用砧木有 LS279、PFR-564、土佐绿 B 等抗病辣椒,也可用茄子嫁接用砧木,如托鲁巴姆、赤茄等。嫁接方式多采用劈接,将砧木从根部留 2～3 片真叶处横切断,再从横切面中间纵切 1 cm 深的切口,接穗则从顶部留 2～3 片真叶,向下斜切成楔形,然后插入砧木切口,对齐后用嫁接夹固定。此外还可采用靠接或插接。

3.整地定植

辣椒春提早生产定植期越早越有利于早熟,获得高效益,一般大棚内 10 cm 地温稳定在 12℃以上时即可定植,长江流域地区多于 3 月上中旬定植。无前茬的大棚,应在定植前 20～30 d 扣棚烤地,提高地温;若有前作,则应在整地做畦后扣棚 2～3 d 烤地,提温后定植。前茬采收后应及时深耕晒垡,结合整地,每 667 m^2 开沟施腐熟优质有机肥 3 000～4 000 kg 或者微生物有机肥 200～300 kg,尿素 10～15 kg、过磷酸钙 50 kg、硫酸钾 20～25 kg 或者三元素复合肥 50～100 kg,适当施用中微量元素肥料。为方便农事操作、排灌,多做成畦面宽 1～1.2 m,畦高 20～25 cm,沟宽 40 cm 的高畦并覆盖地膜,一般在定植前 20 d 完成。

定植前 1 d 苗床浇透水。定植密度为每畦定植 2 行,穴距 30～33 cm,每穴 2 株。晴天时破膜开穴栽苗,定植深度应以苗坨与畦面相平为宜,栽后封严定植孔,并浇足定植水。

4.田间管理

(1)温度调节　定植后 5～6 d 内不通风,保持较高温度,促进缓苗;缓苗后,适当通风,保持棚温白天 25～30℃,夜晚 18～20℃,地温 20℃左右。开花坐果期适温为白天 20～25℃,夜间 15～17℃,应有较大的通风量和较长的通风时间,以提高坐果率。夏季高温期间应将棚膜四周揭开，保留棚顶薄膜，能起遮阴、降温和防雨的作用。

(2)浇水　定植缓苗后根据土壤墒情浇水，开花前控水蹲苗。门椒坐住后，停止蹲苗开始大量浇水，保持土壤湿润，每隔 7 d 浇 1 次水；结果盛期每隔 4～5 d 浇 1 次。早春气温低宜在晴天上午浇水，浇水量不宜过大。浇水后以及阴天应适当通风排湿，棚内空气相对湿度保持在 70%为宜。

(3)追肥　辣椒为多次采收，生育期长，结果期应多次追肥。缓苗后至门椒坐果前，一般不轻易追肥，尤其忌偏施氮肥，若缺肥可每 667 m^2 追施复合肥 10 kg。一般门椒坐果后追第 1 次肥，每 667 m^2 追施复合肥 20 kg，此后结合浇水追肥，一般每采收 2 次追肥 1 次。盛果期还可叶面追施，每周喷 1 次 0.2%～0.3%磷酸二氢钾。

(4)植株调整　门椒坐住后，及时将分杈以下的叶及侧枝全部摘除。生长后期枝叶过密，应及时去掉下部的病、老、黄叶及采后的结果枝。大棚辣椒生长旺盛，为防止倒伏，应在每行植株两侧拉铁丝或设立支架，并于封行前结合中耕除草在根际培土，培土厚 5～6 cm。高温期植株结果部位上移，植株衰弱，花果容易脱落，可采取剪枝更新措施，以保证秋季多结果，并将第三层果以上的枝条留 2 个节后剪去，重发新枝开花结果。

(5)病虫害防治　辣椒常见病害有疫病、灰霉病、炭疽病、病毒病、叶斑病等，虫害主要有蚜虫、白粉虱、红蜘蛛、烟青虫等。病虫害防治应以预防为主，综合防治。如选用抗病品种，避免与茄科蔬菜连作，培育壮苗；加强排灌水、防止棚内湿度过高、及时清园等田间管理措施。疫病、灰霉病、炭疽病等真菌性病害可用扑海因、多菌灵、百菌清、代森锰锌、瑞毒霉锰锌、杀毒矾等杀菌剂防治。病毒病的防治应结合防蚜虫同步进行，发病初期可用病毒 A、植病灵乳剂、NS－83 增抗剂等药剂防治。利用微生物制剂，如农用链霉素可防治青枯病、叶斑病。利用黄色粘虫板防蚜虫、白粉虱，或铺银灰膜或悬挂银灰膜条驱避蚜虫，或利用瓢虫、草蛉、蚜茧蜂等蚜虫的天敌防治；利用糖醋液、黑光灯诱杀小地老虎；利用赤眼蜂防治棉铃虫、烟青虫；用克螨特、三唑锡、噻螨酮(尼索朗)乳油等防治红蜘蛛。

5. 采收

大棚春提早生产辣椒主要是为了提早上市，应及时采收。青椒一般在开花后 25～30 d，即果肉变硬、果皮发亮时采收。门椒、对椒适宜早采，长势弱的植株应该早采，长势旺的植株可适当晚采。为减少发病，雨天不宜采摘。

(二)早春露地生产

早春露地生产一般于冬、春季播种育苗，晚霜过后定植，4—6 月份开始采收，紧跟春提早辣椒上市；在夏季温度不是很高的地区可越夏栽培，于 10 月份拉秧下市。

(1)培育壮苗　南方各省应根据定植时期和气候情况确定播种时期，尽早播种，培育适龄壮苗，一般适宜苗龄为 80～90 d。

(2)整地做畦　整地施肥与春提早生产相同。南方地区多雨，一般采用深沟高畦生产，畦高 20～25 cm，沟宽 33～40 cm，畦宽 1～1.2 m，每畦 2～3 行。

(3)适期定植　晚霜过后及时定植，一般 10 cm 土温稳定在 15℃左右即可定植。采用地膜覆盖可提早 5～8 d 上市。栽植密度应根据品种特性、土壤肥力及管理水平而定，株距 26～35 cm 不等，定植密度为 3 000～5 000 株/667 m^2。定植后须浇定根水。

(4)田间管理　定植后坐果前应做好促根、发秧，缓苗后及时追施一次提苗肥，每 667 m^2 追施尿素 10 kg。开花结果期应促秧、攻果，协调营养生长和生殖生长，门椒开花后到大部分门椒坐果前应控水，防止落花落果，门椒坐果后结束蹲苗，适当增加供肥量，并结合中耕除草培土1次；盛果期要加强水肥供应，每采收1次追肥1次，每667 m^2 施尿素10～20 kg。雨季加强田间排水。门椒以下的侧枝和叶片应及时疏除，并插杆搭架防止植株倒伏。病虫害防治同大棚春提早生产。

(三)干辣椒生产

干辣椒是以采收成熟果实，干燥后作为调味用的辣椒，是外贸出口的重要农副产品之一。在湖南、湖北、四川、贵州、福建、广西、陕西等均有专门生产干辣椒的基地。

(1)品种选择　干辣椒有三个主要要求：一是果实颜色要鲜红，加工晒干后不褪色；二是要有较浓的辛辣味；三是干物质含量高，辣椒素含量丰富。主要生产品种有四川的二荆条、陕西的线椒、云南的圆锥椒、广西的米椒、贵州的朝天椒等。

(2)生产季节　主要为露地春栽或夏栽，长江中下游地区，多于11—12月份，在简易设施条件下播种育苗，3—4月份定植；华南地区于12月份至翌年1月份，在塑料薄膜覆盖条件下播种育苗，2—3月份定植。

(3)定植密度　适当密植是干椒增产的重要措施之一，一般每穴种植2～3株，株距26 cm左右。生产方式可选择单作或间作。

(4)田间管理　干辣椒生长期较长，不能只靠基肥。在定植后到第一层花开放以前，要足肥、足水，促进分枝与开花结果，应增施磷、钾肥，一般每667 m^2 施有机肥2 500 kg，过磷酸钙25～50 kg做基肥；处暑后应重施一次翻秋肥，一般每667 m^2 施复合肥20 kg，促进开秋花、结秋果。

(5)采收晾晒　果实采收的标准是：果实色泽深红，果皮皱缩。一般红熟一批及时采收一批。拉秧前7～10 d可用1 000倍乙烯利溶液喷洒植株，可使果实催红，增加红果率。采收后及时晾晒，防止出现霉变或“虎皮病”。一般昼晒夜收，充分干燥，含水量达到14%以下为宜。

五、生产中常见问题及对策

辣椒生产中常见问题有落花、落果、落叶现象(通称“三落”)。产生的主要原因有：①温度过高或过低，这是引起落花的主要原因。早春落花是由低温阴雨、光照不足等因素引起。②生产管理措施不当，如氮肥施用过多，植株徒长，或栽植过密，通风透光不良，以及氮、磷素营养缺乏等，这些因素常会引起落花、落果。③生产环境不利，如7—8月份遇高温、干旱，或过干过热后突遇雷雨，导致土壤水分失调。过干、过湿或涝渍均易引起落花、落果及落叶。大棚内通风不良且湿度过大时，辣椒花不能正常授粉也易脱落。④病虫害的原因。辣椒病毒病、炭疽病、早疫病、轮纹病等，易引起落花落果；白星病、炭疽病、早疫病、叶斑病及病毒病等易引起落叶；烟青虫、棉铃虫等蛀果，也易造成果实脱落。

防治对策：一是选用抗病、抗逆性(耐高温、低温等)强的优良品种；二是加强肥水管理，氮、磷、钾配合施肥，氮肥注意不能过多或过少；三是合理密植，及时整枝，设施生产时加强通风排湿管理，保持良好的通风透光条件；四是早春低温季节应用激素处理，如用40～50 mg/L的防落素(PCPA)喷花，可防止落花，提高早期产量；五是加强病虫害防治。

任务三　茄子生产

茄子别名落苏、酪酥、昆仑瓜，为茄科茄属以浆果为产品的一年生草本植物，起源于亚洲东南热带地区，古印度为最早驯化地。茄子在公元4—5世纪传入中国，在我国生产历史悠久，类型品种繁多，通常认为中国是茄子的第二起源地。茄子在全世界均有分布，以亚洲最多，欧洲次之。茄子在我国南北生产普遍，是夏季主要蔬菜之一。茄子营养丰富，含有丰富的蛋白质、脂肪、碳水化合物、维生素以及钙、磷、铁等多种营养成分，其中含有的龙葵碱等生物碱和维生素P具有抗癌作用和保护心脑血管功能。

一、生物学特性

(一)植物学特征

茄子根系发达，吸收能力强。根系再生能力差，不定根发生能力较弱，在育苗移栽时应尽量带土定植，以免伤根。茄子茎直立，木质化程度高。茎的颜色，与果实、叶片的颜色有相关性。分枝习性为“双杈假轴分枝”(图1-4)。即主茎生长到一定节位后，顶芽变为花芽，花芽下的两个侧芽生成一对同样大小的分枝，呈“丫”状延伸生长，为第一次分枝。分枝着生2～3片叶后，顶端又形成花芽和一对分枝，循环往复无限生长。每一次分枝结一次果实，按果实出现的先后顺序，习惯上称之为门茄、对茄、四门斗、八面风、满天星。叶片单叶互生，叶形有圆形、长椭圆形和倒卵圆形，叶色一般为深绿色或紫绿色。花两性，一般单生。茄子第一朵花的着生节位高低与品种的熟性有关，一般早熟品种第一朵花出现在第5～6节位，晚熟品种出现在第10～15节位。果实为浆果，其形状、颜色因品种而异。老熟的种子一般为鲜黄色，形状扁平而圆，表面光滑，粒小而坚硬，千粒重4 g左右，种子寿命4～5年。

1.门茄　2.对茄　3.四门斗　4.八面风

图1-4　茄子的分枝结果习性

(二)生长发育周期

茄子生长发育周期分为发芽期、幼苗期、开花坐果期和结果期4个时期。

(1)发芽期　指从种子萌动到第一片真叶出现，一般需10～12 d。

(2)幼苗期　指从第一片真叶出现至门茄现蕾，需50～60 d。一般情况下，茄子幼苗长到3～4片真叶、幼茎粗度达到0.2 mm左右时，开始花芽分化，分苗应在花芽分化前进行。幼苗长至5～6片叶时，即可现蕾。

(3)开花坐果期　从门茄现蕾到果实坐住(即门茄“瞪眼”的阶段)，需10～15 d。这一阶段是以营养生长为主过渡到生殖生长与营养生长同时发展的转折期，直接关系到产品器官的形成和产量，特别是早期产量。茄子果实基部近萼片处生长较快，此处的果实表面开始因萼片遮光而呈白色，等萼片长出见光2～3 d后着色。其白色部分越宽，表示果实生长越快，这一部分称“茄眼睛”。在开始出现白色部分时即为“瞪眼”开始，当白色部分很少时，表明果实已达到商品成熟期了。

(4)结果期　从门茄“瞪眼”到拉秧。门茄到对茄，植株由旺盛的营养生长转向营养生长和生殖生长。对茄到四门斗，植株逐渐进入生长发育旺盛期，这一时期是产量和产值的主要形成期。八面风时期，果数虽多，但较小，产量开始下降。满天星时期植株开始衰老。

(三)对环境条件的要求

(1)温度　茄子喜温暖，不耐寒冷。种子萌发适温为25～30℃，植株生长发育适温为白天28～32℃，晚上18～25℃，花芽分化适温为日温20～25℃，夜温15～20℃，温度低于20℃，植株生长缓慢，授粉、受精及果实发育受阻。温度在15℃以下时易出现落花落果，10℃以下时植株新陈代谢紊乱，甚至停止生长，35℃以上高温会使植株呼吸加快，养分消耗多，果实生长缓慢，甚至产生僵果，高夜温产生的不良影响更为显著。

(2)光照　茄子对光照条件要求较高，光饱和点为40 klx，补偿点为2 klx。光照强或光照时数长，则植株生长旺盛，开花提前，花的质量高，果实品质好，产量高。光照弱或光照时数短，植株长势弱，中柱花和短柱花增多，果实着色不良，产量下降。

(3)水分　茄子需水量大但不耐涝，适宜的土壤湿度为田间最大持水量的70%～80%，空气相对湿度超过80%易引发病害。茄子门茄坐住前需水量较小，进入盛果期需水量大，采收后期需水量小。

(4)土壤及营养　茄子对土壤适应性较广，适宜土壤pH为6.8～7.3。但在疏松肥沃、保水保肥力强、排水良好的砂壤土生长最好。茄子需肥量大，尤其对氮肥的需求量最多，其次是钾肥和磷肥。

二、类型与品种

按熟性早晚分为早熟种、中熟种、晚熟种；按颜色分为紫茄、红茄、白茄和绿茄；按果形分为圆茄、长茄和卵茄。

(一)圆茄

圆茄植株高大，叶大而厚，生长旺盛，果实为圆球形、扁球形或椭球形，果色有紫黑色、紫红色、绿色、绿白色等。圆茄肉质较紧密，单果重0.5～2 kg。圆茄属北方生态型，大多为中、晚熟品种，多作露地生产，主要品种有北京五叶茄、七叶茄、九叶茄、大红袍、天津大民茄、山东高唐紫圆茄、河南安阳紫圆茄、西安紫圆茄、辽茄1号、郎高等。

(二)长茄

长茄植株高度及长势中等，叶较小而狭长。果实长棒状，有的品种可长达30 cm以上，直径2.5～6 cm。果皮较薄，肉质松软，种子较少。长茄属南方生态型，多为早、中熟品种，是我国茄子的主要类型。优良品种较多，如南京紫线茄、杭州红茄、徐州长茄、苏崎茄、成都墨茄、竹丝茄、武汉鳝鱼头、沈阳柳条青、北京线茄等。

(三)卵茄

卵茄植株低矮，茎叶细小，分枝多。果实卵圆或灯泡形，果色有紫色、白色和绿色，单果重100～300 g。果皮较厚，种子较多，品质较差。多为早熟品种，抗逆性强，南北均有生产。

如北京灯泡茄、天津牛心茄、荷包茄等。

卵茄其杂种一代长势强，抗性好，产量高，故生产面积逐年增加。优良的品种有：湖南的湘茄系列，四川的蓉杂茄系列，重庆的渝早茄系，浙江的杭茄系列，湖北的华茄 1 号、龙茄、紫龙茄，江苏的苏崎茄，福建的闽茄一号，台湾的农友长茄、新娘等。

三、生产季节与茬口安排

茄子对光周期的要求不严格，只要温度适宜，四季均可生产。长江流域可进行春提早生产、露地生产和秋延后生产。由于茄子耐热性较强，夏季供应时间较长，成为许多地方填补夏秋淡季的重要蔬菜。华南无霜区，可常年露地生产。云贵高原由于低纬度、高海拔的地形特点，无炎热夏季，适合茄子生长，许多地方可以越冬生产。

四、生产技术

(一)大棚春提早生产

1. 品种选择

选择耐低温和弱光、抗病性强、植株长势中等、开张度小、适合密植的早熟或中早熟品种。优良品种有杭茄 1 号、湘茄系列、蓉杂茄系列、渝早茄系列、粤丰紫红茄、苏崎茄等。

2. 培育壮苗

(1)播种时期　大棚早春生产需在保护地育苗，苗龄 90～100 d，以此可推算适宜的播种时期。若播种过早，茄苗易老化，影响产量；播种过晚，上市时间延迟。一般长江流域 10 月份播种，华南地区 9—10 月份播种，华北地区 12 月上旬至翌年 1 月上旬播种。

(2)播种方法　精选优良种子并适当晒种。用 55℃温水浸泡 15 min，待水温降至室温后再浸泡 10 h 左右。也可用 50%多菌灵 1 000 倍液浸种 20 min，或 0.2%高锰酸钾浸种 10 min，或 100 倍液福尔马林浸种 10 min。将种子用湿纱布包好，放于 28～30℃的条件下催芽。若对种子进行变温处理，即每天 25～30℃高温 16 h、15～16℃低温 8 h，则出芽整齐、粗壮。2/3 的种子露白时即可播种。播种前搭建好大棚，平整播种苗床，浇足底水，水渗透后薄撒一层干细土。把种子均匀撒播床面，1 m^2 苗床用种 5～8 g。播后覆盖 1 cm 细土或砻糠灰，稍加镇压，再覆盖地膜，以提高地温，加快出苗。

(3)苗期管理　出苗前棚内保持日温 25～30℃，夜温 15～18℃。出苗后及时撤掉地膜，适当降低棚内温度，以防止幼苗徒长。白天保持 20～25℃，晚上 14～16℃，超过 28℃要及时放风。当苗长出 2～3 片真叶时分苗至营养钵。分苗后保温保湿 4～5 d 以利于缓苗。后期控制浇水。定植前 7～10 d 逐渐加大通风量，降温排湿，进行低温锻炼，夜温控制在 12℃左右。壮苗的标准是：茎粗，节间短，有 9～10 片真叶，叶片大，颜色浓绿，大部分显蕾。

(4)嫁接育苗　利用嫁接苗生产可大大减轻茄子黄萎病、枯萎病、青枯病、根结线虫病等土传病害的发生，同时可增强抗性，提高产量和品质。生产中可选择托鲁巴姆、托托斯加、红茄等做砧木，多采用劈接法和斜切接法进行嫁接。

劈接法是在砧木 6～8 片真叶时，切去最下面 2 片真叶以上部分，在茎中垂直竖切 1.2 cm 左右深的切口；接穗 5～7 片真叶时，取最下面 2～3 片真叶以上部分，削成楔形后插入砧木切口，对齐后用嫁接夹固定。

斜切接法的嫁接苗龄与劈接法相同，在砧木第2片真叶的上部节间斜削成长1～1.5 cm、呈30°角的斜面，去掉以上部分；接穗取2～3片真叶以上部分，削成与砧木斜面形状和面积相同但方向相反的斜面，把2个斜面迅速对齐贴紧，用嫁接夹固定。

3. 整地施肥

选择保水保肥，排灌良好的土壤。茄子连作时黄萎病等病害严重，应实行5年轮作。茄子耐肥，要重施基肥，结合翻地，每667 m^2开沟施腐熟优质有机肥4 000～5 000 kg或者微生物有机肥200～300 kg，尿素15 kg、过磷酸钙50 kg、硫酸钾30 kg或者三元素复合肥75～100 kg，适当施用中微量元素肥料。耙平后做包沟1.2 m宽的小高畦。

4. 定植

茄子喜温，定植时要求棚内温度相对稳定在10℃以上，10 cm地温不低于12℃。长江中下游地区采用"大棚＋小拱棚＋地膜覆盖"生产时，11—12月份定植；大棚加地膜覆盖，2月份定植；小棚加地膜覆盖，3月上旬定植。选择"寒尾暖头"的天气定植，按照品种特性和生产方式确定密度，一般采取宽窄行定植，每畦栽2行，大行70 cm，小行50 cm，株距35 cm左右。栽植宜采用暗水定植法，地膜覆盖的要求地膜要拉紧铺平，定植孔和膜边要用泥土封严。

5. 田间管理

(1)温光调节　定植后一周内，要以闭棚保温为主，促进缓苗。缓苗后，白天温度保持在25～30℃，夜间15～20℃，以促发新根，晴天棚内温度超过30℃时，要及时通风，降温排湿。开花结果期，白天棚温不宜超过30℃，夜间在18℃左右。以后随外界温度的升高，加大通风量和延长通风时间。根据当地温度适时撤掉小棚。当气温稳定在15℃以上时应将围裙幕卷起，昼夜通风。南方早春季节阴雨天气较多，光照相对不足，应在晴天或中午温度较高时，部分或全部揭开小棚，增加光照。保持棚膜清洁干净，及时更换透光不好的棚膜。

(2)肥水管理　茄子定植后气温较低，缓苗后可浇1次小水。门茄开花前适当控水蹲苗，提高地温，促进根系生长。门茄"瞪眼"后，逐渐加大浇水量。浇水应选择在晴天上午进行，最好采用膜下暗灌，浇水后适当放风，以降低棚内空气湿度。茄子盛果期蒸腾旺盛，需水量大，一般隔7～8 d浇1次水，保持土壤充分湿润。

茄子喜肥耐肥。缓苗后施1次提苗肥，每公顷施尿素112.5 kg或腐熟粪肥15 000 kg对水施入。开花前一般不施肥。门茄"瞪眼"后结束蹲苗，结合浇水，每公顷追施尿素150～225 kg。对茄采收后，每公顷追施磷酸二铵225 kg、硫酸钾150 kg或三元复合肥375 kg。以后根据植株生长情况适当追肥，一般可隔水补施氮肥。化肥与腐熟有机肥交替使用效果更佳。生长期内叶面交替喷洒0.2%尿素和0.3%的磷酸二氢钾，可提高产量。

(3)植株调整　大棚内植株密度大，枝叶茂盛，整枝摘叶有利于通风透光，减少病害，提高坐果率，改善品质。门茄开花后，花蕾下面留1片叶，再下面的叶片全部打掉；对茄坐果后，除去门茄以下侧枝；四门斗4～5 cm大小时，除去对茄以下老叶、黄叶、病叶及过密的叶和纤细枝。早春低温和弱照易引起茄子落花和果实畸形，利用40～50 mg/L的PCPA喷花或涂抹花萼和花瓣可有效防治。

(4)病虫害防治　茄子的主要病害有立枯病、绵疫病、灰霉病、黄萎病、褐纹病等。主要虫害有红蜘蛛、茶黄螨等。可用福美霜、百菌清、乙磷铝、杀毒矾防治立枯病、绵疫病；用速克灵、百菌清等防治灰霉病;用甲基托布津、多菌灵等防治黄萎病、褐纹病。可用克螨特、三唑锡、尼索朗乳油等防治红蜘蛛、茶黄螨。

6.采收

在适宜温度条件下,果实生长 15 d 左右达到商品成熟。果实的采收标准是根据宿留萼片与果实相连部位的白色环状带(俗称“茄眼睛”)宽窄来判断,若环状带宽,表示果实生长快,花青素来不及形成,果实嫩;环状带不明显,表示果实生长转慢,要及时采收。采收时间最好是早晨,其次是下午或傍晚,中午果实含水量低、品质差。采收时宜用剪刀采收,防止折断枝条或拉掉果柄。

(二)秋季露地生产

(1)培育壮苗　6 月上中旬采用保护地育苗,大棚薄膜只盖顶部,留四周以利于通风,顶部覆遮阳网降温,可防暴雨、防暴晒。可将种子直播在塑料钵中,也可撒播在苗床上,再分苗入塑料钵。苗龄 35 d 左右。定植前要进行高温炼苗。

(2)适时定植　7 月中下旬左右定植。定植前施足底肥。1.7～1.8 m 包沟做厢。株行距因品种而异。成都地区种植韩国进口品种多稀植,行距 80 cm 左右,株距 70～80 cm,一般每 667 m^2 定植 1 000 株。“品”字形交错定植。定植后浇足定根水。

(3)田间管理　及时浇缓苗水,深中耕 1～2 次后控水蹲苗。门茄膨大时开始追肥浇水,每 667 m^2 施尿素 155 kg、硫酸钾 10 kg。以后每 7～10 d 浇 1 次水,追肥 3～4 次。追肥应多施氮肥,增施磷、钾肥,同时配合有机肥。7、8 月份高温多雨季节要注意排水降湿,以防涝害。门茄坐果后打去基部侧枝,门茄采收后摘除下部老叶,生长后期摘心,及时搭架或拉绳子防止倒伏。

(4)采收　一般 8 月底至 9 月初始收,11 月下旬拉秧。每 667 m^2 产量 5 000～6 000 kg。

(三)秋延后生产

(1)薄膜覆盖生产　选择抗热丰产的优良品种,长江流域一般于 5 月份至 7 月上旬利用遮阳网覆盖育苗,6 月份至 8 月上旬,当幼苗具 5～6 片真叶时定植。缓苗后及时中耕除草,适当追施提苗肥。结果期,结合浇水重施复合肥、尿素或腐熟粪肥。9 月下旬至 10 月上旬,要及时覆盖塑料薄膜,随着气温不断下降,要逐步扣严棚膜。扣棚后,前期要通风排湿,以利于开花结果。后期可加小拱棚或浮动覆盖保温防寒,延长采收期。一般 8 月上旬至 9 月上旬始收,可采收至 11—12 月份。

(2)老株再生生产　立秋前后,气候炎热,茄子已进入衰老期,茄子的产量和商品性降低。可利用残桩进行秋延后再生生产。其方法是:晴天下午将植株第一分枝留 8 cm 短截,用百菌清等药液处理伤口。清洁田园,及时中耕松土,追施速效肥料,大约 10 d 即可发出新枝,每株留 4～5 个长成再生果的果枝。新枝在 12～15 cm 长时现花蕾,再过 15～20 d 即可采收。长江流域前期需加盖遮阳网,后期要覆盖塑料薄膜。

五、生产中常见问题及对策

早春茄子由于受低温等环境条件的影响,容易落花或形成畸形果,严重影响产量和品质。

(一)造成落花或畸形果的原因

(1)环境条件　早春长期弱光或苗期夜温过高易形成短柱花,土壤干旱、空气干燥使花发育受阻,空气湿度过大且持续时间长影响受粉等均可导致落花。

(2)营养因素　营养不足,植株长势弱,花小,花柱短易落花;营养过旺,植株徒长易落花。

(3)激素处理　处理时间过晚、浓度过大或处理时温度过高易形成畸形果。

(二)防止落花或畸形果的措施

(1)改善环境条件　保持棚膜清洁以增加透光率,早揭晚盖草苫以尽量延长光照时间,地膜覆盖以增加近地面光照,人工补光;适当浇水以保持土壤和空气湿润,浇水后适当放风以降低棚内空气湿度。

(2)加强水肥管理　保证养分充足供应,使植株生长健壮而又不贪青徒长。

(3)激素处理　应在开花当天或提前1～2 d进行,PCPA(防落素)的浓度以40～50 mg/L为宜,低温下用高浓度,温度高时则降低浓度。

复习思考题

1. 茄果类蔬菜在生物学特性和生产技术上有哪些共同点?
2. 简述茄果类蔬菜冬季育苗技术要点。
3. 如何对茄果类蔬菜进行植株调整?
4. 试分析茄果类蔬菜落花落果发生原因及应对措施。
5. 简述番茄春季露地生产技术要点。
6. 简述茄子秋延后生产技术要点。

Project 2

项目二

瓜类蔬菜生产

学习目标

一、知识目标

1. 瓜类蔬菜(黄瓜、苦瓜、南瓜、冬瓜、丝瓜、佛手瓜)的生物学特性;
2. 品种的选择;
3. 育苗知识;
4. 整地、做畦、定植知识;
5. 肥水管理知识;
6. 病虫害识别与防治知识;
7. 采收及采后处理知识。

二、技能目标

通过理论教学及实践操作,让学生全程参与完成瓜类蔬菜(黄瓜、苦瓜、南瓜、冬瓜、丝瓜、佛手瓜)的产前计划、产中管理、产后营销等整个生产过程,使学生能根据季节特点、地域特征及市场需求制订瓜类蔬菜生产计划,熟悉瓜类蔬菜的生产流程,掌握相应生产管理技术及产后销售及效益评估,能独立或协作分析并解决瓜类蔬菜生产过程中的常见问题。

三、工作任务

1. 会制订瓜类蔬菜(黄瓜、苦瓜、南瓜、冬瓜、丝瓜、佛手瓜)生产技术方案;
2. 会根据市场需要合理选择品种;
3. 能掌握瓜类蔬菜播种育苗技术;
4. 能掌握整地、做畦与定植技术;
5. 掌握瓜类蔬菜田间管理技术;
6. 掌握瓜类蔬菜采收与采后处理技术;
7. 能分析瓜类蔬菜生产过程中常见问题发生的原因并提出解决措施。

瓜类是葫芦科中以果实供食用的生产植物的总称。在植物分类上主要包括甜瓜属的黄瓜和甜瓜，南瓜属的南瓜(中国南瓜)、笋瓜(印度南瓜)和西葫芦(美洲南瓜)，西瓜属的西瓜，苦瓜属的苦瓜，丝瓜属的普通丝瓜和有棱丝瓜，冬瓜属的冬瓜和节瓜，葫芦属的葫芦，佛手瓜属的佛手瓜，栝楼属的蛇瓜。

瓜类蔬菜大多为一年生草本、蔓性植物(佛手瓜为多年生)，茎长，有节，节上长有卷须。叶片大，单叶互生，叶柄较长。主蔓的每一个叶腋抽生侧蔓(子蔓)，侧蔓又能发生侧蔓(孙蔓)。按照瓜类蔬菜结果习性的不同一般可分成三类：第一类是以主蔓结果为主，如早熟黄瓜、西葫芦等；第二类是以侧蔓结果为主，如甜瓜、瓠瓜等；第三类是主蔓和侧蔓都能结果良好，如冬瓜、南瓜、西瓜、丝瓜、苦瓜等。瓜类蔬菜均为雌雄同株异花植物，其雌花为子房下位，和子房壁一起发育成果实。苗期适当的低温，可促雌花形成，进而提高产量。

瓜类蔬菜性喜温暖，不耐寒冷。生长适宜温度为 20～30℃，15℃以下生长不良，10℃以下生长停止，5℃以下开始受害。瓜类蔬菜整个生长周期均要求较高的温度和较大的昼夜温差，并喜日照时数多和较强的光照。除黄瓜外，其他种类均具有发达的根系，但根的再生能力弱。幼苗经过移栽后，缓苗期长，所以通常采用直播；若育苗移栽，须采用护根措施。多数茎蔓生，需支架生产或爬地生产。侧蔓萌发能力强，可根据需要进行整枝打杈。

任务一　黄瓜生产

黄瓜主要食用其幼嫩果实，是南方地区进行保护地生产及露地生产的主要蔬菜，也是春夏提早及秋冬延后的主栽瓜类之一。由于塑料大棚设施生产技术的普及与推广，有力地推动了黄瓜杂种优势利用研究及春提早和秋延后生产技术的发展，在不同生产季节里，采用不同生态型品种，实现了黄瓜周年生产，从 4 月份至翌年 1 月份收获，对丰富春淡、秋淡和冬季市场蔬菜供应起到重要作用。

一、生物学特性

(一)植物学特征

黄瓜根系不发达，主要根群分布在 20～30 cm 的耕作层内。茎蔓生，茎节长有卷须。叶互生，心脏状五角形，大而薄，蒸腾力强。生产品种多为雌雄同株异花，雄花簇生，雌花单生，靠昆虫传播花粉，亦可单性结实。性型分化上，一般主蔓先开雄花，后开雌花；侧蔓先开雌花，后开雄花。果实为假浆果，又叫瓠果，棍棒形或圆筒形，长短各异，大小不一。果皮深绿色、绿色、浅绿色或黄白色；刺毛黑色或白色，刺瘤突起明显或表皮光滑。种子黄白色，千粒重 20～30 g。从授粉到采收种瓜 30～40 d，无生理休眠期。种瓜采摘后需后熟 5～7 d 剖瓜，隔夜发酵再清洗种子。种子放在干燥器内贮存，发芽力可保持 10 年，一般室内贮存 3 年以后，发芽率逐渐降低。生产上多用隔年的种子。

(二)对环境条件的要求

(1)温度　黄瓜喜温怕寒，生长的适温为 20～30℃，低于 10℃或高于 40℃则停止生长。但空气湿度大时，对高温的忍受能力亦大。一般 5℃以下，遭受寒害，但经过低温锻炼的幼苗可以短期忍受2～3℃的低温。黄瓜对地温也很敏感，根系生长的起点地温为15℃，适宜地温为25℃，低于8℃或高于38℃时生长停止，但以黑籽南瓜为砧木嫁接的黄瓜苗却仍能正常生长，对较低地温的适应性强。

(2)光照　黄瓜是瓜类蔬菜中最耐弱光的作物，适于温室和大棚设施生产。幼苗期，在低温和8～10 h短日照条件下，有利于雌花的分化形成，促使提早开花结果。开花结果期，若阴雨天过多，阳光过弱时，落花和化瓜现象严重。

(3)水分　黄瓜喜湿怕涝，不耐干旱。对空气湿度和土壤湿度都有较高的要求，也因不同的生育时期有所差异。生长发育的最适空气相对湿度为白天80%、夜间90%；土壤湿度为田间最大持水量的70%～90%，故有"天晴的苋菜，落雨的黄瓜"之称。

(4)气体　黄瓜根系的有氧呼吸能力较强，如果土壤积水板结，将妨碍根系活动，并促发病害和提早衰亡。大棚黄瓜生产中进行CO_2施肥，可以大幅度提高产量和改善品质。

(5)土壤及营养　黄瓜适应在有机质丰富、疏松透气、保水保肥、能灌能排的壤土中生产，土壤pH以5.5～7.2为宜。黄瓜对营养的吸收，以钾最多，氮次之，钙、磷、镁再次之，"五要素"在整个生育期内必须配合施用，特别是结果期需要大量的肥料。每采收1～2次后，必须及时追施肥水。应注意施肥的浓度，浓度过高容易发生烧根。

二、类型与品种

分为华南生态型、华北生态型、北欧温室型等类型。

(一)华南生态型黄瓜

华南生态型黄瓜俗称"旱黄瓜"，分布于中国长江以南及日本各地。该类型黄瓜茎叶繁茂，茎粗，节间短，叶片肥大，耐湿热，要求短日照。果实短粗，果皮硬，果皮绿、绿白、黄白色，刺瘤稀，黑刺。成都地区优良地方品种有白丝条、二早子、寸金子；重庆地区的极早熟杂交品种有燕白黄瓜。

(二)华北生态型黄瓜

华北生态型黄瓜俗称"水黄瓜"，分布于中国黄河流域以北及朝鲜、日本等地。植株生长势中等，喜土壤湿润、天气晴朗的环境条件，对日照长短要求不严。该类型黄瓜茎节和叶柄较长，叶片大而薄，果实细长，绿色，刺瘤密，白刺。包括华北地方品种及品种间杂交一代新品种，是南方地区黄瓜夏秋露地生产和秋冬大棚延后生产的主要品种来源。适合设施春提早生产黄瓜品种：中农4号、中农5号、中农7号、中农9号、中农12号、中农201、中农202，中农203、津杂1号、津杂2号、津杂4号、农大12号、碧春、津春1号、津春2号、津优1号、津优2号、津优5号、津优10号、大棚黄瓜新组合39、保护地黄瓜新组合507。适合设施秋延后生产黄瓜品种：中农8号、京旭2号、农大秋棚1号、津杂3号、津春2号、津春4号、津优1号、津优5号、大棚黄瓜新组合39、津优10号。适合夏秋露地生产的黄瓜品种有津研4号等。

(三)北欧温室型黄瓜

北欧温室型黄瓜分布于英国、荷兰。植株茎叶繁茂，耐低温弱光，对日照长短要求不严。果面光滑无刺，绿色，种子少或单性结果。

三、生产季节与茬口安排

南方各省无霜期长，黄瓜在露地生产生长的时期一般可以长达8个月左右。因此，可以利用不同的品种，错开播种，进行三次生产，即所谓的春黄瓜、夏黄瓜、秋黄瓜。广东、海南等地还可进行冬季生产。

若利用塑料大棚进行春提早生产，长江流域春黄瓜的播种时间以1月中下旬为宜，3月上旬定植，4月上旬至6月中旬收获；成都地区"大棚+小拱棚+地膜覆盖"早春生产，可在1月下旬播种，2月下旬定植，3月下旬始收。秋延后生产于8月下旬至9月上旬播种，10月上旬开始收获，11月下旬拉秧。

四、生产技术

(一)春季露地生产技术

1.品种选择

应选择中早熟、抗病又丰产，并符合当地消费习惯的品种。适合生产的品种有天津黄瓜研究所的津春4号、津研4号、津研5号、津研6号、津杂4号；重庆科光种苗有限公司的燕白黄瓜、燕美黄瓜、燕丽黄瓜、燕丰黄瓜、渝杂黄四号等品种，也可选用其他优良品种。

2.播种育苗

(1)种子处理　播前精选种子并晒种2～3 d。用清洁的小盆装入种子体积5倍的55℃热水，把选好的种子放入水中，用小木棍搅动，水温降至30℃时停止搅动，再浸泡4～6 h，切开种子不见干心即可出水。用清水漂洗几遍，然后用纱布或毛巾包好，放在25～28℃处催芽。

为了增强幼苗的抗逆性，最好在种子刚刚萌动，胚尚未露出种皮时，放在−2℃处冷冻2～3 h，再用清水缓冻。重新催芽，即先给予20℃的温度，1～2 h后提高至25～28℃，胚根露出种皮时降到20～23℃。

(2)播种　南方地区特别是长江流域早春季温度低、光照弱，为保证苗期温度要求，应采用大棚育苗。一般于2月中旬播种点播于营养钵内，每钵播1粒，播完后盖1～2 cm厚的细营养土，最后覆盖一层地膜，出苗后及时揭掉。

(3)苗期管理　从播种到幼苗出土要维持较高的温度以促进尽快出苗，白天25～30℃，夜间20℃左右；子叶展开至真叶显露适当降温，防止形成高脚苗，白天22℃左右，夜间15℃左右；真叶展开后保持25～30℃，3～4 d缓苗后，降至白天22～25℃，夜间13～17℃；定植前7～10 d降温炼苗，白天保持15～20℃，夜间10～12℃。

苗期要经常保持床土湿润，在底水浇透的前提下，苗期原则上不浇水。营养钵育苗因土壤水分向营养钵运输受到一定阻隔，易造成钵内土壤缺水。

为防治黄瓜枯萎病的发生，可用云南黑子南瓜作砧木进行嫁接育苗，一般采用靠接法和插接法。

黄瓜苗龄因育苗设施不同而异。利用电热温床等育苗技术，苗龄较短，一般为30～35 d，而利用冷床育苗为45～50 d，有的地区长达50～60 d。

3. 定植

(1)定植时期　确定定植期的主要依据是露地地温和气温，当土壤 5 cm 处的地温稳定超过 10℃，最低气温高于 5℃时即可定植。露地地膜覆盖于 4 月上中旬定植，普通塑料大棚多于为 3 月上中旬定植，多重覆盖可提前到在 2 月中下旬。

(2)整地施基肥　定植前要深耕晒垡，并施足基肥，亩施优质厩肥 5 000 kg 或者微生物有机肥 2 000 kg，尿素 20 kg、硫酸钾 30 kg、过磷酸钙 50 kg，或者优质三元复合肥 50～75 kg，中微量元素肥料适量。先将 2/3 的基肥撒施后再深翻 25 cm 以上，耙平后做成宽 1.7 m(包沟)的畦，畦面开深沟，把 1/3 的基肥施入沟中，畦面盖地膜准备栽苗。

(3)定植方法　为防阴冷春寒，促进秧苗早发，宜选冷尾暖头晴朗天气下午定植。一般可按 35～40 cm 株距每畦栽 2 行，每 667 m^2 栽苗 3 000 株左右。定植时按预定的行距做出宽 13～15 cm、深 8～10 cm 的定植沟，定植时将苗摆在沟内，稍加覆土，以不致歪倒为度。然后顺沟浇水，水深与苗坨齐平，水量不宜过大，待水渗下后用沟两侧的土封沟，随即覆盖黑色地膜，将苗引出膜外。

4. 田间管理

(1)肥水管理　缓苗后施清淡粪水提苗。抽蔓期控水蹲苗以促进根系发育。根瓜开始伸长时追施肥水，施腐熟粪水 500 kg/667 m^2 或硝酸铵 15 kg/667 m^2，也可施硫酸铵 20 kg/667 m^2，对水泼浇。表土干湿适宜时松土培垄。结果期盛一般 7 d 浇 1 次水，隔水追 1 次肥，磷酸二铵、硫酸钾和三元复合肥、饼肥、鸡粪等交替使用。盛果期可进行根外追肥，常用尿素、磷酸二氢钾等混合液，浓度为 0.3%～0.5%，也可用商品叶面肥。

浇水一般掌握前期浇水量要小，浇水次数要少，后期水量要大，浇水次数要多，遵循前控后促的原则。定植 4～5 d 后，浇 1 次缓苗水，因地温较低，水量不宜过大。此后应控制浇水，进行蹲苗，约 10 d。当根瓜见长和瓜把颜色变深时浇 1 次清粪水。此后一般 6～7 d 浇 1 次水。结瓜盛期，植株需水量大，气温逐渐升高，每 3～4 d 浇 1 次水。此时由于天气转热，浇水应在清晨进行。如果遇到大雨天气应及时排水防涝。

(2)植株调整　黄瓜抽蔓期随即插架，用 1.7～2 m 的细竹竿在距苗 10 cm 左右远的地方，每株插 1 根，插成“人”字架。然后进行绑蔓，每 3～4 节绑 1 次，绑蔓一般在下午进行，可以避免断蔓。当瓜秧开始结瓜时，下部容易出现分枝，10 节以下分枝全部打掉。中上部出现分枝，每 1 分枝留 1 瓜 2 叶打顶，防止瓜秧疯长。卷须随绑蔓随去掉，瓜秧爬满架时再摘心，促进回头瓜。下部老叶及病叶一起摘去，有利于通风和减轻病害。

(3)病虫害防治　大棚黄瓜的主要病害有霜霉病、灰霉病、细菌性角斑病、白粉病等，主要虫害有蚜虫、白粉虱、美洲斑潜蝇等。霜霉病可采用高温闷棚的方法防治，也可用 72%克露、64%杀毒矾 500 倍液、10%科佳悬浮剂 1 000 倍液喷雾；灰霉病发病初期用 50%速克灵可湿性粉剂 1 500 倍液、40 施佳乐悬浮剂 800～1 000 倍液等药剂喷雾；细菌性角斑病发病初期用 77%可杀得可湿性粉剂 500 倍液、47%加瑞农可湿性粉剂 500 倍液、12%绿乳铜乳油 500 倍液等药液喷雾；白粉病用 10%世高 1 500 倍液喷雾或 45%百菌清烟剂熏治。蚜虫用溴氰菊酯 1 000 倍液或 10%蚜虱净 5 000 倍液等防治；白粉虱用 10%的扑虱灵乳油 1 000 倍液、2.5%的天王星乳油 3 000 倍液、22%的敌敌畏烟剂熏烟防治；美洲斑潜蝇用爱福丁 800 倍液、80%敌敌畏乳油 1 000 倍液等防治。

5. 适时采收

5月下旬开始采收，7月下旬采收结束。结瓜初期，每隔3～4 d采收1次，盛瓜期应每天或隔天采收。一般每667 m^2 产量6 000 kg。采收最好在早晨进行，严格掌握采收标准。采下的黄瓜要整齐地摆放在纸箱内，遮光保湿。

(二)塑料大棚秋延后生产

1. 品种选择

秋季延后生产，其气候特点是前期高温多雨，后期低温寒冷。生产目的是在晚秋和霜后给市场提供产品，不强调早期产量。对品种的要求是抗病、生长势强、丰产、苗期较耐热。适合大棚秋季生产的品种有津研2号、津研7号、津优5号、中农10号、津杂4号、渝杂黄四号等。

2. 培育壮苗

(1)播种期的确定　由于育苗期正值高温，苗龄不宜太长，一般20～25 d即可。具体播种期定在霜前80～85 d。成都地区一般在8月下旬至9月上旬播种，10月中旬至12月下旬收获，生育期100～120 d，采收期60～70 d，每667 m^2 产量4 000～5 000 kg。

(2)苗床准备　可用纸袋、塑料袋和营养土育苗，所不同的是延后生产育苗期温度高，秧苗生长快，易徒长和感病，培育壮苗比早春育苗困难。苗床应选在排水良好的地势高处，并应有一定的遮光避雨条件。

(3)播种及苗期管理　播前进行催芽和种子消毒，播后2 d苗即可出齐。为防止高温，中午前后要遮阴。子叶充分展开后开始松土，每2～3 d 1次。为了促进雌花形成，在两片真叶展开后喷200 mg/L乙烯利，一星期后再喷1次。

3. 定植

前作要及时罢园，清除残株杂草，并且每667 m^2 施农家肥5 000 kg，深翻细耙，做成1～1.2 m宽的畦。具体生产期为霜前55 d至霜后25 d，整个延后生产天数为80 d左右(不包括育苗期)。霜前55～60 d即为延后生产的定植期。

秋季延后生产，由于后期气温骤降，往往提早在中期采完后罢园，故定植密度要适当加大，以4 500株/667 m^2 左右为宜。

4. 定植后管理

(1)温湿度管理　定植后至根瓜采收需25 d左右，此时温度高、光照强，管理上以降温为主。有遮阴条件的，每天中午前后要进行遮阴，坚持大通风，同时放底风、肩风，开天窗。根瓜采收至霜降，棚内由高温逐渐转入温湿度较为适宜，这段时间大约30 d，此期管理要点是白天放风降温，夜间开始闭棚保温，白天棚温保持在25～30℃，夜间15～18℃。临进霜期，外界气温明显下降，夜间温度低于15℃，此时要注意夜间防寒保温。为了维持夜间较高的温度，白天放风起止的温度要提高到25～28℃，使棚内夜间气温保持在15～18℃。霜降以后，此期管理要点是保温防寒，棚膜要严密封闭，防止外界冷空气侵入。

(2)肥水管理　定植后到根瓜伸腰前要控制肥水，一般不干不浇水。从结瓜到盛瓜期，既是植株生长旺盛期，也是气候条件最适宜期，此期要加强肥水管理，每5 d浇1次水，浇1次水追1次肥，以腐熟的人粪尿为好，也可以追施化肥，每次每667 m^2 用量15 kg左右，连续追施3次。霜降过后，生长逐渐转弱，对肥水的需要也逐渐减少，此期大棚已严密封闭，一般不再追肥，不干不浇水，可每隔5 d进行1次叶面追肥。

(3)植株调整　除了正常的搭架、绑蔓、去卷须外，大棚延后生产还有三项新措施。

①引蔓　为了减少遮阴，节省架材及充分利用空间，可用白色塑料绳“吊蔓法”代替竹架“绑蔓法”，即在大棚骨架上顺栽植行向各拉一根铁丝，按穴距由上至下系一根吊绳连接在黄瓜根茎部，或用小木扦、铁丝固定。引蔓时，按逆时针方向转动藤蔓，用塑料绳缠绕拉伸即可。

②摘心　当主蔓长到快要接触棚膜时进行摘心，既可以防止茎尖触膜受冻，又可以打破顶端优势，控藤促瓜，多结“回头瓜”。

③打叶　及时摘除植株下部的老黄叶和病残叶，可以减少营养消耗，改善通风透光条件。

5. 采收

根瓜要适时采收，延迟会影响瓜秧的生长和第二条瓜的伸长。第一条瓜采收后可短期贮藏再上市。第二、第三条瓜对秋季延后生产来讲已进入盛果期，可适当推迟采收。一般延后生产每株可采 3～5 条瓜，高度密植的通常每株只采 3 条瓜。密植适当、定植期较早、生育期达到 90～100 d 的，每株可采收 5 条瓜。11 月份进入盛果期，12 月上旬要抢在初霜前“定瓜”，将多余的雌花、幼果及时疏掉，并进行摘心。最后 1～2 条瓜要尽量延迟采收，采收之后还可保鲜贮藏 1 个多月，这对改善市场供应和增加收入都十分重要。

五、生产中常见问题及对策

(一)化瓜

化瓜即刚坐住的瓜纽和正在发育中的瓜条，生长停滞，由瓜尖至全瓜逐渐变黄、干枯。黄瓜化瓜的根本原因是小瓜在生长过程中没有得到足够的营养物质而停止发育。例如，植株营养生长过旺，养分就会大量向茎叶分配，造成瓜秧徒长而导致化瓜；黄瓜生长期地温过低，根系发育不良，吸收能力降低，瓜条营养供应不足也易化瓜；连续阴天，低温寡照，光合产物少易化瓜；下面瓜不及时采收，造成果实间的养分争夺，会使上部的小瓜化掉；此外，花期喷药不当或有毒气体危害等原因，都会引起化瓜。

防止化瓜的根本措施就是创造适宜黄瓜植株生长的环境，加强水肥管理，适时采收和疏花疏果，以减少小瓜同茎叶或其他果实间的养分竞争。

(二)花打顶

花打顶即黄瓜植株生长点不再向上生长，顶端出现雌雄花相间的花簇，不再有新叶和新梢长出，形成“自封顶”。花打顶主要是夜温偏低、昼夜温差过大造成的。低夜温短日照使雌花形成过多，消耗大量营养物质，对营养生长产生抑制，出现花打顶现象。此外，地温偏低，土壤过干或过湿以及施肥过多引起烧根等原因造成黄瓜根系发育差，吸收能力弱，也易形成花打顶。防止花打顶首先应避免夜温过低，保证花芽分化阶段夜温不低于 13℃，同时加强水肥管理，及时中耕松土，促进根系发育。对已出现花打顶的植株，要及时采收商品瓜，并疏除一部分雌花。一般健壮植株每株留 1～2 个瓜，弱株上的瓜全部摘掉以抑制生殖生长，迫使养分向茎叶运输。

(三)畸形瓜

黄瓜的畸形瓜包括弯瓜、尖头瓜、大肚瓜、蜂腰瓜等非正常形状的瓜。形成畸形瓜的主要原因包括两方面:一是授粉受精不良,导致果实发育不均衡;二是植株中营养物质供应不足,干物质积累少,养分分配不均。生产中可通过花期人工授粉、放蜂授粉,结果期加大水肥供应等措施来减少畸形瓜的发生。

(四)苦味瓜

黄瓜设施生产中,经常出现苦味瓜,苦味轻者食用略感发苦,重者失去食用价值。尤其是根瓜更易出现苦味瓜,瓜条苦味的直接原因是苦瓜素在瓜条中积累过多。生产中如偏施氮肥,土壤干旱、地温低造成根系发育不良,设施内温度过高导致植株营养失调以及品种的遗传特性等因素都易形成苦味瓜。生产中可通过选用不易产生苦瓜素的品种,配方施肥,及时灌水,勤中耕,合理通风降温等措施来减少苦味瓜的发生。

任务二　苦瓜生产

苦瓜别名凉瓜,为葫芦科苦瓜属的一个生产种。原产亚洲热带地区,广泛分布于热带、亚热带和温带地区。中国南方生产面积较大。苦瓜以嫩果供食,每 100 g 嫩果含水分约 9 g、蛋白质 0.7～1.0 g、碳水化合物 2.6～3.5 g、抗坏血酸 56～84 mg,以及 B 族维生素和钙、磷、铁等矿物质。因含有较多的糖苷,味苦,随着果实成熟,糖苷被分解,苦味变淡。苦瓜中的苦味物质有促进食欲、利尿活血、消炎退热、解疲劳、清心明目的功效。苦瓜的糖苷还可以降低血糖。印度和东南亚食用其嫩梢和叶,印度尼西亚和菲律宾取花食用。

一、生物学特性

(一)植物学特征

苦瓜根系发达,不耐涝。茎攀缘,蔓生,5 棱,节上易生不定根,卷须单生。雌雄同株异花。花单生,植株一般先生雄花,主蔓发生第一雌花的节位因品种和环境条件而不同,侧蔓发生雌花的节位较早。浆果,纺锤形、短圆锥形或长圆锥形,成熟时黄色。种子盾形,扁,淡黄色,表面有花纹,千粒重 150～180 g。

(二)生长发育周期

华南地区苦瓜整个生育周期 80～100 d,长江流域和长江以北 150～210 d。从种子萌动至采收结束可分为以下几个时期。

(1)发芽期　从种子萌动至第一对真叶展开,需 5～10 d。

(2)幼苗期　第一对真叶展开至第 5 片真叶展开,开始抽出卷须,需 15～20 d,这时腋芽开始萌动。

(3)抽蔓期　第 5 片真叶展开至植株现蕾,需 7～10 d;如环境适宜,在幼苗期现蕾,就没有抽蔓期。

(4)开花结果期　植株现蕾至生长结束,一般 70～100 d,其中现蕾至初花期约 15 d,初收至采收完 60～85 d。

(三)对环境条件要求

苦瓜喜温,较耐热,不耐寒。种子发芽适温 30～35℃,植株生长适温 20～30℃。苦瓜属短日照植物，幼苗期温度较低和短日照，可提早发生雌花。苦瓜喜光不耐阴。开花结果期需要较强光照，充足的光照有利于提高坐果率；光照不足常引起落花落果。喜湿但不耐涝，空气相对湿度和土壤湿度均为85%时对生长有利。土壤积水易烂根。肥料三要素以需钾最多，氮次之，磷最少，吸收比例约为3.4∶1∶4.6，这些养分绝大部分是在开花结果期吸收的，此阶段吸收的氮、磷、钾分别占氮总吸收量的1/3左右、钾总吸收量的1/5～1/3、磷总吸收量的1/3～1/2。

二、类型与品种

苦瓜按果实色泽分为绿苦瓜和白苦瓜，以绿苦瓜品种较多。按果形分为纺锤形品种、短圆锥形品种和长圆锥形品种。按熟性分为早熟品种和晚熟品种。按结果习性分为主蔓和侧蔓结果品种、以侧蔓结果为主的品种。

(一)绿苦瓜

绿苦瓜果实浓绿色或绿色。纺锤形品种如广东槟城苦瓜、广西西津苦瓜、福建莆田苦瓜、上海青皮苦瓜等。短圆锥形品种如广东大顶、湖北小苦瓜等。长圆锥形品种如广东英引苦瓜、广西中渡苦瓜、湖南海参苦瓜。长棒状品种如碧秀、绿冠一号、新秀、金田187、金田188等。

(二)白苦瓜

白苦瓜果实绿白或白色。如四川成都白苦瓜、贵州独山白苦瓜、蓝山大白苦瓜等地方品种以及一些育种公司选育的杂交品种。

三、生产季节与茬口安排

苦瓜一般在春、夏季生产。长江流域多在3月下旬至4月上旬播种育苗，6—9月份收获。华南地区可分为春、夏、秋三季生产，以春播为主。春季2—3月份播种育苗，5—7月份采收；夏季4—5月份播种育苗，6—8月份采收；秋季7—8月份播种育苗，8—11月份采收。成都地区早春生产于1月下旬播种，3月中旬定植，早熟品种4月份始收，中晚熟品种6月初开始收获。

四、生产技术

塑料大棚早春苦瓜生产

1.品种选择

选择符合当地消费习惯，产量高，抗病能力强的品种。如四川成都白苦瓜、蓝山大白苦瓜、兴蔬春华、早杂2005、长丰苦瓜、碧秀苦瓜等。

2.播种育苗

(1)种子处理　苦瓜种子种皮坚硬，必须处理。一般用60℃左右温水浸种，并不断搅拌，连续浸泡12～15 h，其间，适当搅拌并搓洗，后用湿毛巾或纱布包裹，在30℃条件下催芽，约3 d出芽，每天用相应温水冲洗1～2次，60%种子露白即可播种。

(2)播种　播种期安排在1月下旬至3月上旬。播种前，苗床先浇透水，墒情适宜时播种。2月中旬前播种需采用电热温床育苗。60孔穴盘每孔播种1粒，播后覆土2 cm，覆地膜并加盖小拱棚保温保湿。

(3)苗期管理　出苗前温度30～35℃，出苗后白天25℃左右，夜间13～17℃。当秧苗4～5片真叶，秧龄50～60 d，撤去小拱棚，大棚可适当通风，降低棚温进行低温炼苗。为防治苦瓜枯萎病等发生，可用专用丝瓜或云南黑子南瓜作砧木进行嫁接育苗，一般采用靠接法和插接法。

3.定植

(1)定植时期　确定定植期的主要依据是大棚的地温和气温，当棚内最低气温高于12℃时即可定植。成都地区"塑料大棚＋小拱棚＋地膜覆盖"生产于3月上中旬定植，"大棚＋地膜覆盖"生产于为3月中下旬定植，露地生产一般于4月中下旬定植。

(2)整地施基肥　定植前要深耕晒垡，并施足基肥，每亩施优质厩肥3 000 kg或者微生物有机肥200 kg、尿素20 kg、硫酸钾30 kg、过磷酸钙50 kg，也可用优质三元复合肥50～100 kg，适量中微量元素肥料。先将2/3的基肥撒施后再深翻25 cm以上，耙平后做成宽1.2～1.5 m的畦，畦面开深沟，把1/3的基肥施入沟中，畦面盖地膜准备栽苗。

(3)定植方法　定植前20～30 d扣棚增温。选冷尾暖头晴天定植。具体密度应根据品种特性、土壤肥力、生产形式等确定，一般可按33～50 cm株距每畦栽2行，每667 m^2栽苗2 000株左右。如果生产台湾农友的碧秀苦瓜，则采用6～8 m宽厢生产，距离大棚两边50 cm各栽1行，株距2.2 m，亩栽64株。为防止降低地温，宜采用暗水定植法。

4.田间管理

(1)温度管理　缓苗期大棚应密闭不通风，尽可能提高棚温，促使植株早发根，早生长。4月中旬以前气温较低，以保温为主，遇高温天气适当通风，白天棚温保持在20～30℃，夜温保持在15℃以上。进入结果期，棚温逐渐上升，晴天应加大通风量，适当降低棚温，白天温度控制在25～32℃之间，夜温15℃以上。5月上旬以后撤去裙膜，昼夜通风。

(2)肥水管理　定植缓苗后可根据秧苗长势追1～2次肥。坐果前一般不再追肥。根瓜开始膨大及时追肥，每667 m^2施三元复合肥15 kg，以后每采收2次追肥1次。追肥可结合灌水同时进行，有滴灌设施的，肥料溶解后随滴灌施入，也可撒施或浇施。苗瓜喜湿不耐涝，前期宜适当控制灌水，只要保持畦面湿润即可。坐瓜后植株需大量水分，应及时浇水，忌缺水干旱。

(3)植株调整　苦瓜伸蔓期需用尼龙绳吊蔓缠蔓或引蔓上架。苦瓜分枝能力强，须进行整枝打杈，摘除多余的或弱小的枝条。中晚熟品种可摘除80 cm以下侧枝，上部枝条任其生长。采收中后期要注意摘除过于密闭和弱小的侧枝，以及老叶、黄叶、病叶，以利于通风透光，延长采收期。人工辅助授粉可解决结果初期因低温寡照造成苦瓜化瓜、坐瓜不良及畸形瓜的问题。

(4)病虫害防治　苦瓜的主要病害有霜霉病、白粉病等；主要虫害有蚜虫、瓜实蝇等。霜霉病可采用可用72％克露、64％杀毒矾500倍液、10％科佳悬浮剂1 000倍液喷雾；灰霉病发病初期用50％速克灵可湿性粉剂1 500倍液，白粉病用10％世高1 500倍液喷雾或15％粉锈宁1 500倍液喷雾。蚜虫用溴氰菊酯1 000倍液、或10％蚜虱净5 000倍液等防治；瓜实蝇用2.5％溴氰菊酯乳油3 000倍液防治。

5. 采收

苦瓜果实发育迅速，花后 25 d 左右便生理成熟。一般开花后 12～15 d 采收嫩果。采收的标准为果实上的条状或瘤状突起比较饱满，瘤沟变浅，尖端变平滑，皮色由暗绿变为鲜绿并有光泽。

任务三　西瓜生产

西瓜为夏季水果，果肉味甜，能降温去暑；种子含油，可作消遣食品；果皮可药用，有清热、利尿、降血压之效。由于西瓜生长期短，效益高，因此发展西瓜产业是当前农民增收的一条有效途径。在中国各地均有栽培，且品种甚多，外果皮、果肉及种子形式多样，以新疆、甘肃兰州、山东德州、江苏东台等地最为有名。西瓜喜温暖、干燥的气候，不耐寒。生长发育的最适温度 24～30℃，根系生长发育的最适温度 30～32℃，根毛发生的最低温度 14℃。西瓜在生长发育过程中需要较大的昼夜温差。西瓜较耐旱但不耐湿，阴雨天多时，造成湿度过大，易感病。西瓜喜光照，生育期长，因此需要大量养分。西瓜随着植株的生长，需肥量逐渐增加，到果实旺盛生长时，达到最大值。西瓜适应性强，以土质疏松，土层深厚，排水良好的砂壤土最佳，喜弱酸性土壤。

一、生物学特性

(一)植物学特征

西瓜为葫芦科西瓜属一年生蔓生藤本植物。茎、枝粗壮，具明显的棱。卷须较粗壮，具短柔毛，叶柄粗，密被柔毛；叶片纸质，轮廓三角状卵形，带白绿色，两面具短硬毛，叶片基部心形。雌雄同株。雌、雄花均单生于叶腋。雄花花梗长 3～4 cm，密被黄褐色长柔毛；花萼筒宽钟形；花冠淡黄色；雄蕊近离生，花丝短，药室折曲。雌花的花萼和花冠与雄花相同；子房卵形，柱头肾形。果实较大，近于球形或椭圆形，肉质，多汁，果皮光滑，色泽及纹饰各式。种子较多，且状如卵形，颜色呈黑色或者红色，两面平滑，基部钝圆，通常边缘稍拱起。夏季为其花果期。

(二)对环境条件的要求

(1)温度　西瓜原产于非洲草原，耐热力极强。种子发芽的适温为 26～30℃，15℃时开始发芽，温度低于 15℃时不能发芽，温度高于 35℃时发芽受到影响，并造成裂壳；生长发育的白天适温为 25～31℃，营养生长期时对温度的需求要低一些，温度为 10℃时生长缓慢，温度低于 5℃时则受到冻害，温度高于 35℃时生长发育会受到阻碍；但在坐果和果实生长期需要的温度要高些，最低温度为 15℃。在较低温度下，果实发育缓慢，果皮厚，易空心和畸形，含糖量下降，品质差。

(2)光照　西瓜是短日照作物，光饱和点为 80～100 klx，光补偿点为 4 klx。西瓜苗期日照时数低于 8 h 时，造成第一雌花节位低；若日照时数高于 16 h，则抑制雌花的形成。

(3)土壤　西瓜为深根系作物，其根系入土深而广，吸收能力强，栽培宜选用土层深厚、疏松肥沃、排水良好的壤土或砂壤土。西瓜对土壤 pH 要求不严格，在 pH 为 5～8 时均可生长。西瓜营养生长期需要较多的氮肥、钾肥，果实膨大期则特别需要钾肥。

(4)湿度　西瓜耐旱而不耐涝，要求空气干燥，相对湿度50%～60%为宜。西瓜的整个生长发育期需水量较多，不同生长发育阶段需水量不同，种子发芽时要求有足量的水分，使营养物质分解以迅速发芽；苗期含水量以65%为宜。抽蔓期、开花结果期含水量以70%～75%为宜。西瓜怕淹水，淹水超过12 h就会造成植株的死亡。因此，栽培时应选取排水良好的地块。

二、类型和新优品种

西瓜的分类根据成熟期不同可分为早熟品种、中熟品种和晚熟品种；根据果实大小可分为大果型西瓜、中果型西瓜和小果型西瓜。

(一)按成熟期分类

(1)早熟品种　从雌花开花到果实成熟需30 d。该品种一般表现为雌花出现早，坐果节位低，生长势和分枝性较弱，采收早，早期产量高等特点。适合进行种植的品种有京欣1号、金蜜3号、天露1号、中兴红1号、全美2K等，适合四川地区栽植的品种有8424、京欣1号、锦辉等。

(2)中熟品种　从雌花开花到果实成熟需31～40 d。该品种一般表现为雌花出现较晚，坐果节位较高，生长势和分枝性较强，果形一般较早熟品种大，产量高等特点。适合种植的品种有浙蜜8号、浙蜜10号、华玉8号、凯旋2号、金城5号、西农八号、寿山等。

(3)晚熟品种　从雌花开花到果实成熟需40 d以上。该品种一般表现为雌花出现晚，坐果节位高，生长势和分枝性强，果形大，产量高等特点。适合种植的品种有雪龙1号、龙盛3号、天虎、科农9号、世雷777等。适合四川地区种植的品种有龙盛3号、天虎、漯丰7号、世雷777等。

(二)按果实大小分类

(1)大果型西瓜　全生育期95 d左右，果实成熟期30 d左右，果实正圆形，条带整齐，蜡粉多，品质优，耐低温弱光，不易畸形，外观漂亮，瓤色大红，商品性好，丰产性强。适合种植的品种有龙盛3号、西域风度、ZKS-3、金城5号、陕农9号、世雷511等。适合四川地区种植的品种有世雷511、锦辉等。

(2)中果型西瓜　其生长势中等，春播全生育期约100 d左右，果实发育期28 d左右，一般第1雌花出现在主蔓第8～9节，以后每隔5节左右出现雌花，易坐果，平均每667 m^2产量2 500 kg左右。一般单瓜重3～4 kg。适合种植的品种有：苏创3号、美都、嘉年华5号、伯洪西瓜2号、花瑞、早佳8424、华欣2号、星研七号、美佳京欣1号、京嘉203、京美4K、京嘉202等。适合四川地区种植的品种有8424、京美4K、京嘉20等。

(3)小果型西瓜　又称礼品西瓜。具有品种花色多，生育期短，由播种到采收只需65～70 d；外形美观，质优，含糖量高，可溶性固形物含量可达13%～14%，肉质细腻、多汁脆甜、入口即化；小巧玲珑，一般单瓜重1～2.5 kg，便于携带和储藏；又因其果型小、品质优、生长期短，适宜多样化栽培，种植效益高，十分迎合当前群众消费习惯，具广阔市场潜力。适合种植的品种有早春红玉、黄小福、黄小玉、华晶13号、宝冠、甜蜜蜜、金冠、蕙兰、超越梦想、金霞八号等。适合四川地区种植的品种有早春红玉、小红铃、妙玉、小花宝等。

三、生产技术

(一)春季露地生产技术

1.品种选择

西瓜是夏季人们消暑止渴的佳品。露地西瓜如洞庭一号、豫艺甜宝、沃特尔、新机遇、黄怡人一号等品种,其特点是外观商品性好,抗性强,口感好,产量高。适合四川省的露地栽培品种有京欣、金蜜号、黑蜜无籽等。

2.播种育苗

(1)种子处理　将西瓜种子放入55℃的温水中,迅速搅拌10～15 min,当水温降至30℃左右时停止搅拌,继续浸泡1～2 h,洗净种子表面黏液。育砧木用的葫芦种子在28～30℃水中浸泡2～4 h。将浸泡后的西瓜种子用湿布包好,放在28～30℃的条件下催芽。

(2)播种　露地直播栽培一般以当地终霜已过,地温稳定在15℃左右时为适宜的播种时间。一般在3月中下旬进行拱棚、温室播种育苗。

(3)苗期管理　播种后至出土前苗床温度控制在28～30℃,出土后温度稍降低,白天温度控制在25℃,夜间控制在16℃,避免下胚轴徒长。播种前浇透水,在真叶显露前一般不浇水。苗床湿度控制在80%左右,湿度过大会影响根系生长,易发生猝倒病。阴雨天等异常天气要注意保温、通风,并增加光照。

(4)育苗嫁接技术　为了有效地提升西瓜的产量,不断地提高西瓜的品质,需要对优质的西瓜种苗进行嫁接。嫁接时可以选择葫芦作为砧木,并且结合西瓜种植的时间确定葫芦种子的播种时间,一般西瓜种子比砧木种子早播种5～7 d。当西瓜幼苗长到两片叶展平,而且葫芦种子长到一片真叶时,就可以根据嫁接的相关要求进行嫁接操作。首先要选择健康的砧木,并按照嫁接要求去掉砧木的生长点,在砧木下胚轴0.5～1 cm的适合位置,用专用刀片划出45°的切面;然后将接穗拔起,并在植株相应的位置做出同样的切面;最后将砧木切口和接穗互相嵌合。用嫁接夹将其固定之后就可以移植到营养钵当中。

3.整地施肥

由于西瓜根系强大,宜选择疏松肥沃,土层深厚透气,富含有机质,排灌良好,光照充足的砂壤土种植,不宜选择盐碱地或易积水的低洼地块。每667 m^2 结合深翻配施含钾量高的饼肥和鸡粪1 500～2 000 kg、硫酸钾型三元复合肥75 kg、尿素15 kg,以及适量的中微量元素肥料。肥土混匀整平后,按行距2.0～2.5 m东西走向起垄(带沟)。

4.定植

当地外界温度稳定至15℃左右时进行定植,此时幼苗3～4片真叶。一般在4月上旬,先按预定株行距挖好定植穴,并浇水,将提前浇透水的营养钵幼苗倒出,放入穴内,注意保持苗坨的完整性,并覆土。嫁接口应高出畦面1～2 m。大果型西瓜品种适宜的种植密度为行距2～2.1 m,株距80 cm左右,每亩种植300～400株,才能确保果实充分膨大,提高产量;中果型西瓜每亩定植400～500株,小果型西瓜每亩定植500～600株。

5.田间管理

(1)苗期管理　对拱棚、温室育苗定植的瓜田,应在定植时留足瓜苗,以便后期补栽没有成活的瓜苗。对露地直播西瓜及时补苗;后期应进行间苗。

(2)肥水管理　定植水要充足，苗期可适当用冲施肥提苗，以促进地上营养生长和根系发育；团棵至伸蔓期浇足水，避免授粉坐瓜期间受影响，每 667 m^2 施硫酸钾型三元复合肥 20 kg、尿素 15 kg；膨瓜期在坐稳果后，及时浇膨果水，每 667 m^2 施硫酸钾型三元复合肥 20～25、钾肥 10～15 kg，促进果实发育膨大。果实发育时期，喷施 2 次 0.3%～0.4%磷酸二氢钾，以提高果实品质。收获前 10 d 减少浇水和喷药。

(3)整枝管理　三蔓整枝，主蔓第二、三或侧蔓第二雌花留瓜。坐瓜期间精细操作，及时、适时打杈整枝，利于膨瓜。

(4)人工授粉　西瓜为异花授粉作物，不授粉受精不能形成果实。开花期遇到阴雨天、刮风天应人工辅助授粉来提高坐果率。授粉宜在上午 7—9 时进行，注意全面授粉，防止偏歪授粉，否则易形成畸形果实。极度干旱天气应提早授粉，一般在上午 5—6 时进行，在雌花开花后的 40 min 内完成授粉。

(5)病虫害防治　露地西瓜在栽培过程中常见病害有炭疽病、白粉病、病毒病、枯萎病等；经常发生的虫害有地老虎、斑潜蝇、蚜虫、叶螨等。在进行病虫害防治时应坚持预防为主，综合防治的原则。

①加强田间管理　播种前对田块进行深耕细作整理；育苗过程中，控制良好的温湿度，后期注意植株的通风透光，防止因高温高湿而引起病害的发生。生长期定期清除田间杂草；科学施肥，运用经过充分腐熟的肥料，减少病原的带入。

②加强综合防治　选用抗病品种的基础上，对种子进行处理，可减少炭疽病的发生；另外，采用嫁接砧木换根技术，是有效防治枯萎病的重要措施。蚜虫在田间可通过黄板诱蚜进行防治。在田间悬挂蓝板和淡蓝板对蓟马有较好的诱杀效果，悬挂高度与瓜藤齐平或者略高于其顶部。可用 75%百菌清可湿性粉剂 500 倍液或 70%代森锰锌可湿性粉剂 800 倍液喷雾防治炭疽病；30%氟菌唑可湿性粉剂 1 500～2 000 倍液防治白粉病；病毒病以预防为主，切断以蚜虫为主的传播途径，可用 60%吗啉胍或乙酸铜可湿性粉剂 1 500 倍液＋0.000 1%羟烯酰嘌呤可湿性粉剂 1 500 倍液进行有效预防、缓解。

③常见虫害防治　用 90%敌百虫晶体 0.5 kg，加水稀释 5～10 倍，拌麦麸、豆饼作毒饵捕杀地老虎；用 75%灭蝇胺可湿性粉剂 4 500～5 000 倍液＋1.8%阿维菌素乳油 1 500～2 000 倍液喷雾防治斑潜蝇；用 10%吡虫啉水分散粒剂 5 000 倍液喷雾防治蚜虫、蓟马等。

(二)塑料大棚栽培技术

1.品种选择

西瓜设施栽培应选择耐低温、耐弱光、耐湿，主蔓雌花出现节位低，结果能力强，果实发育周期短的早熟品种。适合种植的品种有小兰、苏创 1 号、津花 24、热研黑宝等，适合四川地区栽植的品种有早佳(84-24)、早春红玉等，在设施内大面积栽培，可取得较好的经济效益。

2.播种期的确定

西瓜设施栽培以早熟品种塑料大棚栽培为主，12 月中下旬至 1 月上旬大棚加温育苗。

3.选地、整地、做畦、施底肥

西瓜忌连作，种植上应选择背风向阳、排灌条件好的砂壤土或砂土。前茬作物收获后，及时清理地块，并深耕，让其在阳光下充分暴晒，杀死部分病菌及害虫，以减少其为害。利用水旱轮作可以减少连作障碍。

4.播种育苗

早熟品种栽培一般采用温床育苗方式。西瓜根系再生能力差，伤根后容易形成僵苗。因此，应采用营养钵进行护根育苗。育苗移栽最好用营养土育苗，西瓜适龄壮苗为35～40 d，具3～4片真叶时即可定植。

播种后，提高温度加快出苗，温度控制在28～32℃，一般3 d左右即可出苗。有50%出苗后到第1片真叶展开时，适当降低温度，白天20～25℃，夜间15～18℃，防止幼苗徒长。真叶展开至移栽前7 d，适当升温，白天25～28℃，夜间18～20℃。定植前7 d进行降温炼苗，白天温度保持在22～25℃，夜间在13～15℃。炼苗时通风量由小到大，逐渐增加。

5.适时定植

1月中下旬，拱棚内日平均温在15℃以上，棚外温度高于5℃时开始定植。早佳(8424)每棚定植2行，株距35～40 cm，每667 m^2 定植600～650株。定植前2～3 d给苗床浇透水。定植应在晴天上午进行，沿浇水管附近按株距要求打孔，孔径8～10 cm，深8 cm。栽苗时，轻轻将瓜苗从穴盘取出，并保持根坨完整定植到孔内，用细土封好。全棚栽完后，沿定植行插高度60 cm，跨度120 cm的小拱棚，扣上薄膜，并及时浇定植水。

6.田间管理

(1)温光管理　缓苗期管理，定植后7 d为缓苗期，一般不通风，白天温度保持在28～35℃，夜间不低于13℃，10 cm地温维持在15℃以上。土壤相对含水量控制在60%～70%。缓苗后到坐果期适当通风，白天温度保持在25～35℃，不能超过40℃。坐果前，夜间保持在20℃左右，不低于12℃。开花坐果期，夜间温度不低于15℃，土壤相对含水量控制在65%左右。果实膨大到采收，白天温度保持在30～35℃，不低于15℃，保持昼夜温差10～15℃，土壤相对含水量控制在75% 左右。

(2)水肥管理　采取微喷管进行膜下浇水追肥，把施肥和浇水有机结合起来。缓苗期少浇水，提高地温，促进根系下扎，缓苗后浇1次伸蔓水。开花坐果期不浇水，防止旺长。膨瓜期浇2次水，第1次浇水在果实直径4～5 cm时；第2次在果实直径10～15 cm时进行，采收前7～10 d停止浇水。开花坐果期，可叶面喷施0.3% 磷酸二氢钾溶液，以提高坐果率。坐瓜后结合浇水进行追肥，幼瓜直径4～5 cm时每667 m^2 冲施水溶性三元素复合肥10 kg、硫酸钾5 kg；7～10 d后再追施1次，用量同第1次。同时，叶面喷施0.3%磷酸二氢钾溶液1～2次。采收前7～10 d不施肥不浇水。

(3)植株调整　采用一主一侧双蔓整枝法，保留主蔓，从第3～5节位选留1条健壮侧蔓，其余全部去掉，以后主蔓、侧蔓上长出的侧蔓要及时摘除。西瓜膨大后，顶部再伸出的侧蔓一般不用摘除。

(4)留瓜与坐瓜　选用主蔓第2～3朵雌花留瓜，每株留1个瓜，未留住时，可在侧蔓第2朵雌花留瓜。为促进坐瓜，目前主要采用人工授粉或激素处理两种方法。开花期在3月下旬到4月上旬，正值低温季节，棚内昆虫少，必须人工授粉。每天6—10时，当雄花和雌花开放后，从田间摘取雄花，去掉花瓣，露出花蕊，将花蕊对准雌花的柱头轻轻均匀涂抹。在雌花开放当天上午7—10时，用小喷壶将0.1% 氯吡脲稀释药液均匀喷瓜胎1次，温度低于18℃，每5 mL氯吡脲对水0.75 kg；温度18～24℃，每5 mL对水0.9～1 kg；温度25～30℃，每5 mL对水1.25 kg。激素处理不能重复或过量用药，以防裂瓜。为准确判断西瓜成熟期，应在坐果附近明显位置摆放写有坐瓜日期的小牌子。

7. 采收

可根据开花时间判断采收时间，一般早熟品种从开花到果实成熟需要25～30 d，中熟品种从开花到果实成熟需要30～35 d，晚熟品种从开花到果实成熟需要35～40 d。也可根据音感判断其成熟情况，当西瓜成熟时，用手拍外面便会发出浊音。采收时要用剪刀剪断瓜柄，并保留一段瓜柄，以防止病菌侵入并可便于消费者根据瓜柄新鲜程度确定西瓜采收时间。需贮藏的西瓜，采收时应保留坐瓜节位前后各一节的枝蔓，可具有一定的保鲜作用。

任务四　南瓜生产

南瓜属包括中国南瓜、西葫芦、笋瓜、黑籽南瓜和灰籽南瓜5个种。中国南瓜又称南瓜、饭瓜、番瓜等；笋瓜又称印度南瓜、玉瓜、北瓜、拉米瓜等；西葫芦又称美国南瓜、角瓜、北瓜等。其中中国南瓜、西葫芦和笋瓜在世界各地被广泛生产，是世界各地主要蔬菜种类之一。南瓜嫩果和熟果均可食用，其中中国南瓜多食用老熟果，西葫芦和笋瓜则多食用嫩果。每100 g南瓜鲜果肉中含水分97.1～97.8 g、维生素C 15 mg、胡萝卜素5～40 mg。此外，还含有硫胺素、核黄素和烟酸等多种维生素以及铁、钙、镁、锌等多种矿物质元素。南瓜性甘温，入脾胃有消炎止痛、解毒等功效。果实可加工成果脯、饮料；种子中含有丰富的蛋白质和脂肪，含量分别高达40%和50%左右，其中不饱和脂肪酸高达45%左右。

一、生物学特性

(一)植物学特征

在瓜类中，南瓜根系最强大。主蔓长度因种类、类型与品种而异，分枝能力强，生长迅速，每个茎节处均有腋芽，可抽生形成侧蔓。茎节处生卷须和花芽，条件适宜时可发生不定根。叶心脏形、掌状或近圆形。南瓜花为单性花，雌雄同株异花。雌花和雄花均为单生，虫媒花。果实形状、大小和颜色等因种类、类型与品种而异。果柄长短及基座形状是种间分类依据之一。南瓜种子多为卵形，扁平，乳白、灰白、淡黄、黄褐或黑色等。种子形状、颜色及有无周缘、种脐处株柄痕形状等都是种间分类的重要依据。种子千粒重100～160 g，寿命5～6年。

(二)生长发育周期

南瓜自种子萌动至果实生理成熟可分为发芽期、幼苗期、抽蔓期和结果期。各生育阶段持续时间的长短因种类、类型、品种及生产条件而异。露地生产条件下，中国南瓜发芽期、幼苗期、抽蔓期和结果期分别历时4～5 d、15～30 d、10～15 d和50～70 d，全程历时90～100 d。

南瓜花芽分化在幼苗期就已经开始。花芽分化过程中也存在性型可塑性。影响性型分化的因素主要有温度、光照强度及光周期。低温，尤其是夜间低温有利于雌花分化；光照较强，有利于雄花分化，遮阴或光照较弱时则有利于雄花分化；短日照条件下有利于雌花分化，而长日照条件下则有利于雄花分化。

南瓜不同类型与品种间花的着生状况有较大差异。南瓜果实开花至生理成熟一般需

50～60 d，因类型、品种和田间管理等而有所差异。西葫芦以嫩果供食用，适宜条件下开花至果实商品成熟仅需要 7～10 d。南瓜单性结实能力较差。田间自然授粉时，结实率 10%左右，通常采用人工辅助授粉，或使用防落素（番茄灵）等生长调节剂进行处理，以提高结实率。

（三）对环境条件要求

南瓜属喜温作物，但种间存在差异。中国南瓜适宜温度范围较高，一般为 18～32℃；其次为笋瓜，适宜温度范围为 15～29℃；而西葫芦对温度要求较低，适应温度范围为 12～28℃。南瓜属短日照作物，中国南瓜、笋瓜和西葫芦在短日照条件下可促进雌花分化。一般以 6～12 h 短日照处理较为适宜。南瓜具有较强的吸水、抗旱能力，但不同南瓜种对水量适应性不同。南瓜对土壤条件适应性强，要求不严格，但仍以耕层深厚、肥沃的砂壤土或壤土生产为好。南瓜适宜土壤 pH 5.5～6.8。南瓜生长量大，根系吸收水肥能力强，每生产 1 000 kg 的南瓜需吸收氮 3～5 kg、磷 1.3～2 kg、钾 5.7 kg、钙 2.2 kg、镁 0.7～1.3 kg。南瓜种类和品种繁多，生产条件差异大，对矿质营养的吸收量也有较大差异。在产量相同的情况下，3 种南瓜中，以笋瓜需肥量大，而西葫芦需肥量最小。不同生育期南瓜需肥量不同，抽蔓期前需肥量较少，而进入结果期后需肥量则急剧增加，并维持在较高水平。

二、类型与品种

（一）中国南瓜

中国南瓜根据果实形状分为圆南瓜和长南瓜两种类型。圆南瓜代表品种有大磨盘、柿饼南瓜、蜜枣南瓜、糖柄南瓜以及近年各地选育的优良品种如无蔓 4 号、小青瓜、龙早面、寿星、一串铃等。长南瓜代表品种有牛腿南瓜、黄狼南瓜、十姊妹南瓜、雁脖南瓜、骆驼脖南瓜、叶儿三南瓜、博山长南瓜以及近年来选育的新品种如齐南 1 号、白沙蜜等。

此外，中国南瓜还可根据茎蔓长短分为长蔓型南瓜和短蔓型南瓜两种类型。

（二）西葫芦

西葫芦在中国生产面积一直较大，根据蔓的长短可将其分为短蔓型、长蔓型、半蔓型 3 种类型。短蔓型代表品种有一窝猴、阿尔及利亚西葫芦、站秧等。近年来，阿太和早青、潍早 1 号以及从国外引进了黑美丽、灰采尼、纤手等品种都表现较好。长蔓型目前现存品种也多为农家品种，如长蔓西葫芦、绿皮西葫芦等。半蔓型在中国生产很少，代表品种有昌邑西葫芦。

此外，西葫芦还有珠瓜和角瓜 2 个变种。

（三）笋瓜

笋瓜根据其茎蔓长短可分为短蔓型、长蔓型和半蔓型笋瓜等。现有品种资源均为地方品种，如黄皮笋瓜、白皮笋瓜、花皮笋瓜、蜡梅瓜、白玉瓜等。

（四）黑籽南瓜

黑籽南瓜在中国主要分布于云南、贵州部分地区，因果肉纤维多、品质差而多用作饲料。黑籽南瓜适宜条件下可多年生，对短日照条件要求严格，光照长于 13 h 的地区或季节不能形成花芽或难以正常开花结果；分枝力强，根系发达，抗病、抗寒、抗旱能力强，对枯萎病免疫，是黄瓜等瓜类蔬菜理想的嫁接砧木。

(五)灰籽南瓜

灰籽南瓜因种子灰色或有花纹而得名,起源于墨西哥至美国南部,生长势和抗病性都很强,果皮颜色多为绿色,间有白或黄白花纹。

中国南瓜及西葫芦还有裸仁类型,其种子没有坚硬的外种皮,而只有1层薄而柔软的绿色组织。此类南瓜大都果型小、果肉薄、纤维多、品质差,而瓜子则用于加工或直接食用。

三、生产季节与茬口安排

中国南瓜、笋瓜及长蔓型西葫芦一般只适宜春夏露地生产,生产形式有爬地和支架生产2种。而短蔓型西葫芦耐低温、弱光能力较强,而耐热性较差,因此露地、小棚、中棚、大棚等一般只能进行春早熟生产;华南地区南瓜露地生产则在秋、冬和春季均可生产。不同地区因气候条件差异较大,各种生产方式下南瓜生产季节安排也有较大差异。尽管南瓜根系抗病力较强,但生产安排也应注意与其他非瓜类蔬菜实行1~2年的轮作,避免与瓜类蔬菜连作,否则将可能导致土壤肥力下降及疫病等病害加重。

四、生产技术

(一)西葫芦小拱棚春早熟生产

矮生型西葫芦茎蔓较短,耐低温弱光,非常适宜利用小拱棚进行春季早熟生产。成都地区大棚生产一般于12月上旬播种育苗,1月上中旬定植,3月上旬采收;小拱棚生产于12月中旬播种育苗,2月初定植,4月上旬采收。

1.品种选择

生产上应选择耐寒性、耐湿、抗病性强的短蔓型品种,如早青一代、黑美丽、潍早1号、纤手、绿宝石及黄色果皮的香蕉西葫芦等。

2.播种育苗

播种前先用50℃的温水浸种,待水温自然冷却后再浸泡8 h,沥干水后用湿纱布包好,置于30℃的环境中催芽。播前营养钵或穴盘浇透水,每孔点播1粒种子,覆细土2 cm。播后至出苗前保温保湿。培育大苗、壮苗是保证早熟丰产的重要环节。出苗后至移植前应追施2~3次稀薄液肥,适当控制水分。为提早上市,要求较大苗龄,适宜生长天数为30~35 d。壮苗标准是:幼苗4~5片叶展开,叶片平展,叶色浓绿,茎节不明显,抗逆性强,根系完整,无病虫害。

3.定植

当棚内夜间最低温度维持在5~7℃、土壤10 cm处温度稳定在8~10℃时即可定植。幼苗定植前,应提早10~15 d将小拱棚覆盖薄膜,并密闭保温,促进土壤化冻和土壤温度提高。定植田冬前应先行秋耕,冬季冻垡、晒垡。翌春土壤化冻后,每667 m^2 先铺施腐熟农家肥5 000 kg、磷酸二氢铵等复合肥40~60 kg作底肥,后将土壤及时翻耕、做畦、用垄作或高畦,并覆盖地膜,单行生产,畦宽60 cm;双行生产,畦宽100~110 cm。

选择晴天中午,用水稳苗法定植。春早熟生产适宜定植密度一般2 200~2 500株/667 m^2,株行距(45~55) cm×(50~60) cm。

4.田间管理

(1)温光管理　定植初期应注意增温保温,缓苗前棚内温度低于30℃时不宜通风。缓苗后,可适当通风,但由于生长前期外界温度仍然较低,通风量不宜过大。进入盛瓜期后,棚内温度可保持在白天20～25℃、夜间14～16℃。白天温度过高,易诱发病毒病和白粉病等,并造成植株过早老化。当外界夜间气温稳定在14℃左右,便可撤除小拱棚的棚膜。

(2)肥水管理　小拱棚春早熟生产不宜蹲苗。缓苗后应肥水紧跟,促进及早结瓜。缓苗时可浇水1次,每667 m^2 随水冲施尿素或硫酸铵15 kg,促进缓苗、发棵。第一雌花开放后3～4 d,当瓜长8～10 cm时,植株生长即将进入结瓜期,是加强水肥管理的标志。一般自根瓜坐住,每7 d左右浇水1次,隔水追肥,每667 m^2 随水追施氮磷钾复合肥20 kg。

(3)植株调整　根瓜坐住前应及时摘除植株基部的少量侧枝。生长中后期,茎叶不断增加,但基部叶片距离底面过近,光照弱,湿度大,易成为病原中心,当根瓜采收后可予以摘除。随着植株的生长,茎蔓因逐渐延长而倒伏,为保持田间叶片受光良好,让所有植株茎蔓沿垄畦按同一方向朝着前一棵植株基部延伸,如南北向做畦,生长点应朝向南方,利于充分受光。

(4)保花保果　西葫芦单性结实能力差,尤其在生长前期温度较低、通风量较小,依靠自然授粉难以保证田间坐果率,易于化瓜。可采取人工授粉,选择上午刚刚开放的雄花和雌花进行授粉。注意授粉量须充足、花粉在柱头上涂抹均匀,否则可造成畸形瓜增多或坐果率下降。也可使用番茄灵等生长调节剂处理,使用浓度为30～50 mg/L,处理时间在上午9:00前后为好,处理方法是将药液涂抹在花柄、柱头或子房基部。应注意涂抹均匀,并防止使用浓度过大,否则易造成畸形瓜。此外,为防止涂抹柱头后易于诱发灰霉病,可在药液中添加少量速克灵等杀菌剂。

(5)病虫害防治　西葫芦主要病害有病毒病、灰霉病、白粉病、疫病等;主要虫害有蚜虫、白粉虱等。

5.采收

一般定植后55～60 d即可进入采收期。果实在开花后7～10 d,当果实重量达250～500 g时即可采收。生长前期温度及光照条件较差,应适当早收,避免坠秧;生长中后期环境条件适宜,可适当留大瓜,提高产量。

(二)中国南瓜和笋瓜露地生产

各种类型的中国南瓜和笋瓜对于光照条件要求均较高,因此一般只适宜春夏露地生产,每年1茬,直播或育苗均可。直播时,一般在当地断霜前5～6 d,10 cm地温稳定在12℃以上时播种。育苗移栽时,应是4～5片叶展开,日历苗龄35～40 d,断霜后或10 cm地温稳定在12～13℃时定植于生产田。

长蔓型中国南瓜和笋瓜多采用棚架生产,也可采用爬地生产。棚架生产时,定植株行距为(45～50) cm ×(130～150) cm;爬地生产时,株行距为(45～50) cm ×(180～200) cm。果型较小的品种或单蔓整枝时可适当密植。生长前期,可与行间套种菠菜、甘蓝、小萝卜等。整枝方式分单蔓和多蔓整枝2种。单蔓整枝在第一雌花坐瓜前一般不留侧枝,坐瓜后则放任生长,每株一般结瓜1个。多蔓整枝一般在5～7片真叶展开或定植缓苗后摘除主蔓生长点,然后选留基部两三条生长势强的侧枝继续生长、开花、结果,其他多余侧枝全部摘除,单株结果数2～3个。无论是主蔓还是侧蔓,结瓜部位都以选留茎蔓上的第二或第三个雌花结瓜为好,有利于提高单瓜重和丰产。棚架生产时,当茎蔓延长至架材时应及时引蔓上架。爬地生产当主蔓长 40～50 cm 时开始压蔓，以后每 5～7 节压蔓 1 次。雌花开放后，需及时人工辅助授粉，授粉效果以早晨雌花刚刚开放时最佳。中国南瓜和笋瓜生长期间耐旱性均较强，浇水可根据灌溉条件及降雨情况加以确定。

为提早上市，短蔓型中国南瓜多采用育苗移栽，株行距 70 cm×80 cm 左右。一般不留侧蔓，选留第二或第三个雌花结果，采收嫩瓜，单株留瓜 2 个，采收老熟瓜时单株留瓜 1 个。

中国南瓜多以老熟果实供食用，雌花开放后 50～60 d，当果皮变硬、果粉增多时为采收适期。果实耐贮藏，充分成熟的果实常温下贮藏期可达半年以上。笋瓜则老熟果和嫩果均有食用，根据需要随时采收。

五、生产中常见问题及对策

化瓜是西葫芦生产上较常见问题。化瓜指雌花开放后 3～4 d 内，幼果前面部分退绿变黄，变细变软，果实不膨大或膨大很少，表面失去光泽，先端萎缩，不能形成商品瓜，最终烂掉或脱落的现象。西葫芦化瓜的原因主要是环境条件不适或养分供应失调。温度过高造成光合作用降低，呼吸作用增强，碳水化合物大量向茎叶输送，蔓秧徒长，营养不良而化瓜；温度过低使根系吸收能力减弱，光合作用也会降低，造成营养饥饿而引起化瓜；连续阴天或阴雨连绵，昼夜温差小，加之光合作用受到影响，养分的消耗多于制造，就会造成营养不良而化瓜；生产密度大，根系间竞争土壤中的养分，而地上部的茎叶则竞争果实的养分而引起化瓜；授粉不良也容易导致不能结实而化瓜。防治措施：一是合理调节温度，白天保持在 25～30℃，夜间保持在 15～20℃；二是充分见光，保持棚膜清洁，有条件的情况下，遇到连续阴天可用照明灯、贴挂反光膜的方法加强光照；三是合理密植，采用宽窄行定植，密度应控制在 2 000～2 500 株/667 m^2；四是人工授粉或激素处理。

任务五　冬瓜生产

冬瓜又名白瓜、水芝、枕瓜等，属葫芦科冬瓜属，起源于中国和东印度，广泛分布于亚洲热带、亚热带和温带地区，我国南北各地普遍生产，而以南方生产较多。果实供食，嫩梢也可菜用。每 100 g 果实含水 95～97 g，以及多种维生素和矿物质。盛暑季节食用，可清热化痰、除烦止渴、利尿消肿；果皮与种子具清凉、滋润、降温解热的功效。还可加工成蜜饯冬瓜、冬瓜干、脱水冬瓜和冬瓜汁等。

一、生物学特性

（一）植物学特征

冬瓜为一年生攀缘草本。根系发达，易生不定根。茎蔓生，分枝力强。主蔓从第六七节开始，抽出卷须，单叶互生。雌雄异花同株，少数品种同株。雌花和两性花单生，雄花多数单生，也有簇生。花钟形，花冠黄色。瓠果，圆、扁圆、椭圆、长椭圆和棒形等，果实浓绿、绿或浅绿，被白蜡粉或无，被银白色茸毛。果肉白色。种子近椭圆形、扁平，种脐一端稍尖，浅黄色，种皮光滑或有突起边缘，千粒重 50～100 g，有边缘的种子稍轻。种皮厚，发芽慢。

（二）生长发育周期

（1）发芽期　需 7～15 d。冬瓜种子吸水量为种子重的 150%～180%，温度宜保持 30～35℃，有光或无光均可。

（2）幼苗期　需 30～50 d。幼苗的生长缓慢，节间短，可直立生长，腋芽开始活动；根系生长较快；幼苗期开始花芽分化。

（3）抽蔓期　需 10～20 d。此期主蔓和叶片生长加快，节间逐渐伸长，由直立生长变为攀缘生长，腋芽开始抽发侧蔓，花芽不断分化发育，最初分化的花芽，发育成花蕾，根系继续扩大。

（4）开花结果期　植株现蕾至雌花开放、坐果为初花期。坐果后至果实成熟为结果期，又可分为结果前期、中期和后期，共需 50～70 d。

冬瓜植株上的花芽腋生，主蔓一般先分化发育雄花，然后分化发育雌花。侧蔓分化发育雄花的节位较早，雌雄分化的顺序与主蔓相同。环境条件对雌雄性别分化有影响。

（三）对环境条件的要求

（1）温度　冬瓜喜温暖，且耐热，怕寒。种子发芽快慢主要受温度影响。适当浸种后在 30～33℃下催芽，约 36 h 便陆续发芽，25℃下发芽缓慢，发芽率降低。幼苗适于稍低温度，以 20～25℃为宜。温度高，生长快，易徒长；温度在 15℃以下，不但茎蔓和叶片生长不良，而且开花和授粉不正常，降低坐果率。果实发育适温为 25～35℃。

（2）光照　冬瓜较喜光，有一定的耐阴能力，属短日照植物。短日照下可提早发生雌花和雄花；在短日照和低温下，有时会先发生雌花，后发生雄花。但多数品种对日照长短不敏感。抽蔓期和开花结果期适于较高的温度和较强的光照。

（3）营养　冬瓜对养分三要素的吸收，以钾最多，氮次之，磷最少。对钙的吸收比钾和氮少而比磷和镁多，对镁的吸收比氮、磷、钾和钙都少。

二、类型与品种

冬瓜按果实大小可分为 3 类：小果型，早熟或较早熟，第一雌花节位低，瓜细小，单株结果多；中果类型，较早熟或中熟，主蔓第十节左右发生第一雌花，单果重 1～2 kg；大果类型，中晚熟或晚熟，主蔓一般在第十节以上发生第一雌花，果实大。

按果皮颜色和蜡粉的有无可分为 3 类：白皮或粉皮类型，果实被白蜡粉，果实越成熟，蜡粉越厚，较耐日灼病，如湖南粉皮、粉杂 1 号、南京笨冬瓜、武汉枕头冬瓜、广东灰皮冬瓜、台湾圆冬瓜等；青皮类型，果皮青绿，表面无白蜡粉，如广东青皮、广西玉林大石冬瓜、湖南龙泉冬瓜、福建沙县冬瓜等；黑皮类型，果皮墨绿，表面无白蜡粉，如广东黑皮冬瓜，果肉厚，耐病，耐贮，品质佳。

按品种的熟性也可分为 3 类：早熟类型，主蔓第一雌、雄花发生早，着生节位较低，果实较小，每株采收数果，如南京狮子头、江西早冬瓜、广东盒冬瓜、台湾农友吉乐，小惠等；晚熟类型，主蔓第十节左右着生第一雌花，果实较大，如上海小青皮、成都大冬瓜等；晚熟类型，主蔓第十节以上着生第一雌花，果实大，如湖南粉皮、南昌扬子洲、广东青皮、广东黑皮等。

三、生产季节与方式

冬瓜一般都在气温较高的季节生产。西南地区冷床育苗一般在3月上旬、4月上旬定植，6—7月份采收；早春生产可2月份温床育苗，3月中旬左右大棚定植，5月份始收；露地直播一般在3月下旬，7月下旬至9月上旬采收。长江中下游地区一般在2月上旬至3月中旬温床或冷床育苗，4月份定植，露地播种可在4月上中旬，6—9月份收获；晚熟冬瓜可在6月上旬播种，9月份收获。华南地区可分春、夏、秋3茬。春冬瓜在上年12月份或当年1月份保护地育苗，露地直播宜在2月中下旬至3月上旬，一般在6—7月份收获；夏冬瓜在1—5月份露地直播或育苗，7—8月份收获；秋冬瓜宜在6—7月份露地直播或育苗，9—10月份收获。冬瓜多与稻、麦等轮作，与姜、粉葛和芋头间种，以减少病虫害。

冬瓜生产方式可分为地冬瓜、棚冬瓜和架冬瓜3种。

(1)地冬瓜　植株爬地生长，需稀植，管理较粗放，节省棚架材料，单位面积产量较低。

(2)棚冬瓜　用竹木搭棚，有高棚与矮棚之分。高棚如四川的大、中拱棚，湖南的平棚，广东的鼓架平棚，棚高1.7～2.0 m，瓜蔓上棚前摘除侧蔓，上棚以后任意生长。矮棚在福建厦门和广东潮汕等沿海地区广泛采用，棚高70～100 cm，果实长大后接触地面，既有利于防止风害，又能减少日晒灼伤。棚冬瓜的坐果率和单果重、单位面积产量比地冬瓜高，但不利于密植和间套种，且搭棚材料多，成本高。

(3) 架冬瓜　各地生产较普遍，支架的形式有：每株一桩，在1.3 m左右高处用竹连贯固定；广东的“三星鼓架龙根”或“四星鼓架龙根”，即用三或四根竹竿搭成鼓架。鼓架上用横竹连贯固定，每株1个鼓架；上海郊区有“人”字架等。形式多种多样，但都结合植株调整，较好的利用空间，有利于密植，并使坐果整齐，果重均匀，成熟一致，高产稳产。比棚冬瓜节省材料，降低成本。架冬瓜是3种生产方式中较合理和较科学的一种方式。

四、生产技术

(一)整地做畦

以选择壤土或砂壤土为宜，避免与瓜类连作。播种和定植前深翻晒垡，多施有机肥。长江流域及其以南各地，冬瓜的生长季节雨量多，冬瓜根系不耐涝，应采用高畦深沟生产。

(二)播种育苗

直播与育苗均可，以育苗为宜。基质育苗比苗床育苗好，基质可就地取材，泥炭土、林地表土、水稻土、谷糠灰、蔗渣、食用菌生产废料等经过预处理后，适当配合并加入1%～2%复合肥等即可。用育苗盘或育苗钵进行育苗。

(三)定植

从子叶展开至具5～6片真叶的幼苗均可移植。栽植密度因品种、生产方式与生产季节等而异。小果型品种的果实较小，每株结果两三个，应增加密度以提高产量，每667 m^2栽植700～1 300株；中果型和大果型品种，特别是大果型品种，一般每株只留1个果实，如广东青皮冬瓜搭架生产，每667 m^2栽植3 000～6 000株。

(四)田间管理

1.肥水管理

冬瓜施肥应氮、磷、钾齐全,氮、钾的比例较高,且钾稍高于氮;以基肥为主,坐果后重施追肥;有机肥为主,无机肥为辅。必须注意避免偏施氮肥,特别是避免在结果中、后期偏施速效氮肥,避免在大雨前后施速效肥。否则,会导致疫病、枯萎病和果实绵腐病的发生和发展。冬瓜需水量大,适于空气和土壤湿润,但不耐涝。幼苗期和抽蔓期根系尚不发达,如天气干燥,土壤温度低,可酌情灌溉。抽蔓期以后,根系强大,吸收能力较强,一般靠根系自身吸水能力,也能满足植株的水分需要。如采用深沟高畦生产,可在畦沟贮水,但应保持畦面20 cm以下的水位,降雨前后注意排水,避免受涝。结果后期避免水分多,防止果实绵腐病发生。

2.植株调整

地冬瓜一般利用主蔓和侧蔓结果,可以在主蔓基部选留一两枚强壮侧蔓,摘除其他侧蔓,坐果后侧蔓任其生长;也可以主蔓坐果前摘除全部侧蔓,坐果后让侧蔓任其生长。棚架冬瓜一般利用主蔓坐果1个,在主蔓坐果前后摘除全部侧蔓,或者坐果前摘除侧蔓,坐果后选留若干枚侧蔓。主蔓摘心或不摘心均可。

瓜蔓在地面生长时应注意压蔓。摘蔓、引蔓等工作宜在下午进行。

3.坐果与护果

小果型品种的果实较小,为提高产量宜多结果。中果型和大果型品种为提高产量,应在适当密植的基础上争取结大果。为了获得大果,坐果节位是关键。研究表明,广东青皮品种以主蔓29~35节坐果的果实最大,23~28节坐果的果实次之,17~21节坐果的果实再次之,36~44节坐果的果实最小。主蔓打顶,提高叶的光合效能。在主蔓23~35节坐果,坐果后15~20节摘心,就可以在营养生长强健的基础上坐果。

冬瓜坐果期间,正值炎热季节,果实裸露在阳光下,容易灼伤,应注意护果。如选择适当的节位坐果;当果实长至4~5 kg时及时套(或吊)瓜,避免果实断落;可用稻草、麦秆、蕉叶等遮盖,防止日烧。冬瓜果实大,棚架上的果实达到一定重量时容易断落;沿海地区常有台风雨侵袭,也会损伤果实,应注意吊住瓜。

4.病虫害防治

冬瓜的病害有枯萎病、疫病、炭疽病、病毒病、白粉病及果实绵腐病等。枯萎病是冬瓜生产中的主要病害,可从苗期开始发生,以开花后盛发。开花以后的植株发病,多在茎部发生。防治方法:选用抗病性较强的品种;注意轮作;控制土壤湿度,特别是开花结果以前要避免水分过多,坐果以后保持湿润;增施有机质肥料,避免雨后施肥或偏施氮肥;在开花前后,应用80%敌克松800~1 000倍液、70%甲基托布津1 000倍液、50%多菌灵800~1 000倍液、75%百菌清500~800倍液,喷雾或灌根,对防治枯萎病都有一定效果。

虫害有瓜亮蓟马、瓜实蝇、蚜虫和椿象等,防治方法与其他瓜类相同。

(五)采收

冬瓜的嫩果和成熟果实均可食用,一般采收成熟果实产量高,品质佳。小果型品种的果实从开花至商品成熟需21~28 d,至生理成熟需35 d左右,采收标准不严格,能够达到实用标准即可采收;大果型品种自开花至果实成熟需35 d以上,一般为40~50 d,生理成熟后采收。采收时带一段茎蔓,可防病并使产品美观。

五、生产中常见问题及对策

生产中常见问题是冬瓜贮藏性能差、贮藏期短。为提高冬瓜的贮藏性，延长贮藏期，在果实发育期间应避免偏施氮肥，在采收前 15～20 d 停止追肥和减少灌溉。贮存在阴凉、通风、干爽的地方，贮存过程中小心搬动。

任务六　丝瓜生产

丝瓜包括葫芦科丝瓜属的 2 个生产种，即普通丝瓜和有棱丝瓜，均为一年生攀缘草本，食用嫩果。丝瓜起源于热带亚洲，分布在亚洲、大洋洲、非洲和美洲的热带和亚热带地区。中国南北各地均有生产，而以长江流域及其以南各地较多。每 100 g 嫩果含水分 93～95 g、蛋白质 0.8～1.6 g、碳水化合物 2.9～4.5 g、维生素 C 13～37 mg，还含钙、磷、铁等矿物质。西瓜性味甘凉，具清热化痰、凉血功效，可治咳嗽、哮喘、百日咳、腮腺炎、咽喉肿痛等。

一、生物学特性

(一)植物学特征

丝瓜根系较发达，再生能力强，较耐涝，稍耐旱。茎蔓生，分枝力强。单叶，掌状或心脏形，浓绿色。雌雄异花同株，花腋生，雄花总状花序，雌花单生，子房下位，为了节制雄花消耗过多的营养，在生产上常将雄花摘除。瓠果，短圆柱形至长棒形，绿色。种子近椭圆形。普通丝瓜种皮较薄，表面平滑或具翅状边缘，黑色或灰色，千粒重 100～120 g；有棱丝瓜种皮较厚，表面有皱纹，黑色，千粒重 120～180 g。

(二)生长发育周期

丝瓜的生育周期分为：发芽期 7～14 d，幼苗期 15～25 d，抽蔓期 10 d 左右，开花结果期 50～60 d 或更长，整个生育周期需 90～120 d 或稍长，因生产季节与生产情况而不同。丝瓜植株生长旺盛，主蔓长势强，可发生多级侧蔓。主蔓一般先发生雄花，后发生雌花，以后多连续发生雌花。主蔓发生第一雌花的节位因品种而不同，也受气候条件的影响。侧蔓发生雌花的节位早，也多连续发生雌花。

(三)对环境条件的要求

丝瓜对温度的要求与冬瓜基本相同，高温适应性较强。丝瓜对日照长短的反应较敏感。长日照延迟雌雄花发生；短日照提早雌花发生，增加雌花数和提高雌雄花比率等。

二、类型与品种

(一)普通丝瓜

(1)长圆柱类型　果实长棒形，长 50 cm 以上，横径较粗，绿或墨绿色。如南京长丝瓜、武汉白玉霜、各地的线丝瓜等。

(2)中圆柱类型　果实长30～50 cm，横径5～6 cm，果皮有条纹，绿白、绿或墨绿色。如江西安源丝瓜、浙江青柄白肚丝瓜、广东长度水瓜、湖南肉丝瓜等。

(3)短圆柱类型　果实长15～30 cm，横径5～7 cm，果皮有条纹，绿后浓绿色。如广东短度丝瓜、上海香丝瓜、四川胖头丝瓜(湖皱丝瓜)等。

(二)有棱丝瓜

(1)春丝瓜　对短日照要求比较严格，适于春季播种。如广东双青、绿旺丝瓜等。

(2)夏丝瓜　对短日照要求不严格，适于夏季播种。如夏棠1号、天河夏丝瓜等。

(3)秋丝瓜　要求一定的短日照。

三、生产技术

丝瓜对土壤的选择、播种期和育苗技术等与冬瓜基本相同。采用大棚早熟生产应提早播种育苗，提早定植，可提高产量。有棱丝瓜品种对日照长短的反应比较敏感。春播应选择短日照要求较严格的品种，避免过早发生雌花，影响茎叶正常生长，不利于以后的开花结果；夏播日照长，温度高，则应选择对短日照要求不严格的品种，应在苗期进行短日照处理，或生长前期采用抑制茎叶生长的措施。

春播和夏播株行距宽些，行距1.5～1.8 m，株距30～35 cm。秋播宜密些，株距20～25 cm，平棚生产比支架生产宜宽些。大棚早熟生产，生长期和采收期较长，种植不宜过密。

春丝瓜主蔓结果前摘除侧蔓，以后选留强壮侧蔓结果。夏丝瓜在主蔓基部留两三枚强健侧蔓，利用侧蔓早坐果、多结果。秋丝瓜植株长势稍弱，侧蔓较少，靠增加株数，利用主蔓结果。

丝瓜需氮肥最多，钾次之，磷最少，吸收比例为2.7∶1∶2.5，在开花结果期间的吸收量占总吸收量的绝大部分。因此，应施用完全肥，结果期多施。春播和夏播的生长期较长，结果多，产量高，施肥量较秋播多，秋播的施肥宜提早，加速茎叶生长，争取早结果。丝瓜较耐湿，须经常保持80%～90%的土壤相对湿度。

根据丝瓜果实容易纤维化的特性，应特别注意适时采收。约在开花后两周，当果实顶部饱满、果皮出现光泽便可采收。丝瓜的病虫害与其他瓜类相似，其中较易感染霜霉病，须及早预防。

任务七　佛手瓜生产

佛手瓜又名菜肴梨、合掌瓜、拳头瓜等。现在云南、福建、浙江及四川等省生产较为普遍。近年山东、河南等北方省区引种成功。佛手瓜具有产量高、管理简便、不须喷施农药、营养丰富、耐贮运等优点，特别适合南方广大山区栽种。

佛手瓜是低热量、低钠、高钾食品。据测定，每100 g果实中含蛋白质0.9 g、碳水化合物7.7 g、维生素C 22 mg。冬季可充当黄瓜的代用品，凉拌、炒食、做汤皆可。由于它不像其他瓜类果实有空心部分，可食率达100%，所以又被叫作“无心瓜”。佛手瓜肥大的块根与马铃薯营养相似，可以像马铃薯一样烹制，味道亦似马铃薯。嫩芽多汁，味道颇似芦笋。

一、生物学特性

佛手瓜侧根长而粗，根系分布范围广，吸收肥水能力强，耐旱。茎蔓性，攀缘性强，主蔓可长达 10 m 以上。分枝能力强，几乎每节上都有分枝，分枝上又有二次、三次分枝。雌雄同株异花，异花传粉，虫媒花，雌花单生。雄花多生于子蔓上，开花早；雌花多生于孙蔓上，开花迟于雄花。果实梨形，果色由绿色至乳白色，单瓜重 250～500 g。种子扁平，纺锤形。当种子剥离果实后，极易失水干瘪而丧失生活力。故种子不能晒干贮存，一般以整个种瓜为繁殖材料。种子无休眠期，成熟后如不及时采收，种子在瓜中就会很快萌发。这一现象称"胎萌"，是佛手瓜的一大特点。

佛手瓜喜温暖而雨水分布均匀的气候，20～25℃时生长最适，开花结果适温是 15～20℃。水分需求量大，开花结果期土壤水分不足时，开花少，落花多，坐果率低，瓜也小。佛手瓜是短日照作物，在具有一定的营养生长量后，在秋季短日照条件下，开始生殖生长。月均为 22℃左右，月日照时数 170 h，即适合佛手瓜开花结果的要求。因此，南方适合在气候凉爽的山区栽种。对土壤要求不严，以中性砂壤土和壤土、黏壤土最适合。佛手瓜适应性相当广，可以利用房前屋后、山麓、渠旁、猪牛栏舍旁等一切空闲地栽种，丰产、稳产性良好。

二、生产技术

(一)种瓜的选择与越冬贮藏

种瓜需选择个头肥壮、重量 500 g 左右、表皮光滑润薄、蜡质多、微黄色、茸毛不明显、芽眼微微突起、无伤疤破损、充分成熟的瓜。将种瓜于 11 月下旬放在 5～7℃的室内保存，具体方法是用箩筐装沙贮藏，即用箩筐装一层沙，放一层瓜，不留空隙，箩筐顶端覆盖 10～15 cm 的沙即可。若数量大可在室内建沙池贮藏，在整个贮藏期自始至终不能浇水，必须用干沙或干煤灰贮藏覆盖，不能用农家肥和田园土。

(二)育苗

佛手瓜在温带地区只能作一年生生产、须整瓜播种育苗。在南方，佛手瓜入窖贮藏，翌年清明前后自然出苗，而后选择苗好的种瓜直接播种。佛手瓜整瓜播种，需种瓜量较多，成本偏高。为减少种瓜用量，扩大繁殖系数，山东省农科院蔬菜研究所采用茎切段扦插育苗获得成功。具体方法是：将种瓜提前育苗，培育出用于切段扦插的健壮秧蔓。在有温室的地方，可于 11—12 月份育苗，延长育苗期可使幼苗多发枝、发壮枝。于 3 月上、中旬将幼苗秧蔓剪断，每一切段含 2～3 个节。将切段茎部置于 500 mg/L 的萘乙酸溶液中浸泡 5～10 min，取出插于育苗营养土或蛭石、珍珠岩、过筛炉渣等轻质基质内，保温保湿促其生根。据试验，采用此法扦插成活率达 80%以上。

(三)定植

佛手瓜断霜后即可定植。大棚生产可于 3 月上、中旬定植，露地栽植以 4 月中旬为宜。定植时，穴要大而深，约 1 m 见方，1 m 深。将挖出的土再填入穴内 1/3，每穴施腐熟优质圈肥 200～250 kg，并与穴土充分混合均匀，上再铺盖 20 cm 的土壤，用脚踩实。定植后浇水，促其缓苗。定植密度，若采用种瓜育苗，大苗定植，每 667 m^2 可栽 20～30 株。用切段扦插的小苗生产，密度可适当加大，行距 3～4 m，株距 2 m，每 667 m^2 栽 80～120 株。

(四)搭架、引蔓与整枝

当瓜蔓长到 40 cm 左右时就要因地制宜、就地取材，利用竹竿绳索等让佛手瓜的卷须勾卷引其叶蔓攀架、上树、爬墙。定植后至植株旺盛生长阶段，地上茎伸长较慢，茎基部的侧枝分生较快，易成丛生状，影响茎蔓延长和上架。故前期要及时抹除茎基部的侧芽，每株只保留 2～3 个子蔓。上架后，不再打侧枝，任其生长，但应注意调整茎蔓伸展方向，使其分布均匀，通风透光。

(五)水肥管理

定植后 1 个月内主要做好幼苗的覆盖增温，促进生长发育。此期间不追肥，只浇小水。

根系迅速发育期，要多中耕松土，促进根系发育。越夏期勤浇水，保持土壤湿润，增加空气湿度。进入秋季，植株地上部分生长明显加快，进入旺盛生长期，要肥水猛攻，以使植株地上部分迅速生长发育，多发侧枝。盛花盛果期，日蒸腾量大，需要充分的水肥，水分以保持土壤湿润为宜，可采用叶面喷施氮、磷肥 2～3 次，或施腐熟的人畜粪肥。

(六)收获

佛手瓜开花结果较集中，对茎蔓生长影响较大。要及时采摘，利于后茬瓜的生长发育，以提高产量。一般每株可采瓜 200～600 个，产量 3 000～5 000 kg/667 m^2。

复习思考题

1. 简述瓜类蔬菜育苗技术要点。
2. 早春黄瓜生产过程中常有哪些问题？如何解决？
3. 简述苦瓜大棚早春生产技术关键。
4. 简述西葫芦小拱棚春早熟生产以及中国南瓜、笋瓜露地生产技术要点。
5. 简述冬瓜生产关键技术。

Project 3

项目三

豆类蔬菜生产

学习目标

一、知识目标

1. 豆类蔬菜(菜豆、豇豆、豌豆)的生物学特性;
2. 品种的选择;
3. 育苗知识;
4. 整地、做畦、定植知识;
5. 肥水管理知识;
6. 病虫害识别与防治知识;
7. 采收及采后处理知识;
8. 豆类蔬菜生产过程中常见问题发生的原因及解决措施。

二、技能目标

通过理论教学及实践操作,让学生全程参与完成豆类蔬菜(菜豆、豇豆、豌豆)的产前计划、产中管理、产后营销等整个生产过程,使学生能根据季节特点、地域特征及市场需求制订豆类蔬菜生产计划,熟悉豆类蔬菜的生产流程,掌握相应的生产管理技术及产后销售及效益评估,能独立或协作分析并解决豆类蔬菜生产过程中的常见问题。

三、工作任务

1. 制订豆类蔬菜(菜豆、豇豆、豌豆)生产技术方案;
2. 根据市场需要合理选择品种;
3. 掌握豆类蔬菜播种技术;
4. 掌握整地、做畦技术;
5. 掌握豆类蔬菜田间管理技术;
6. 掌握豆类蔬菜采收与采后处理技术;
7. 分析豆类蔬菜生产过程中常见问题发生的原因并提出解决措施。

豆类蔬菜为豆科蝶形花亚科一年生或二年生的草本植物。主要包括菜豆、豇豆、豌豆、蚕豆、扁豆、刀豆、毛豆、藜豆和黎豆等。豆类蔬菜在我国生产历史悠久，种类丰富，分布广泛。南北普遍生产的主要有豇豆、菜豆、豌豆、蚕豆等。

豆类蔬菜嫩荚及老熟种子均含有丰富的营养，蛋白质含量高，同时含有丰富的脂肪、糖类、矿物盐和多种维生素。豆类蔬菜的嫩荚和鲜豆粒均可食用，风味清香独特。腌制、干制和速冻产品也深受欢迎，不但内销还可出口。部分豆类蔬菜的种子常用来生产芽菜，如传统的豆芽菜（绿豆芽、黄豆芽），以及新型高档的豌豆芽苗菜。另外，南方人们亦把豌豆的嫩梢当作美味佳肴。

豆类蔬菜根系发达，但易木栓化，再生能力差，以种子直播生产为主。耐旱性强，要求土壤排水和通气性良好，pH 以 5.5～6.7 为宜，不耐盐碱。忌连作，宜与非豆科作物实行 2～3 年轮作。除豌豆、蚕豆属长日照植物，喜冷凉气候外，其他均属短日照植物，喜温暖，不耐寒冷。多数豆类对光照长度要求不严格。

豆类蔬菜供应周期长。如长江流域各省在 3—5 月份有豌豆、蚕豆上市；5—6 月份有菜豆；到炎热的夏季有豇豆、扁豆、毛豆等供应；8—11 月份有菜豆、豇豆、刀豆、扁豆等。一些地区冬季可利用设施或露地进行豆类蔬菜生产。

任务一　菜豆生产

菜豆，别名四季豆、芸豆、带豆、长豆角等，为豆科蝶形花亚科菜豆属一年生草本植物，原产中南美洲，16～17 世纪传入中国，现为我国南北主要栽培的豆类蔬菜之一。利用露地生产和保护地生产可以实现菜豆的周年均衡供应。菜豆的嫩荚和老熟种子均可食用，以嫩荚鲜食为主，也可干制和速冻。

一、生物学特性

（一）植物学特征

菜豆根系较发达，主根长度可达 80 cm，扩展半径可达 60 cm，吸收能力强，耐旱能力强，主要根群分布在 20 cm 左右耕层中。在侧根和多级细根中还生有许多根瘤，可固氮，供植株生长。根系易木栓化，再生能力弱。茎细长可延伸至 2～3 m，多绿色。在北半球左旋性缠绕生长，分枝力强。依茎的生长习性可分为矮生（有限生长）、蔓生（无限生长）和半蔓生 3 种。初生真叶呈心脏形，单叶对生；以后真叶为三出复叶，互生。总状花序，腋生，花梗上有花 2～8 朵。蝶形花，为典型的自花授粉作物，一般结荚率只有 20%～30%，高的 40%～50%。果实为荚果，圆柱形或扁圆柱形，全直或稍弯曲。嫩荚绿、淡绿、紫红或紫红花斑等，成熟时黄白至黄褐色。种子肾形、扁圆形、椭圆形或圆球形等。种皮颜色有黑色、白色、红色、土黄色、茶褐色，有的带有花斑。种子千粒重 300～700 g，寿命一般为 3～5 年。

（二）生长发育周期

菜豆的生长发育周期分为发芽期、幼苗期、抽蔓期和开花结荚期 4 个时期。

（1）发芽期　从种子萌动到第一对真叶出现，约需 10 d。

(2)幼苗期　从第一对真叶出现到有4～5片真叶展开，需20～25 d。第一对真叶健全可以促进初期根群发展和顶芽生长。幼苗末期开始花芽分化。

(3)抽蔓期　从4～5片真叶展开到开花，需10～15 d。此期茎叶生长迅速，陆续抽出侧枝，根瘤不断增加，花芽不断分化发育。

(4)开花结荚期　从开花到采收结束。矮生种一般播种后30～40 d便进入开花结荚期，历时20～30 d；蔓生种一般播种后50～70 d进入开花结荚期，历时45～70 d。该期对养分的需求也达到最大，应增加氮、磷、钾的施用，但要避免氮素过多，引起徒长而落花、落荚。

(三)对环境条件的要求

(1)温度　菜豆为喜温蔬菜，不耐高温和霜冻。种子发芽的最低温度为8～10℃，发芽适温为20～30℃，高于35℃或低于8℃时不易发芽。苗生育适温为15～25℃，当昼温为13℃，夜温为8℃时几乎停止生长。开花结荚适温为18～25℃，若低于15℃或高于30℃，易落花和落荚。

(2)光照　菜豆喜光。光饱和点为25～40 klx，光补偿点为1.5 klx。弱光条件会引起徒长，开花结荚数减少。开花结荚期的菜豆持续每天开花，露地生产如有连续2个阴天就会落花。菜豆多数品种属中光性，对日照长短要求不严格，可四季生产。

(3)水分　菜豆耐旱怕涝。土壤适宜湿度为田间最大持水量的60%～70%，空气相对湿度保持在50%～75%较好。土壤严重干旱会引起植株矮小，开花数减少，豆荚小，产量和品质大幅度降低；土壤湿度过大，植株下部叶片黄化加快，落花落荚严重。

(4)土壤及营养　菜豆适宜在土层深厚、有机质丰富、疏松透气、排水良好的壤土或砂壤土上栽培。适宜pH为6.2～7.0，酸性土壤会使根瘤菌活动受到抑制。菜豆生长发育过程中从土壤中吸收钾最多，其次为氮和钙较多，磷最少。微量元素硼和钼对菜豆生育和根瘤菌活动有良好的作用。菜豆对氯离子反应敏感，所以生产上不宜施含氯肥料。土壤有机质含量高可明显增加菜豆株高、叶面积和产量。

二、类型与品种

菜豆依豆荚纤维化程度分为软荚种和硬荚种。依主茎的分枝习性一般分为蔓生型、半蔓生型和矮生型。其中半蔓生型在生产中少有应用。

(一)蔓生型

蔓生型菜豆又称“架豆”，主蔓长达2～3 m，节间长，左旋性攀缘生长，属无限生长类型。每个茎节的腋芽均可抽生侧枝或花序，陆续开花结荚，花期长，豆荚成熟较迟。播种至初收需要50～90 d，采收期30～60 d。产量高，品质好。生产中常用的品种有：四川成都红花青壳四季豆、白花肉豆角，湖南龙爪豆、九节鞭，江西九江梅豆、南昌金豆，广州中花玉豆、12号菜豆，福建黑籽四月豆、白水四季豆，浙江白子梅豆、黑子梅豆，上海白籽长萁菜豆、黑籽菜豆，江苏扬白313、长白7号，黔棒豆1号，云南泥鳅豆、重庆倒结豆、白籽四季豆、黑籽四季豆、丰收1号、芸丰、意选一号、特嫩1号、超长四季豆、秋抗6号、秋紫豆，另外还有双青12号、泰国无筋豆、盛硕架豆王等。

(二)矮生型

矮生型菜豆又称“地豆”或“蹲豆”。植株矮生而直立，株高 30～50 cm。基部的节间较短。主茎长至 4～8 节时顶芽形成花芽。属有限生长类型。生育期短，一般早熟，从播种至初收 40～50 d，采收期 15～20 d。产量低，品质较差。生产中常用的品种多从国外引进，如美国供给者、推广者、优胜者，新西兰 3 号，波兰沙克沙，日本无筋四季豆，其他国内品种还有四川黄荚三月豆、湖南圆荚三月豆、上海矮箕黑籽、浙江矮早 18、农友早生等。

三、生产季节与茬口安排

我国除无霜期很短的高寒地区为夏播秋收外，其余南北各地利用设施均可实现菜豆周年生产，但一般以春季露地生产为主。春季露地播种多在 10 cm 地温稳定在 10℃以上时进行。长江流域露地春播宜在 3 月中旬至 4 月上旬，早春生产可提前 1～2 个月播种，华南地区一般在 2—3 月份，东北在 4 月下旬至 5 月上旬播种，华北地区在 4 月中旬至 5 月上旬。广东、海南和云南等地区可周年露地生产，冬春生产一般在 10—12 月份播种。秋播，长江流域多在 7—8 月份，华南地区 8—9 月份。目前，很多地区利用塑料大棚和日光温室进行淡季蔬菜生产，以满足蔬菜市场周年供应的需求。

四、生产技术

(一)春季露地生产

1. 品种选择

生产多选择早熟、抗病、耐老化、结荚率高的蔓生四季豆品种，如芸丰、春丰 4 号、丰收 1 号、老来少、碧丰、红花青壳四季豆、白花肉豆角、架豆王等。矮生四季豆可选择供给者、优胜者、新西兰 3 号等。

2. 整地施肥

前茬作物收获后，及时清园。深翻并精细整地。结合整地，每 667 m^2 施入腐熟的有机肥 3 000～4 000 kg，磷酸二铵 20～25 kg 或过磷酸钙 30 kg，硫酸钾 20～25 kg 或草木灰 100～150 kg。耕翻后做成高 15～20 cm、宽 1～1.2 m 的小高畦。畦宽和沟深各地根据具体情况而定。覆盖白色地膜以保湿和提高地温。

3. 播种

选用粒大、饱满、有光泽、无病虫、无机械损伤的新种子。播种前先晒种 1～2 d。为了防止种子带菌，可用种子重量 0.2%的 50%多菌灵或 0.3%的福美双拌种，也可用 0.1%的高锰酸钾浸种 20 min 后用清水冲洗干净。为了促进根瘤形成，可用根瘤菌拌种(50 g/667 m^2)，或用 0.08%～0.1%的钼酸铵、0.1%～1%的硫酸铜浸种 1 h，再用清水洗净后播种。

播种一般要求温度稳定在 10℃以上，在晴天上午进行。在畦面开沟或挖深 3～5 cm 的穴，浇水后播种。一般蔓生种每畦播两行，行距 50～60 cm，穴距 30～40 cm，每穴播种 3～4 粒，每 667 m^2 用种量 3～4 kg；矮生种行距 40 cm，穴距 20～25 cm，每穴播种 3～4 粒，每 667 m^2 用种量 5～7 kg。播种后覆细土 2～3 cm 并稍镇压。

播后出苗前应注意保温，以免低温烂种，白天温度 25℃左右，夜间 20℃左右。出苗后，日温降至15～20℃，夜温降至10～15℃，防止幼苗徒长。第1片真叶展开后应提高温度，日温20～25℃，夜温15～18℃，以促进根、叶生长和花芽分化。

4.田间管理

(1)肥水管理　我国菜农从菜豆生产过程中总结出了“干花湿荚，浇荚不浇花”的宝贵经验。菜豆水肥管理应掌握“苗期少、抽蔓期控、结荚期促”的原则。播种后保湿以便出苗，幼苗期注意控水，抽蔓初期结合搭架进行灌水；第1花序开花前控水，防止徒长而造成落花落荚。如果土壤墒情良好，可一直到坐荚后浇水、施肥。如果土壤过于干旱或植株长势较弱，可在开花前浇1次小水并追施提苗肥，每667 m^2 追施尿素5～7.5 kg。当第1花序豆荚4～5 cm长时及时浇水，此后一般每隔7～10 d浇水1次，使土壤保持田间最大持水量的60%～70%。

菜豆结荚期为重点追肥时期，要重施氮肥并配合磷、钾肥。一般在结荚初期和盛期结合浇水各追肥1次，每次每667 m^2 追施三元复合肥15～20 kg，也可施入20 kg尿素或硫酸铵并配合适当磷、钾肥。开花结荚后期植株衰老，要及时摘除老叶、老枝、病叶，并及时追肥，使植株萌发新的侧枝，恢复生长，继续开花结果，以延长采收期，增加产量。整个结荚期间叶面喷施0.3%～0.4%的磷酸二氢钾或0.1%的硼砂和钼酸铵3～4次，可延长采收期，提高产量。矮生种生长发育早，能早期形成豆荚，一般不易徒长，应在结荚前早灌水、施肥。

(2)中耕培土　直播幼苗出土后，要及时查苗补缺并及时中耕，以提高地温。开花之前中耕3次。根系周围浅中耕，行间中耕可适当深些。结合中耕，要适当进行培土，以促进根基部侧根萌发生长。也可用除草剂进行防草处理，播后芽前可用封闭性除草剂异丙草胺、乙草胺等，苗后可用选择性除草剂高效盖草能、精吡氟禾草灵、精喹禾灵，应根据使用说明进行喷施，浓度过大会引起药害，同时注意在无风、无雨、无露条件下喷施，防治药液漂移和降低药效。

(3)植株调整　当植株开始抽蔓(主蔓长30～50 cm)时，及时搭“人”字架。结荚后期，植株逐渐衰败，需及时剪除老蔓并逐次摘除植株下部的病、老、黄叶，以改善通风透光条件。

(4)病虫害防治　菜豆主要病害有锈病、细菌性疫病、白粉病、炭疽病、灰霉病、枯萎病、根腐病等；主要虫害有蚜虫、豆野螟、美洲斑潜蝇、螨类、黄守瓜等。防治应按照“预防为主，综合防治”的植保方针，坚持“农业防治、物理防治、生物防治为主，化学防治为辅”的防治原则。

①农业防治　选用抗病虫优良品种，与非豆类作物实行3年以上轮作，合理密植，高畦生产，地膜覆盖，加强水肥管理，及时拔除病株、摘除病叶和病荚，清洁田园等。

②化学防治　锈病用三唑酮、世高防治；细菌性疫病用农用链霉素、新植霉素等防治；炭疽病用嘧菌酯、咪鲜胺、炭疽福美、世高等防治；灰霉病用霉腐利、速克灵、扑海因、农利灵等防治；枯萎病用农抗120、扑海因等药剂灌根；根腐病用四霉素、枯草芽孢杆菌等药剂喷洒茎基部或灌根；病毒病用植病灵、病毒A等防治；蚜虫用吡蚜酮、抗蚜威等防治；豆野螟可用氯氰乳油防治；美洲斑潜蝇用甲维盐、灭幼脲等防治；螨类用哒螨灵、炔螨特等防治。

5.采收

蔓生菜豆播种后60～80 d开始采收，可连续采收30～45 d或更长；矮生菜豆播种后50～60 d开始采收，采收时间15～20 d，初收期每隔2～3 d采收1次，盛收期1～2 d采收1次。一般嫩荚采收在花后10～15 d进行，加工用嫩荚可适当提前采收。采收标准是豆荚由果荚充分伸长，由扁变圆，颜色由绿转淡，外表有光泽，种子略显露。一般结荚初期和结荚后期 2～3 d 采收 1 次，结荚盛期每 1～2 d 采收 1 次。采收过早，产量低；采收过迟，纤维多，品质差，且容易造成落花落荚。采收时注意保护花序和幼荚，防治机械损伤引起病害和影响后期产量。

(二)秋天露地生产

1.品种选择

选择耐热、抗病、对光的反应不敏感或短日照的早熟品种。如丰收 1 号、意选 1 号、秋抗 6 号、秋紫豆、老来少、芸丰、日本无筋四季豆等。

2.适时播种

秋菜豆若播种过早，开花结荚期正值高温季节，易引起落花落荚。若播种过迟，生长期短，产量低。一般蔓生菜豆在当地初霜前 100 d 左右播种，矮生菜豆可比蔓生菜豆推迟 15 d 左右播种。秋菜豆播种多干籽直播，方法与春菜豆相同。前茬作物拉秧清园后，施足底肥并整地做畦。秋季雨水较多，生产中利用高畦生产并注意清沟排水。播种时墒情要好，如遇高温干旱天气，播前要灌水造墒。播种后立即覆土并覆盖稻草、谷壳或麦秆以降温、保墒，同时防止暴雨冲刷。

3.合理密植

秋菜豆生育期较短，生长势较弱，侧枝较少，应适当密植，增加单位面积株数来提高产量。一般秋菜豆的株行距与春菜豆相同，但每穴可多播 1～2 粒种子。

5.田间管理

秋菜豆出苗初期气温一般较高，应注意浇水降温保湿。苗期进行中耕、除草，增加土壤的透气性。中耕要浅，以划破土表为宜。当幼苗长至 3～4 片真叶时及时搭架。

秋菜豆水肥管理应掌握“干花湿荚、前控后促、花前少施、结荚期重施”的原则。齐苗后轻施高氮提苗肥。初花期适当控水。嫩荚坐住后立即浇水，以后逐渐加大浇水量，保持土壤湿润。结合浇水，每 667 m^2 追施三元素复合肥或尿素 15～20 kg 促进豆荚生长。采收后期，及时摘除下部老、黄、病叶并适当追肥，促其抽生侧枝，或延长采收期 10～15 d，增加产量。

5.采收

蔓生菜豆播种后 50 d 左右开始采收，矮生菜豆播种后 40 d 左右开始采收。一般嫩荚采收在花后 10～15 d，加工嫩荚可适当提前采收。

五、生产中常见问题及对策

(一)落花落荚

落花落荚是菜豆生产中减产的根本原因。落花落荚产生的主要原因如下：

(1)营养因素　初花期，由于营养生长和生殖生长同时进行，花序得不到充分的营养；中期由于花序之间、花序内各花之间以及花与荚之间的养分争夺造成营养不均；生育后期，植株衰弱和不良环境条件也易引起落花。

(2)环境条件　开花结荚期温度高于 30℃ 会影响授粉而引起落花；开花期遇雨或高温干旱影响授粉而导致落花；光照不足，光合产物少，导致花器发育不良而脱落。

(3)生产管理　初花期浇水过早，使植株过早地进入营养生长和生殖生长并进阶段，茎叶生长和开花结荚间争夺养分的矛盾突出；早期偏施氮肥，使营养生长过旺，花芽分化受限；肥料不足，造成营养不良；栽植密度过大，整枝不及时造成通风透光不良；采收不及时，豆荚消耗过多养分；病虫害严重等均会引起落花落荚。

防止落花落荚的措施：一是要选择坐荚率高的优良品种。二是要适时播种，减轻或避免高低温障碍，还可以利用保护设施或合理间、套作改善小气候条件。三是要加强田间管理，合理调节营养生长与生殖生长间的平衡关系。如合理密植，及时插架引蔓，适当施用氮肥并增施磷、钾肥，花期控制浇水，及时整枝打顶，预防和防治病虫，及时采收。四是在花期喷施5～25 mg/L的萘乙酸或2 mg/L的对氯苯氧乙酸(俗称防落素)也可减少落花落荚。

(二)果荚过早老化

菜豆以嫩荚为食用器官，果荚老化将大大降低其品质。果荚老化主要与品种和环境因素有关。无纤维束型品种如丰收1号等不易老化，纤维束型品种如法引2号等易老化。环境因素中，超过31℃或日均温超过25℃的高温最易引起果荚老化，另外，营养不良和水分缺乏也会促使纤维形成。

为防止果荚过早老化，一是选择抗老化品种；二是适期播种，避免在高温季节结荚，同时加强水肥管理；三是在果荚老化前及时采收。

任务二　豇豆生产

豇豆，豆科蝶形花亚科豇豆属一年生草本植物，别名豆角、长豆角、带豆、裙带豆、线豆角等，起源于热带，在我国生产历史悠久，其富含蛋白质、胡萝卜素，具有较高的营养价值，是我国南北方广泛种植的蔬菜。豇豆具有良好的适应性，既可以露地种植，也可以通过保护地栽培，四季均可上市，以南方生产较多。以嫩荚为食用器官，营养丰富。可鲜食和加工。长江流域可在5月下旬至11月份收获，为夏秋主要蔬菜之一，亦是解决7—9月份蔬菜淡季供应的重要蔬菜。

一、生物学特性

(一)植物学特征

豇豆根系较发达，主根入土较深，可达80 cm左右，根群在表土层的主要分布范围为15～18 cm。根易木栓化，再生能力极弱，有可固氮的根瘤着生。茎蔓生、半蔓生或矮生，生产中一般以蔓生型为主。基生叶对生，单叶，以后的真叶为三出复叶，互生。叶片无毛，全缘，绿或浓绿色。总状花序，腋生，具长花序柄，每花序有4～8枚花蕾，通常成对互生于花序近顶部。蝶形花，萼浅绿色，花冠白、黄或紫色，自花授粉，天然杂交率较低，为2%左右。荚果长线形，30～100 cm，有浓绿、绿、绿白和紫红等色。种子肾形，每荚含种子16～22粒，千粒重为120～150 g。

(二)生长发育周期

豆类蔬菜的个体发育，以蔓性种来说，自播种至豆荚或种子成熟，可分为种子发芽期、幼苗期、抽蔓期和开花结荚期四个时期。

(1)种子发芽期　种子吸水萌动至第一对真叶展开，需 7～10 d。豆类蔬菜亲水性物质含量较高，发芽时水分不宜过多，否则容易烂种。

(2)幼苗期　第一对真叶开展至具有 7～8 片复叶，一般需 15～20 d。

(3)抽蔓期　有 7～8 片复叶至植株现蕾，一般需要 10～25 d。这个时期主蔓伸长生长迅速，基部开始抽出侧蔓，根瘤也开始形成。抽蔓期要求较高温度和良好日照。

(4)开花结荚期　植株现蕾后至豆荚采收结束或种子成熟，一般为 50～60 d。开花至豆荚商品成熟 9～13 d。

(三)对环境条件的要求

(1)温度　喜温耐热，不耐霜冻。种子发芽适温为 25～30℃，植株生长适温为 20～25℃，开花结荚适温为 25～30℃，35℃以上高温或 15℃以下低温都会引起生育障碍，10℃以下生长停止，5℃以下受冷害。

(2)光照　多数豇豆品种属于中光性植物，对日照要求不甚严格。短日照能降低第 1 花序节位，开花结荚数增多。开花结荚期间要求日照充足，光照不足会引起落花落荚。

(3)水分　豇豆根系较深，耐旱不耐涝。播种后土壤过湿容易引起烂种。幼苗期土壤湿度过大易徒长或沤根死苗。开花结荚期要求适当的空气湿度和土壤湿度，土壤适宜湿度为田间最大持水量的 60%～70%为好，过湿过干以及忽干忽湿都易引起落花落荚。

(4)土壤及营养　豇豆对土壤的适应性广，以有机质含量高、疏松透气的砂壤土为宜。豇豆生长旺盛，生育期长，需肥量较其他豆类作物要多，但不耐肥。苗期根瘤暂未长出，需要少量的氮肥，但应配合施用磷钾肥，防止茎叶徒长，延迟开花。伸蔓期和初花期一般不施氮肥，防止贪青生长和落花。开花结荚期应适当施氮肥并增施磷、钾肥，以促进植株生长和提高豆荚的产量和品质。

二、类型与品种

生产豇豆分菜用和粮用两类。菜用豇豆品种按植株首花节位高低分为早熟、中熟和晚熟类型；依茎的生长习性分为蔓生、半蔓生和矮生型。其中半蔓生型在我国生产极少；按果荚颜色分为青荚、白荚和紫荚类型。

(一)按果荚颜色分类

1. 青荚种

青荚种又叫青豆角。茎蔓细，叶片小，叶色浓绿。荚果细而长，绿色或者浓绿色。嫩荚肉较厚，质脆嫩。采收期相对较短，产量稍低。较能忍受低温，但耐热性稍差，适合春、秋季生产。主要优良地方品种有：广东的铁线青、细叶青、竹叶青、四季青、大叶青，浙江的青豆角、早青红，上海的张塘豇，四川的五叶子，重庆的罗裙带，贵州的朝阳线等。近年来选育的优良品种有：浙江的之豇 28-2、之豇特早 30、之豇 90、之豇特长 80、之豇翠绿，江苏的扬豇 40、扬早豇 12，湖南的湘豇 1 号、2 号，湖北的鄂豇 2 号、3 号，四川的成豇 3 号、5 号、7 号，天津的丰豇青优、长丰等。

2. 白荚种

白荚种又称白豆角。茎蔓较粗大，叶片较大而薄，绿色。荚果较肥大，浅绿或绿白色，肉薄，质地较疏松，种子容易显露。热性较强，产量较高，适于夏、秋季生产。主要优良地方品种有：广东的长身白、金山白，浙江的白豆角，四川的红嘴燕、白露豇、白胖豇，湖北的白鳝鱼骨，上海的洋白豇，云南白，广西桂林白等。近年来选育的优良品种有：浙江的宁豇1号、2号、3号、4号，秋豇512，湖北的鄂豇1号、4号，南京的白豇2号，江苏的苏豇1419号、3号，天津的极早佳、帮达1号、极先锋、早豇1号等。

3. 紫荚种

紫荚种又称紫豇豆。茎蔓较粗壮，茎蔓和叶柄间有紫红色，叶较大，绿色。荚果紫红色，较粗短，嫩荚肉质中等，容易老化，采收期较短，产量较低。耐热，多在夏季生产。主要优良品种有上海、南京等地的紫豇豆，广东的西圆红，湖北的红鳝鱼骨、紫荚、白露、春秋红紫皮豇豆，北京紫豇，江苏的苏紫豇2号等。

(二)按茎生长习性分类

(1)蔓生型　蔓生豇豆品种主要有架豆王、宁豇3号、青豇901、泰豇1号、春秋红、早又多、小五叶、翠绿基地、福豇长丰等

(2)矮生型　矮生豇豆主要有美国无架豇豆和V902矮生豇豆。因此类型豇豆质量较差，产量较低，生产中应用较少。

(3)半蔓生型　半蔓生品种在国内栽培较少，品种少有。

三、生产季节与茬口安排

豇豆在我国长江流域春季和秋季均可生产。春季露地生产一般在3—5月份开始播种，秋季一般在7—8月份播种，华南地区春、夏、秋季均可分期进行播种，以延长供应期。广东、云贵高原和闽南地区可在10月份至翌年2月份播种，12月份至翌年4月份收获上市。

豇豆纯作生产较多。蔓生品种可与大蒜、早甘蓝套种，或与早熟茄子隔畦间作，亦可借用春露地早熟黄瓜架种植秋豇豆。矮生豇豆因有一定的耐阴能力，可与玉米等作物间作，也可与油菜轮作。

四、生产技术

(一)春夏露地生产

1. 品种选择

豇豆种类繁多。在种植之前要根据当地的地理特征以及气候环境，市场需求等多种因素合理地选择豇豆品种。一般选择中熟丰产、抗病、长势强、品质好、产量高的蔓生品种。如之豇28-2、之豇翠绿、宁豇1号、宁豇3号、宁豇4号、丰产3号、早豇1号、早豇3号、成豇5号、成豇7号、白龙王、玉冠、红嘴燕、白胖豇、五叶子、铁线青等。

2. 整地做畦

豇豆结荚期长，产量高，需肥量较大，应施足基肥。豇豆在生产中如磷、钾肥不足，则植株营养不良，开花结荚少，易早衰。整地时结合深翻，每667 m^2 施入充分腐熟的有机肥

5 000 kg、尿素 10 kg、过磷酸钙 50 kg、草木灰 100～150 kg 或硫酸钾 20 kg，也可施优质复合肥 50 kg。生产宜采用宽窄行，宽行 70 cm，窄行 50 cm，株距 30 cm。

3. 播种

(1)播种期　春播应掌握在春季终霜后，5～10 cm 低温稳定在 10℃时进行。过早播种地温低，易烂种，缺苗严重。如果采用地膜覆盖可提早半个月左右，长江流域可在惊蛰后开始播种。

(2)播前准备　要选择籽粒饱满、形态整齐、颜色一致、光泽良好、无病虫的种子，播前再晾晒 2 d。

(3)播种　豇豆以直播为主，少有育苗。直播一般按株行距(25～30) cm×65 cm 进行穴播，每 667 m^2 播 3 000～4 000 穴，每穴播 3～4 粒，播种后覆土约 3 cm。播种时注意造墒保湿，可用湿播法，即在穴中浇足底水，待水渗下后播种。出苗后间去弱、小、病苗，每穴留苗 2～3 株。

4. 田间管理

(1)肥水管理　豇豆在管理上应采取促控结合的措施，防止前期营养生长过盛，茎蔓徒长，后期早衰。施肥的原则是前期宜少，中期充足，后期补给。前期一般少追肥，如苗情不好，可于苗期和抽蔓期适当补氮肥；开花结荚前期，每 667 m^2 随水追施磷酸二氢铵或尿素 10 kg；开花结荚中期，每 667 m^2 追施三元复合肥 15 kg；开花结荚后期时，每 667 m^2 追施磷酸二氢铵和硫酸钾各 15 kg。盛花期可适当补充微量元素，叶面喷洒 0.1%硼砂、0.1%钼酸铵或 0.3%磷酸二氢钾 2～3 次，增产效果明显。

豇豆坐荚前以控水、中耕、保墒为主。浇定植水和缓苗水后加强中耕。现蕾期之前可浇 1 次小水；初花期不浇水，防止落花落荚；当第 1 花序坐荚后浇 1 次水；植株中下部的豆荚伸长时需浇水；以后视墒情每 10 d 左右浇 1 次水。整个开花结荚期保持土壤湿润，浇水掌握“浇荚不浇花，干花湿荚”的原则。

(2)植株调整　蔓性豇豆在主蔓长至 30 cm 左右时，要求选用拇指粗细，上下均匀，长度在 2.2 m 以上的夹棍，每穴一根，搭架采用“人”字形交叉架，夹棍要插紧插实，以防遇大风倒伏。在伸蔓期间，要将匍匐生长的豆蔓按照逆时针方向引蔓上架。主蔓 50 cm 以下萌生的侧芽及时抹掉，保证主蔓营养供应和光合有效面积，提升豇豆品质。主蔓第 1 花序以上每个叶腋中花芽旁混生的叶芽应及时打掉，如果没有花芽而只有叶芽时，留 2～3 片叶摘心，以促进侧枝上的第 1 花序形成。主蔓长到 2～2.5 m 时及时摘心，以控制生长，促进侧枝开花结荚。

(3)病虫害防治　春夏豇豆易染锈病、白粉病、炭疽病、疫病、根腐病等，同时易受蚜虫、豆野螟、斑潜蝇、豆象、甜菜夜蛾等危害，在防治过程中应坚持“预防为主，综合防治，绿色控害，减药增效”的原则，以农业防治为基础，优先使用生物防治，协调利用物理防治，科学合理应用化学防治技术，严禁使用高毒、高残留农药。

5. 采收

豇豆嫩荚采收适期为花后 12～15 d。结荚初期和后期 3～4 d 采收 1 次，盛果期应每天采收。采收时，防止对其他花芽及嫩荚造成机械损伤，宜轻扭嫩荚基部，折断后摘下，或用剪刀从基部剪断。

(二)秋天露地生产

1. 品种选择

秋季生产一般选用之豇 28-2、之豇特长 80、宁豇 3 号、秋豇 512、紫秋豇 6 号、成豇 3 号、白露豇、张塘豇、春秋红紫皮豇等耐热性好、抗病性强的豇豆品种。

2. 整地施肥

选择土层深厚、疏松肥沃、保水保肥、排灌方便的地块。播种前每 667 m^2 施入腐熟有机肥 2 500 kg、过磷酸钙 30 kg、硫酸钾 10 kg,深翻后做成宽 120 cm 左右的高畦,并开挖好排水沟。

3. 适时播种

长江中下游地区秋豇豆一般于 7 月上旬至 8 月上旬播种。播前将精选的种子用 50℃温水加 0.1%高锰酸钾浸泡 15 min 后洗净,再用清水浸泡 4~5 h。一般以直播为主,天旱时进行湿播。每畦栽两行,行距 60 cm,株距 20~25 cm,每穴播 3~4 粒。播后覆土 2~3 cm,并覆盖稻草、谷壳,防止暴雨冲刷。

4. 田间管理

(1)中耕除草　幼苗长至 3~4 片叶时及时定苗,每穴 2~3 株。结合匀苗和定苗进行中耕除草。暴雨过后及时浅中耕,增加根部呼吸

(2)水肥管理　生长初期正值秋季,气温较高,豇豆生长速度快,要求肥水相对集中。播种后可追清粪水催苗出土;出苗后 10~15 d 结合中耕除草施少量粪水或尿素提苗;开花结荚后每隔 5~7 d 浇 1 次水,结合浇水追肥 2~3 次,每次施复合肥 10~15 kg/667 m^2,也可施粪水加少量化肥。如遇暴雨天气,应及时排水防涝。结荚期叶面喷洒 0.1%硼砂、0.1%钼酸铵或 0.3%磷酸二氢钾 2~3 次。

(3)植株调整　苗高 30 cm 时及时搭架引蔓,引蔓应在下午进行,防止茎蔓折断。蔓爬至架顶时,打顶摘心。每个侧枝保留 1~3 片叶片后进行摘心,促进侧枝形成一穗花序。

(4)病虫害防治　秋豇豆易染锈病、白粉病、炭疽病,同时易受蚜虫、豆野螟等危害,应加强田间管理,对病害按照发生规律进行早防早治。具体防治方法参考菜豆。

5. 采收

秋豇豆成熟较快,一般在花后 10~12 d 成熟,当豇豆嫩荚饱满而种子痕迹尚未显露时,为采收适期。采收时,应按住豆荚基部,轻轻向左右转动,然后摘下。盛荚期每天采收 1 次,后期可隔天采收。

五、生产中常见问题及对策

(一)伏歇

豇豆在生产中第一次产量高峰过后,植株出现早衰现象,开花结荚数明显减少,产量严重下降。这种现象一般出现在伏天,故常称为"伏歇"。"伏歇"产生的主要原因如下:一是肥水补充不及时,造成脱肥早衰;二是整枝摘心不及时,通风透光不良;三是高温干旱或雨涝造成严重落叶;四是病虫害导致功能叶受损。防治措施:一是重施基肥,轻施苗肥,猛施荚肥,补施叶肥;二是及时整枝摘心和除去基部老叶;三是高温季节及时补充水分,暴雨后及时排涝;四是加强病虫害防治。

(二)早期落叶

在豇豆采收盛期,有时植株落叶严重,生长势衰减,最终导致产量下降。有时春季豇豆在出苗或定植后也会出现落叶情况。春豇豆苗期落叶原因:早春低温致使根系发育不良,生长受到抑制;定植质量欠佳,缓苗时间长,使幼苗底叶变黄脱落;幼苗出土后遇低温、干旱等不利条件也会导致落叶。采收盛期落叶的原因是:干旱或多雨、营养不足、病虫为害。防治措施:适期播种;加强结荚期水分管理;始收期合理追肥;及时防治病虫害。

(三)落花落荚

参考菜豆生产的相关内容。

任务三　豌豆生产

豌豆,又名荷兰豆、麦豆、回回豆、寒豆、国豆等,豆科蝶形花亚科豌豆属一年生或二年生攀缘草本植物。在中国的栽培历史悠久,现在全国各地均有栽培。其中栽培面积较大的有四川、甘肃、陕西、内蒙古、新疆等地。豌豆的嫩尖、嫩荚和籽粒均可食用,质嫩清香、营养丰富。嫩尖和嫩荚多用于炒食和汤食。嫩籽粒除用作炒食或汤食外,还可与粮食混合作为主食。干豆粒更可油炸、煮烂作菜食或加工成酱食。嫩荚、嫩籽粒还可供速冻和制罐头。

一、生物学特性

(一)植物学特征

豌豆根系发达,主要根群分布在 20 cm 的表土层,有根瘤。茎近方形或圆形,中空,表面有蜡质,分蔓生、半蔓生和矮生 3 种。子叶留土,真叶为偶数羽状复叶,具 1～3 对小叶,顶端小叶变态发育成卷须,基部有 1 对耳状托叶。总状花序,腋生,每个花序着花 1～2 朵,偶有 3 朵;花白色或紫色,自花授粉。始花节位,早熟品种 5～10 节,中熟品种 11～14 节,晚熟品种在 15 节以上。荚果深绿色或黄绿色,分软荚和硬荚两种。软荚以采收豆荚为主,也可收豆粒;硬荚纤维化程度高,不可食用,只采收豆粒。每荚含种子 2～4 粒,多者可达 7～8 粒。圆粒种的种子圆而表面光滑,皱粒种近圆而表面皱缩,绿或黄白色。种子大小因品种而不同,种子寿命一般为 2～3 年。

(二)生长发育周期

豌豆的生长发育周期与菜豆和豇豆基本相同。

(1)发芽期　从种子萌动到第一片真叶出现,约需 10 d。豌豆发芽后子叶不出土,播种深度比菜豆和豇豆略深。

(2)幼苗期　从第一对真叶出现至抽蔓前,一般需要 10～15 d。幼苗期开始萌发侧枝和孕育花芽。低温和短日照条件可促进侧枝萌发,长日照可提早花芽分化。

(3)抽蔓期　植株茎蔓不断伸长,并陆续抽生侧枝。一般需 20～30 d。蔓生型的抽蔓期长,半蔓生型或矮生型的抽蔓期短或无抽蔓期。

(4)开花结荚期　从开花到采收结束,一般需 80～90 d。此期间,茎叶迅速生长,根系继续扩大,根瘤增加,同时花芽不断分化并发育,陆续开花结荚。

(三)对环境条件的要求

(1)温度　豌豆为半耐寒性蔬菜,喜凉爽湿润气候,较耐寒,不耐热,圆粒种比皱粒种耐寒性更强。种子发芽出土初始温度为1～5℃,最适温度为18～20℃。幼苗期能耐－5℃的低温,茎叶生长适温为15～20℃。开花结荚期适宜温度15～18℃,嫩荚成熟期适温18～20℃,超过25℃时生长不良,主要表现为结荚少,高夜温条件下表现更加明显。

(2)光照　豌豆属长日照作物,我国南方地区多数品种无论在长日照或短日照下均能开花,但低温和长日照条件可促进花芽分化,从而缩短生育期。

(3)水分　豌豆要求中等湿度,适宜的土壤湿度为田间最大持水量的70%左右,空气相对湿度以60%左右为宜。土壤水分不足会使出苗延迟,开花期如果空气湿度太低,会减少开花,如果开花时遇干热风会引起落花,俗称“风花”或“旱花”。豆荚生长期如遇高温干旱,豆荚提早纤维化而过早成熟,从而降低品质和产量。豌豆不耐涝,如果土壤水分过大,则播种后易烂种,苗期易烂根,生长期间易发生白粉病。

(4)土壤及营养　豌豆对土壤要求不严,最适宜生长在有机质丰富、土壤耕作层深厚、疏松、肥沃、团粒结构良好、微酸性或中性土壤中。豌豆喜氮,钾次之,磷最少。豌豆根瘤菌能固定土壤中及空气中的氮素,但在苗期仍需要一定的氮肥,在栽培中要注意施用磷肥和钾肥,也可采用根瘤菌进行接种。

二、类型与品种

豌豆分类方法很多,按茎蔓的生长特性可分为矮生型、半蔓生型和蔓生型。矮生品种一般株高15～80 cm,半蔓生品种为80～160 cm,蔓生品种为160～200 cm。按豆荚纤维硬化程度可分为软荚种和硬荚种。软荚种俗称荷兰豆,以嫩荚供食用;硬荚种以剥取嫩荚中饱满的青豆粒供食用。按种子形状可分为圆粒种和皱粒种。按种皮颜色可分为绿色、黄色、白色、褐色和紫色等。按用途可分为菜用豌豆、粮用豌豆和饲用豌豆。

我国目前生产的豌豆以菜用为主,按照食用器官又可分为食苗(嫩梢)、食荚(嫩荚)、食粒(嫩豆粒)三种类型。生产中,食嫩梢的优良品种有:四川无须豆尖1号、上海豌豆尖、上农无须豌豆尖等;食嫩荚的矮生优良品种有:食荚大菜豌1号、食荚甜脆豌1号、甜脆豌豆、内软1号、京引8625、皖豌1号、京引92-1、连豌1号等;食嫩荚的半蔓生优良品种有:草原21号、延引软荚、子宝30日、乙女2号等;食嫩荚的蔓生优良品种有:昆明紫花豌豆、饶平大花豌豆、中山青、莲阳双花、大荚荷兰豆、台中11号等;食嫩籽粒的优良品种有:成豌6号、团结豌2号、白玉豌豆、小青荚、中豌系列等。

三、栽培季节与茬口安排

我国的软荚豌豆和食苗豌豆主要分布在长江以南地区,近年来,华北、东北和西北地区也在开始发展。豌豆主要以露地生产为主,也可进行反季节设施栽培。

我国南方地区分为春播和秋播,但以秋播为主。春播在霜期过后尽量早播,在高温来临之前争取更长的适宜生长的时间,增加分枝和结荚数,提高产量和品质。秋播的具体播种期因地区而异。长江中下游地区一般在10下旬至11月上旬播种,长江上游的成都平原,冬豌豆可提前到7月下旬至8月上旬播种，10月上旬即开始收获，早菜豌于8月中下旬播种，12月中旬始收；华南地区则可适当提早到9月中旬，争取在生长前期迅速生长，提早开花结荚，至春暖前有较长的采收时间，增加产量。表3-1列举了长江下游地区，豌豆播种期与收获时间以及产量的关系。

表3-1 长江下游地区豌豆播种期、收获期及产量

茬口安排	播种期	青豆荚收获期	产量/(kg/667 m^2)
秋季遮阳网棚栽培	8月上旬至8月下旬	10月1日前	500
秋季露地栽培	8月下旬至9月中旬	10月中旬	500～600
冬季薄膜温室大棚栽培	10月份至翌年2月份	元旦	800
冬季露地栽培	11月份至翌年1月份	5月1日前后	800～1 000
春季露地栽培	2—4月份	5月中旬	400～800
夏季露地栽培	5月上旬至5月下旬	6月下旬	400
夏季遮阳网棚栽培	5月中旬至6月中旬	7月上旬	400

注：表中数据引自朱士忠，2003

四、栽培技术

(一)豌豆露地越冬栽培

1.品种选择

选择高产、抗病、耐低温、弱光的优良品种。同时，根据需求选用食嫩苗、食荚或食粒的适宜品种。

2.整地做畦

选择土壤疏松、通气透水、灌排方便的土壤，以微酸性至中性为宜。豌豆忌连作，选择上一茬为非豆类作物的地块。整地前应根据土壤肥力和肥料类型进行施肥，注意施足基肥，一般每667 m^2 施腐熟有机肥2 000～300 kg，过磷酸钙30～40 kg，硫酸钾10～15 kg或草木灰100～150 kg，均匀撒施后深耕细耙，使土肥均匀混合。长江流域雨水多，宜作高畦栽培。

3.适时播种

选粒大、整齐、健壮和无病虫的种子，播种前晒种2～3 d。秋季播种如对种子进行低温处理，则可促进花芽分化，提早开花，增加产量。为明显增产，也可利用根瘤菌接种。

播种采用条播或穴播。播种密度因品种、栽培季节和栽培目的而异。要根据株高、株型紧凑度、土壤肥力、施肥管理水平而定。植株高大适当稀植，植株矮小适当密植；株型松散宜稀，紧凑宜密。矮生种条播行距25～40 cm，株距4～6 cm，穴播行距30～40 cm，穴距15～20 cm，每穴2～3粒；半蔓生种条播行距40～50 cm，株距10 cm左右，穴播行距45～50 cm，穴距20 cm左右，每穴2～3粒；蔓生种条播行距50～60 cm，株距10～15 cm，穴播行距50～60 cm，穴距20～30 cm，每穴2～3粒。播种前先浇透水，播后盖土3～4 cm。

4.田间管理

未出苗时及时补苗，齐苗后及时中耕，苗高 6 cm 左右追施 1 次肥水，冬前结合中耕进行培土，护根防寒。开春后结合中耕除草，每 667 m^2 施尿素 10 kg，以促进茎叶生长和分枝。开花前控制水肥。下部果荚坐住后及时灌水，并追肥 1～2 次，每 667 m^2 施复合肥 20 kg。花荚期叶面喷施 0.2%～0.3%的磷酸二氢钾或 0.03%～0.05%的硼酸各 1 次可增加产量。豌豆茎蔓容易倒伏，半蔓生和蔓生品种在抽蔓期应及时搭架，使其通风透光，易于结荚。整个生长期间注意防治根腐病和白粉病，根腐病主要在豌豆植株出土到开花前这段时间，防治白粉病主要在豌豆的开花期与结荚期。同时注意防治蚜虫、菜青虫、潜叶蝇和豌豆象等。

5.采收

豌豆品种类型不同则采收期不同，食苗豌豆的嫩梢一般在播种后 30 d 左右，苗高 16～18 cm，有 8～10 片叶时收割，以后每隔 10～20 d 收割 1 次，可收 4～8 次；软荚豌豆在花后 7～10 d，荚已充分长大，豆粒尚未充分膨大时采收；食用嫩豆粒的硬荚豌豆在开花后 15 d 左右，种子已充实而种皮尚未变硬前采收。

（二）豌豆苗栽培

1.品种选择

采收嫩梢的豌豆栽培应选择茎干粗壮、叶片大而肥、生长旺盛、再生能力强且不易早衰的品种。目前主要品种有四川无须豆尖 1 号、上农无须豌豆尖、上海豌豆尖、黑目豌豆等。

2.栽培季节

豌豆苗多是露地春秋栽培，也可保护地栽培。秋季 9—10 月份播种，10 月份至翌年 4 月份采收；春季 3—4 月份播种，5—6 月份收获。

3.整地播种

采收嫩梢的豌豆一般生长期较长，再生能力强，采收次数多，需肥量大，宜选择肥沃、保水保肥、有机质丰富的砂壤土进行种植。翻耕整地前，每 667 m^2 施腐熟有机肥 2 000～3 000 kg、尿素 10 kg、过磷酸钙 15 kg、草木灰 100～150 kg 作基肥。耙碎整平后做成宽 1.3 m 左右的高畦。播前 3 d 选种、晒种。宽幅条播时，春播行距 30 cm，播幅 10 cm；秋播行距 15 cm，播幅 10 cm。每 667 m^2 用种量 30～40 kg。也可穴播，穴距 20～25 cm，每穴播种 6～7 粒。播种后覆土 2～3 cm。可直接点播后整齐覆盖 3 cm 稻草，一般每 667 m^2 用种量 15～20 kg。

4.田间管理

若非稻草覆盖，出苗后立即中耕除草，酌情浇水，保持土壤湿润疏松。追肥以速效性氮肥为主，配合适量氯化钾和过磷酸钙。采收前追肥 1～2 次，以后每采收后追肥 1 次，每次用尿素 5 kg/667 m^2。豌豆苗忌水涝，雨季应注意清沟排水，以防烂根。过于干旱会影响豌豆苗的产量和品质，应保持土壤湿润，以利茎叶生长，提高嫩苗产量。

5.采收

播种后至苗高 15～20 cm 需 30 d 左右，此时即可开始采收，摘取上部带 2～3 片幼叶的嫩梢。采收宜用小刀割收或剪刀剪采。每隔 10 d 左右采收 1 次，一般可连续采收 5～7 次。

五、生产中常见问题及对策

豌豆易落花落荚，其原因：一是栽培管理不当，如栽培密度过大、肥水过多、植株徒长等；二是不利的气象因子，如开花期空气干热、大风、土壤干旱或渍水等。防止措施主要有选用良种、适期播种、合理密植、加强田间管理工作等。

复习思考题

1. 简述菜豆不同生长时期肥水管理技术要点。
2. 分析菜豆落花落荚的主要原因，应采取哪些措施？
3. 豇豆早期落叶和后期“伏歇”的原因是什么？如何解决？
4. 简述豇豆植株调整的方法及主要意义。
5. 简述豌豆的类型及各种类型在生产中管理的区别。

Project 4

项目四

多年生蔬菜生产

学习目标

一、知识目标

1. 多年生蔬菜(黄花菜、芦笋、香椿)的生物学特性;
2. 品种的选择;
3. 育苗知识;
4. 整地、做畦、定植知识;
5. 肥水管理知识;
6. 病虫害识别与防治知识;
7. 采收及采后处理知识;
8. 多年生蔬菜生产过程中常见问题发生的原因及解决措施。

二、技能目标

通过理论教学和实践操作的结合,全程参与完成多年生蔬菜(黄花菜、芦笋、香椿)生产的产前计划、产中管理、产后营销,结合所学使学生能根据季节特点、地域特征及市场需求制订多年生蔬菜生产计划。熟悉多年生蔬菜的生产流程,掌握先进的生产管理技术及产后销售及效益评估,能对多年生蔬菜生产过程中的常见问题进行分析并解决。

三、工作任务

1. 制订多年生蔬菜(黄花菜、芦笋、香椿)生产技术方案;
2. 根据市场需要选择适合的品种;
3. 能掌握多年生蔬菜播种育苗技术;
4. 能掌握整地、做畦、定植与移栽技术;
5. 掌握多年生蔬菜田间管理技术;
6. 掌握多年生蔬菜采收与采后处理技术;
7. 能分析多年生蔬菜生产过程中常见问题发生的原因并提出解决措施。

多年生蔬菜是指可多年生长和采收的蔬菜种类，包括多年生草本蔬菜和多年生木本蔬菜。多年生草本蔬菜的地上组织每年冬季都会枯死，地下组织的根、根状茎、鳞茎、球茎等器官宿留在土中进行休眠，待条件适宜时便可重新萌芽、生长及发育，如此生长多年。主要蔬菜作物有芦笋、黄花菜、百合、菊花脑、枸杞、襄荷、朝鲜蓟、辣根等。此类蔬菜生长要求土壤土层深厚，有机质含量丰富。多年生木本蔬菜主要有竹笋和香椿。它们的根系发达，分蘖能力强，适应性广，抗逆性强，对环境条件要求不严格。其繁殖方法主要有无性繁殖和有性繁殖。大多进行无性繁殖，如扦插(竹、香椿)、分株(竹、黄花菜、香椿)等。但在种苗缺乏等特殊条件下也可用种子繁殖，如黄花菜、香椿、芦笋等。多年生蔬菜除鲜食外，很多种类适于干制、罐藏和盐渍。

任务一　黄花菜生产

黄花菜，又名萱草、金针菜、黄花草、安神菜，为百合科萱草属多年生宿根草本蔬菜，其品种有黄花菜、黄花、萱草及红萱 4 种。黄花菜原产于亚洲及欧洲的温带地区。在国外常作观赏植物，我国早在 2 000 多年前就将其进行蔬菜生产，属于我国的特产蔬菜。主要产品是将含苞欲放的花蕾加工而成的干制品。干制后的花蕾形状细且长，色泽金黄，故又名“金针菜”。

黄花菜营养丰富，味鲜质嫩。经中国医学科学院测定，黄花菜中的蛋白质、脂肪、碳水化合物、钙、磷、铁、胡萝卜素、核黄素等的含量都高于其他蔬菜。黄花菜性味甘凉，有止血、消炎、清热、利湿、消食、明目、安神等功效。以食干制花蕾为主，可炒食、凉拌和煮汤。鲜黄花菜中含有秋水仙碱，因此鲜食可能会引起中毒。所以在食用鲜黄花菜时，烹饪前应用开水煮烫，其后进行浸泡，除去汁水，且在烹饪时烹饪时间应适当延长。

一、生物学特性

(一)植物学特征

黄花菜根系发达，根群多分布在 30 cm 左右深的土层中。根从短缩的根状茎的茎节上长出，首先形成条状肉质根和块状肉质根，秋季又从条状肉质根尖端长出纤细根。随着植株的生长，短缩茎上发生的条状根不断上移，即有“跳根”特性，因此在生产管理上应培土和增施有机肥。植株营养生长期间只有短缩的根状茎，其上萌芽发叶。叶对生，叶鞘抱合成扁阔的假茎。与韭菜类似，黄花菜有分蘖习性，在长江中下游地区一般每年抽生 2 次青苗。第一次在春季 2—3 月份，称作春苗。到 8—9 月份采蕾期结束，割去黄叶和枯薹后不久，发生第二次分蘖，称为冬苗。冬苗在长到初霜时便枯死。冬苗期间是黄花菜积累养分的重要阶段，大部分纤细根在此期间发生。

花薹于 5—6 月份从叶丛中长出，顶端形成 4～8 个花枝，聚伞花序。每个花枝可着生 10 个左右的花蕾。一个花薹可陆续形成 20～120 个花蕾，可持续采收 1～2 个月。每一果实内含种子 10～20 粒，种子呈黑色且有光泽，千粒重 20～25 g。

黄花菜植株的形态特征见图 4-1。

(二)生长发育周期

黄花菜为多年生宿根植物,一般能连续生长 20～30 年,一生经历幼苗期、幼株期、成株期和衰老期共四个时期。种植后 2～3 年属于幼龄期阶段,在此阶段分蘖少且产量低;4～6 年为成株期,其产量陆续达到最高;8～9 年后逐渐进入衰老期,开花数逐渐减少,采收期缩短,产品质量降低。10～15 年后应更新植株。

黄花菜在 1 年中的生长发育过程可分为苗期、抽薹期、开花期和休眠越冬期 4 个时期。

(1)苗期　从幼叶出土到花薹开始显露。此阶段大约需 90 d,长出 16～20 片叶。春苗是黄花菜营养生长的旺盛期,主要作用是为生殖生长阶段积累养分。在开春后应及时进行灌水追肥等田间管理,促进春苗健壮生长。

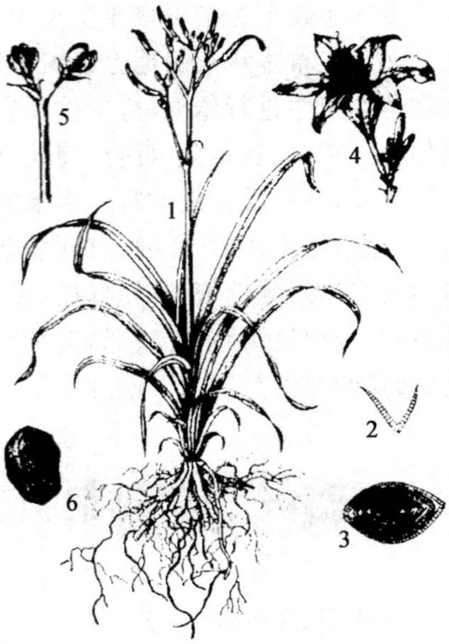

1.植株全貌 2.叶片横断面 3.假茎横断面 4.花的外形 5.果实外形 6.种子外形

图 4-1　黄花菜植株的外形

(引自张和义等,2002)

(2)抽薹期　从花薹显露到开始采摘花蕾,此阶段的生长大约需 30 d。抽薹期对水分很敏感,缺水会延迟抽薹,且花薹少且细,花蕾少并易脱落。

(3)开花期　从开始采收到采收结束,需 30～60 d。采收期间应保持充足的水肥供应,进而延长花期并提高花蕾质量。

(4)休眠越冬期　霜降后,地上组织受冻枯死,短缩茎保留在土壤中越冬。休眠期应及时培土以保护幼芽不受冻害,同时做好冬灌,为来年春苗早生快长打下基础。

(三)对环境条件的要求

(1)温度　黄花菜地上组织不耐寒,遇霜时即枯萎,地下组织能耐－22℃的低温,甚至在极端气温达－49℃的高寒地区也可安全越冬。当平均气温达 5℃以上时幼芽即可萌发,叶丛生长适温为 14～20℃,抽薹开花适温为 20～25℃。

(2)光照　黄花菜喜光,对光照强度适应范围较广,能够在相对强光为 17%～100%的条件下正常生长,但在光照充足的条件下生长发育会更好。可与果园、桑园进行间作。

(3)水分　黄花菜耐旱能力较强。抽薹前需水量较小,抽薹后需水量逐渐增多,特别是盛蕾期需水量最多。高温、干旱等条件均可引起花蕾不能正常发育而脱落,采收期缩短,产量和品质受到影响等。阴雨天越多则越易落蕾,遇暴雨会导致落蕾加重。

(4)土壤及营养　黄花菜对土壤的适应性广,且能在瘠薄的土壤中生长发育,在 pH 5.0～8.6 的土壤中都可生长。

二、类型与品种

我国黄花菜品种资源十分丰富,有许多优良的地方品种。如湖南邵东主栽品种荆州花、江苏宿迁农家品种大乌嘴、陕西大荔主栽品种沙苑金针菜、甘肃庆阳地区主栽品种马蔺黄花等。

此外，还有湖南祁东的猛子花、白花，湖南邵东的茶子花，四川渠县的渠县黄花，浙江缙云的青顶花，河南淮阳的陈州花，山西大同的黄花菜等。

三、生产技术

(一)繁殖技术

黄花菜的繁殖方法有分株繁殖、切片繁殖、芽块繁殖、种子繁殖、组织培养繁殖、花薹扦插繁殖等。

1. 分株繁殖法

分株繁殖法的优点是操作简单，成活率高，不需育苗，投产快。缺点是繁殖速度慢，且不便于远途调运种苗。分株繁殖一年四季均可进行，但以春、秋两季为最好，此种方法是生产中较常用的一种无性繁殖方法。分株繁殖有2种方法：一种是将母株全部从土壤中挖出并重新进行分栽。另一种是采挖母株丛的部分组织作为繁殖材料，即选择花蕾多、品质好、生长健壮的植株，从母株丛一侧挖出1/4～1/3分蘖株，除去泥土，将其一株一株地分开，剪去根茎下部的老、病根，保留1～2层约10 cm的新根，栽植于大田中。

2. 切片繁殖法

切片繁殖法具有操作简单、繁殖速度快、效果好的优点。具体做法为：在8月下旬至10月上旬，挖出植株，按芽片分开，剪除部分叶和根系，保留3～5 cm大小的叶，保留5～7 cm的根，用小刀把根茎均匀地切成2～6片，切开后用50%多菌灵1 200倍液浸泡1～2 h，捞出后晾干水分，放入苗床培育2个月后移栽大田。

3. 芽块繁殖法

芽块繁殖法具有繁殖系数高、繁殖速度快、生产成本低、技术性强的特点。黄花菜的根状茎上着生有隐芽，交替排在肉状茎的两侧，主侧芽受到损伤时便可萌发。根据这一特性，把6～9年生母株根状茎按照隐芽的分布，用刀切成长1 cm左右并带有1个隐芽的芽块，每个芽块带2～5 cm长的肉质根3～6条。将芽块进行苗床培育，待生长到两个月后即可定植。一般1个单株可分4～10株。芽块繁殖春秋两季均可进行，但以秋季为好。

4. 种子繁育法

种子繁育法优点是可就地培育大量秧苗，但播种育苗比较费工，且栽植后投产慢。选择栽植5～8年的生长健壮的黄花菜植株，待到盛花期时，保留5～6个粗壮花蕾不采摘，进行留种。其余花蕾继续采摘，作为商品出售。待蒴果成熟，顶端稍裂口时，摘下花蕾采收种子。种子要放在通风干燥处。春秋均可播种，江南地区以秋播为佳。种子用25℃的温水浸种24～48 h后即可播种。播种时多采用平畦条播。先做1.5 m左右的宽畦，施有机肥后深耕并平整畦面，浇足底水，按行距15 cm开3 cm深的浅沟，每隔2 cm左右播种一粒，播后覆土2 cm。出苗期应保持土壤湿润，2～3片真叶时应及时进行中耕除草，之后略施稀粪水等有机肥以便促进生长。秋季即可起苗移栽。用种量2.5 kg/667 m^2，可育成5 000～6 000株秧苗。

5. 组织培养繁殖

组织培养繁殖的优点是繁殖系数高，可保持种性，提高生活力等。但尚处于研究试验阶段，未大面积推广。利用黄花菜的幼叶、花药、子房、花蕾、花丝等器官组织作为外植体，将其接种于培养基上培养成试管苗，之后将试管苗驯化并栽于苗床进行培养，最后长成生产用苗。

（二）整地定植

1. 整地施基肥

黄花菜为多年生宿根蔬菜，适应性强，对土壤要求不严格，但由于栽植后一般要连续生长10余年，为保证其健壮生长，所以黄花菜适宜生长发育的土壤应含有丰富的有机质，且疏松透气、排灌良好。定植前应深翻50 cm左右，结合深翻，每667 m^2 施腐熟优质农家肥4 000 kg、过磷酸钙50 kg。如是倾斜20°以上的坡地应做成梯地以保持水分。

2. 定植时期

黄花菜于春、秋两季均可栽植，但以秋季栽植为主。在秋季进行黄花菜栽植时，当年便可发冬苗，抽生新根，并进行叶芽分化，为来年春季生长和夏秋抽薹开花做好准备。春栽在冬苗落叶后至翌年春苗发生前进行，一般在当年抽薹开花较少。

3. 定植方式

黄花菜常用的定植形式有单行穴栽和宽窄行穴栽两种。宽窄行栽植能充分利用光能，便于机械化的田间管理和采收。宽行90 cm左右，窄行60 cm，穴距30～40 cm。单行栽植的行距位80～90 cm，穴距为40～50 cm。每个穴内的芽片数量因环境条件和生长习性而异，一般3～5片。过稀则导致前3～4年植株的分蘖数少，产量低；过密则导致密集成丛，病虫害严重，采收年限短。栽植穴内芽片排列方式以双片对栽法和三角形栽植法为佳。双片对栽法是每穴栽2丛，每丛2个芽片，两丛间距离15 cm左右；三角形栽植法是每穴3丛，每丛1～2个芽片。栽植前应剪去块状肉质根和根颈部的黑色纤细根，每丛种苗只保留长度为3.3～5.0 cm的1～2层新根。黄花栽植的深浅与盛产期迟早有密切关系，栽植稍浅，分蘖快，提早1～2年进入盛产期，一般以15 cm左右为宜。

（三）田间管理

1. 中耕培土

黄花菜生长周期长，田间宜生杂草，且采摘期经常被践踏，导致土壤紧实不透气，所以应中耕松土，以增加土壤的透性。春苗萌发前应先施肥再中耕，株间距稍浅，行间稍深，深10～15 cm。抽薹前进行2～3次浅中耕，直到封垄为止。栽后2～3年应进行培土，每年冬苗枯萎到春苗萌发前结合施肥进行，每667 m^2 可施肥沃的园土或土粪2 000 kg左右。开始时可随意将有机肥倒在株丛上，但在入冬前应将其打碎耙平，以保护幼芽越冬。

2. 春苗管理

春季出苗前，结合浅中耕施1次催苗肥，每667 m^2 追施腐熟人粪尿1 500 kg或尿素8 kg、过磷酸钙10 kg、钾肥10 kg，施肥后及时浇水，以促使春苗健壮生长。抽薹前进行深6～7 cm的浅中耕，并施1次催薹肥，每667 m^2 追施三元素复合肥25～30 kg或尿素10 kg、过磷酸钙25 kg、钾肥10 kg，促使粗壮薹的产生、多分枝、早现蕾。在采收旺期，应施1次催蕾肥，每667 m^2 追施复合肥15～20 kg或尿素10 kg，可使后期花蕾增大增多且不易脱落，延长采摘期。

在抽薹开花期缺水会引起落蕾减产现象，因此在这个时期应及时灌水，以提高产量。春季每7～10 d浇1次水，保持土壤湿润，且浇水的原则是见干见湿。采收期每4～7 d浇1次水，保持土壤湿润。采摘中后期每隔1周喷施1次0.3%左右的磷酸二氢钾溶液或0.2%硼酸溶液，以便壮蕾和防止落蕾。

3. 冬苗管理

花蕾采收后应及时把残留的花薹及老叶割除，行间土进行深翻且深度应在 30 cm 以上。在冬苗未抽薹之前宜结合翻耕施 1 次冬苗肥，每 667 m^2 追施腐熟厩肥 2 000 kg，促使早发冬苗，使其旺盛生长，为翌年抽生花茎积累营养物质。冬苗枯萎后应及时清除枯叶，用堆肥、畜禽栏肥等壅蔸，再铺塘泥、河泥，以防止新根露出地面，还可为第二年黄花菜的生长提供充足的基肥。

4. 病虫害防治

黄花菜的主要病害有叶枯病、叶斑病、黄叶病、锈病等。叶斑病、黄叶病可用 75% 百菌清可湿性粉剂 800～1 000 倍液、或 50% 多菌灵可湿性粉剂 600～800 倍液、或 50% 甲基托布津 1 000～1 500 倍液，每隔 7～10 d 喷 1 次，共喷 2～3 次。锈病可在发病初期用 15% 粉锈宁可湿性粉剂 1 500 倍液进行叶面喷施防治，每隔 7～10 d 喷 1 次，共喷 2～3 次。

主要虫害有红蜘蛛和蚜虫。除虫、除杂草，枯叶后期割除残株以消灭虫源，并加强水肥管理；红蜘蛛用 15% 扫螨净可湿性粉剂 1 500 倍液、或 73% 克螨特 2 000 倍液喷雾，黄花蚜虫、蓟马用 10% 吡虫啉粉剂 2 000 倍液喷雾。

(四)采收

黄花菜的采收期长，应在花蕾已充分肥大而未"松苞"或"裂嘴"，颜色呈黄亮色或黄绿色，花被上纵沟明显时即可采收，提前或延后都会影响黄花菜的产量和品质。具体采摘的时间因气候条件和品种而异，一般在开花前 1～2 h 采收完毕为宜。晴天开花时间晚，可稍晚些；阴雨天水分充足，花蕾生长快，开放早，应稍早些。采收时应掌握"带花蒂而不带梗，不损花和碰伤幼蕾"的原则进行。

四、生产中常见问题及对策

(一)落蕾

导致黄花菜落蕾的原因有花期高温缺水、前期氮肥使用量过多、后期养分供应不够、缺少微量元素硼的施用、光照不足、暴风雨气候、采收不及时以及病虫害等。花期适当多浇水、中耕松土时可增施有机肥和硼肥，注重氮、磷、钾肥的搭配施用，合理密植，预防和防治病虫害，及时采收等均可有效减少落蕾的发生。

(二)更新复壮

黄花菜一般在栽植后 10～15 年内可保持高产稳产，生长时间过长会因分蘖过多，根株密集，土壤理化性质变化而发生"毛蔸"现象。"毛蔸"后的植株生活力衰退，无效分蘖增多，叶片变短且窄，抽薹时间较晚，花薹矮小，分枝少，花蕾减少且细，产量和品质显著降低，因此需进行更新复壮。

更新复壮分为部分更新(半更新)和全部更新。部分更新是在秋季挖土或播种前，将老龄株丛连根挖出，将 1/3 或 1/2 的株丛作为种苗进行移栽。更新后的第二年仍可保持良好的品质，过 2～3 年后则要全部更新。全部更新是将老龄株丛全部从土壤中挖出，选择品种优良且健壮的株苗重新栽植。在进行农业生产过程中，可将两种方法搭配使用，分批更新，以保证产量和品质。

任务二　芦笋生产

芦笋，又名石刁柏、龙须菜，为百合科天门冬属多年生草本蔬菜。芦笋原产地为中海东岸及小亚细亚。19 世纪末至 20 世纪初传入我国，在 20 世纪 70 年代开始规模化生产。2003 年我国芦笋种植面积达到 75 000 hm^2，种植面积和采收产量均跃居世界第一位。芦笋在我国南北各省均有种植，种植面积排名前三的是山东省、山西省和河北省。

芦笋以嫩茎作为食用部位，且营养丰富，质地鲜嫩，风味鲜美，柔嫩可口，可鲜食或制罐，而被人们誉为“蔬菜之王”，是国际公认的“抗癌蔬菜”。芦笋中含有各类维生素和矿物质比普通蔬菜高得多，且天冬酰胺、天冬氨酸及其他多种甾体皂苷物质含量较高，对癌症、高血压、心脏病等多种重大疾病均有一定的疗效，因此具有很高的保健价值。近年来，在芦笋中提取物质进行加工而成的芦笋茶、芦笋酒、芦笋饮料等保健品已上市，并具有较好的市场前景。

芦笋幼茎出土前采收的产品为白芦笋，可进行制罐食用；幼茎出土后进行光合作用而长成的绿色产品称为绿芦笋，主要供鲜食。传统的芦笋生产以白芦笋为主，近年来，人们通过实验证实绿芦笋的维生素及钙、铁等含量均高于白芦笋，再加上绿芦笋生产省工且产量高，所以芦笋生产模式正逐步由白芦笋生产向绿芦笋生产转变。

一、生物学特性

（一）植物学特征

芦笋的根为须根系，根发生于根状茎上，根群很发达，一般可达 2～3 m，但大部分分布在 30 cm 左右的土层中。根包括初生根（种子根），贮藏根（肉质根）和吸收根。芦笋的茎包括初生茎、地下根状茎和地上茎。初生茎是由胚芽发育而成的，不分枝，是幼苗前期唯一的同化器官；地下根状茎是短缩的变态茎，多水平生长。根状茎上有许多节，节间极短，节上有鳞芽。根状茎的分枝先端是由鳞芽紧密排列而成的鳞芽群，鳞芽相继萌发形成地上植株；地上茎为肉质茎，其产品器官为嫩茎。地上茎有节无叶，每节有鳞片（退化叶，不能进行光合作用）和腋芽。若嫩茎不断生长，高可达 1.5～2.5 m，并发生许多分枝（图 4-2）。

芦笋的叶分为真叶和拟叶。真叶是呈三角形薄膜状的一种退化鳞片，着生在地上茎的节上，其作用是保护茎尖组织和腋芽。茎上腋芽萌发形成分枝，分枝的腋芽萌发形成二级分枝，枝上丛生针状的变态枝，称为“拟叶”。叶片是芦笋进行光合作用的主要器官。

芦笋为雌雄异株作物。花瓣有 6 枚，较小且呈钟状，颜色呈白色或黄绿色。雌株结红色果实，圆球形，每果有种子 1～6 粒。种子黑色，短卵形，表面光滑，千粒重 20 g 左右，发芽势较弱，生产上宜用 1～2 年的新种子。雌株较雄株高大，嫩茎粗壮，但数量少且产量低。雄株株高较矮，抽生嫩茎稍细，但数量较多，产量比雌株高 20%～30%。

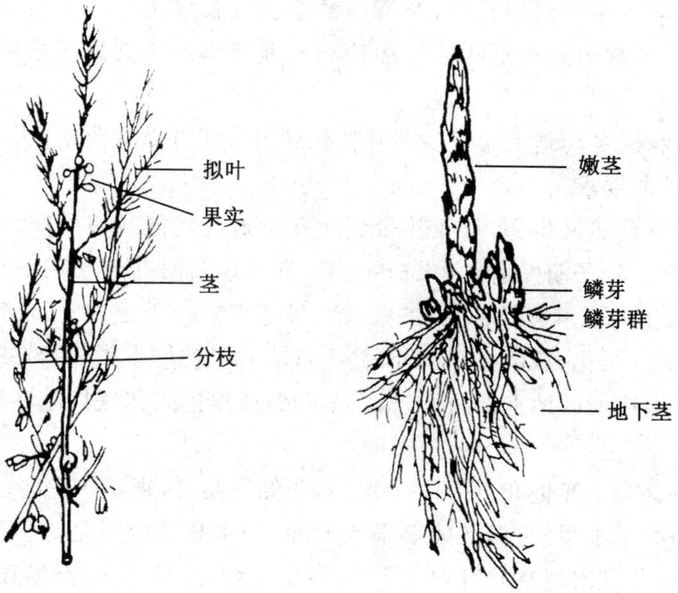

图 4-2　芦笋的地上部和地下茎

(引自韩世栋等,2001)

(二)生长发育周期

1. 生命周期

芦笋为多年生蔬菜,它的一生要经历几个发育阶段,这一过程称为生命周期。芦笋的生命周期一般为 15～20 年,具体生命周期因生产管理水平和当地气候条件而异。根据植株生长发育全部过程的形态特征的变化,可将芦笋的生命周期分为萌芽期、幼苗期、幼株期、成株期以及衰老期。

(1)萌芽期　从种子萌动至第一次茎出土且茎尖散开,春、秋季约需 20 d,冬季为 30～40 d。

(2)幼苗期　从第一次茎尖散开至定植,春、秋季约需 60 d,冬季为 90～100 d。

(3)幼株期　从定植至采收的头 2～3 年。这一时期植株不断生长,肉质根已达到相应的粗度和长度,地下茎不断发生分枝,与此同时形成大量的鳞芽群,嫩茎产量逐年提高。

(4)成株期　从采笋的头 2～3 年至嫩茎产量和品质逐渐下降。此时期植株继续生长,地上茎每年以递增的方式生长,且枝叶繁茂。地下茎继续分枝和重叠,形成一个强壮的鳞茎群,并萌发大量幼嫩的茎,这些茎大、厚、均匀、质优、产量高。

(5)衰老期　嫩茎产量和品质显著下降。植株扩展速度减慢,长出细弱茎,长势明显下降,嫩茎数量减少,且变弱、变弯,同时畸形笋增多,产量和品质明显下降,这时需及时复壮或更新。

2. 年生长周期

芦笋在一年内的生长发育状态称为芦笋的年生长周期。在温带和寒带地区,每到冬季地上组织会干枯死亡,地下组织进行休眠越冬,即存在生长期和休眠期 2 个时期。而在热带和亚热带地区,地上组织不枯萎,无明显的休眠期。

(1)生长期　每年春季气温回暖后，芦笋的鳞芽萌发长成嫩茎。大约 30 d 抽生一批嫩茎，一年抽生次数 5～6 次。到秋末冬初气温下降时，地上茎组织逐渐干枯死亡，养分向下运输转入肉质根贮藏。

(2)休眠期　从秋末冬初地上组织的茎叶枯死到第二年春季芽萌动。

(三)对环境条件的要求

(1)温度　芦笋既耐热又耐寒，从亚热带到亚寒带地区均能栽植生产，但最适宜在四季分明的温带地区生产。种子萌发适温为 25～30℃；春季地温回升到 5℃以上时，鳞芽开始萌动；温度达到 10℃以上时嫩茎开始伸长；15～17℃最适于嫩茎形成；25～30℃嫩芽茎伸长最快，但嫩茎细弱，基部纤维化，笋尖鳞片散开，品质低劣；温度达到 35～38℃时植株生长受抑制，进入夏眠。冬季寒冷地区地上部枯萎，根状茎和肉质根进入休眠期越冬。处于休眠期的植株根系极耐低温。

(2)光照　芦笋喜光。光饱和点为 40 000 lx，光照充足时，嫩茎产量高，品质好。

(3)水分　芦笋耐旱不耐涝，但在嫩茎采收期间，若水分供应不足，则可造成植株矮小，嫩茎变细，数量减少，并且出现空心笋和畸形笋，散头率增加，易老化，产量和品质降低。

(4)土壤及营养　芦笋较喜土层肥厚、有机质含量高、质地松软且保水保肥能力强的壤土及砂壤土。土质较黏时，嫩茎生长不良，畸形笋多。最适宜的土壤 pH 为 6.0～6.7。耐盐碱能力较强。需要氮肥较多，磷、钾肥次之，缺硼会导致芦笋空心。

二、类型与品种

芦笋的类型按照嫩茎抽生时间的早晚可分为早熟、中熟和晚熟 3 种，又可按照嫩茎色泽分为白色、绿色、紫色及粉色 4 类。我国现有的芦笋品种，大都引自国外，优良品种有由美国加利福尼亚州引入的玛丽华盛顿、玛丽华盛顿 500 号、玛丽华盛顿 500W 和加利福尼亚州(UC)系列如 UC309、UC72、UC157 等，此外，还有荷兰的 531465 和 53137、德国全雄。近几年，出现了一些经过试验表现较好的 F_1 杂交新品种如格兰蒂、UC157 F_1、UC115、阿波罗 F_1、台南选 1 号、台南选 3 号、泽西巨人、紫色激情、杰西骑士等。

三、生产季节与茬口安排

芦笋为多年生宿根蔬菜，一经种植，可连续采收 10～15 年。因此，常作露地栽植生产。生产方式可分为直播和育苗移栽两种。生产中多采用春播育苗移栽。南方地区多在 4 月上旬至 5 月上旬播种。有条件的可采用春季设施育苗，可比露地播种提前 1 个月左右出苗，当年秋季即可采收产品，第二年即可进入旺产期。绿芦笋也可进行大棚早熟生产，即在已培育两年的根株上扣棚，比露地生产提早 20～30 d 采收。

四、生产技术

(一)播种育苗

1.育苗繁殖

芦笋按其苗龄长短分为小苗和大苗两种。又可按育苗场所和方法分为露地直播育苗、保护地播种育苗和保护地营养钵育苗。

芦笋繁殖方法有 3 种。一是分株繁殖。虽可保持其优良性状,但繁殖系数低,费时费工,定植后的长势较弱,产量较低,寿命较短,在生产中一般不宜采用。二是组织培养育苗。主要用来繁殖田间筛选的优良单株以及制种时生产父母本。三是种子繁殖。便于调运,繁殖系数大,长势强,产量高,寿命长,是当前芦笋生产中最主要的繁殖方式。

2.播种条件

芦笋播种时期以地温稳定在 10℃以上为宜。长江流域春播在 4 上旬至 5 月上旬,秋播可在 8 月中下旬进行,华南地区除盛夏期外均可播种。如果利用保护地育苗,只要温度适宜,可以随时播种。

苗圃地宜选微酸性的砂壤土进行播种育苗。每 667 m^2 撒施腐熟堆肥 2 000 kg、辛硫磷 1 kg,翻地后便可做畦,畦宽 150～180 cm,高 15～18 cm。为使秧苗有较大的营养面积,便于精细化管理和定植时掘苗,宜采用条播。在畦上垂直开沟,沟距 40～50 cm,深 2～3 cm。在沟内施入充分腐熟的人粪尿 1 500～2 000 kg、过磷酸钙 25 kg、氯化钾 15 kg,与土充分混合施用。如果利用设施育苗,则需用洁净园土和腐熟有机肥配制营养土进行育苗。

3.播种及播后管理

播种前,将芦笋种子在太阳下晒 2～3 d。浸种前先用清水漂洗种子,去除瘪种和虫蛀种,再用 75%的百菌清可湿性粉剂 800 倍液浸泡 2 h,用清水清洗后用 25～28℃的温水浸种 36 h,且每隔 12 h 换水一次。将浸泡好的种子晾干并拌以少量的干沙或细土,即可播种。也可将种子用湿毛巾包好,置入 25℃的恒温箱中催芽,每 24 h 用清水冲洗种子 1～2 次,等到 20%～30%种子露白时即可播种。露地育苗在播种沟内每 7～10 cm 播 1 粒种子。覆土 2 cm 左右,浇水后再薄盖一层草以便保湿和保温。设施育苗则先浇水,在苗床按 10 cm× 10 cm 密度点播或播在穴盘中。播后盖地膜以便保温保湿。

出苗前维持床土湿润。待出苗后应及时间苗,并中耕除草。浇水应做到小水勤浇,保持土壤见干见湿,切忌苗床积水。整个苗期施肥 2～3 次。出苗后分别于 20 d 和 40 d 左右用充分腐熟的人畜粪尿或尿素及氯化钾等加水稀释各施肥一次;7—8 月份追施一次秋肥,每公顷施复合肥 300 kg 左右。

芦笋培育小苗需要 2～3 个月,待苗高 30～40 cm,茎数 3～5 个时即可育好。一般在长江流域于 2—3 月份进行保护地播种育苗,5 月份定植,翌年即可开始采收。育大苗需要 5～6 个月,待株高为 70～100 cm,肉质根 12～30 条,根株重 20～60 g 时即可育好。

(二)整地定植

选择土层深厚、富含有机质、保肥保水能力强的疏松砂壤土或壤土。每 667 m^2 撒施堆肥或厩肥 2 500～3 000 kg 作为基肥,深翻 30～40 cm。将土地耙细整平后开定植沟。种植绿芦笋的行距以 130～140 cm 为宜,种植白芦笋的行距以 170～180 cm 为宜。定植沟宽

40～50 cm，深 20～40 cm。每 667 m^2 均匀施入堆肥或厩肥 2 000 kg 和三元素复合肥 40 kg 并与土壤混合均匀。肥料上铺一层熟土，苗栽在距地面 10～15 cm 处(图 4-3)。

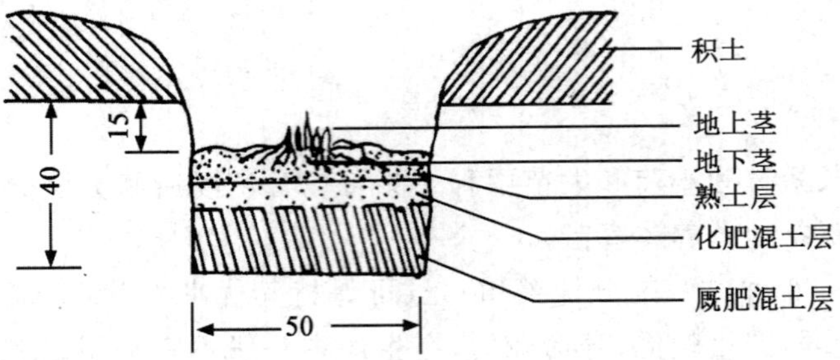

图 4-3　定植沟(单位:cm)

(引自韩世栋等,2001)

大苗定植在休眠期进行为宜。长江流域在秋末冬初定植为宜。华南地区以 3—4 月份或 10—11 月份定植为宜。小苗定植在生长季节可随时进行，但应避开雨季。

苗挖起后剪除枯茎。逐株分开，按肉质根和鳞芽的多少进行分级。根株重 40 g 以上，根数 20 条以上的为一级苗；根株重 20～40 g，10～20 条者为二级苗；根株重 20 g 以下，少于 10 条者为劣质苗。劣质苗不适合移栽，因此应淘汰。苗分级后立即栽植。生产密度以白芦笋 1 050～1 200 株/667 m^2 为宜，绿芦笋以 1 500～1 800 株/667 m^2 为宜。将苗按 33 cm 左右株距排在沟内，鳞芽顺沟朝同一方向，以利培土和采笋。栽后覆土 5～8 cm 并稍微镇压以便保水。浇定植水后，用沟边余土填平定植沟。

(三)定植后的管理

1. 水肥管理

定植当年出苗后施淡粪水，苗高 15 cm 左右时在栽植沟中培土 4～5 cm，过 15 d 后再培土 4～5 cm，使地下茎埋入土下约 16 cm。夏季生长期间应追肥 2～3 次，每次施复合肥 10～15 kg/667 m^2。入秋后，植株进入秋发阶段，幼苗回青后每 667 m^2 施尿素 10 kg 或腐熟人粪尿 1 000 kg、过磷酸钙 15 kg，促使枝叶生长，并积累更多养分。但最后一次施肥应在降霜前 60 d 左右进行，以防后期不断抽生新梢，影响地下部养分积累。雨季及时排涝防淹、中耕除草。

定植后第二年，为了使植株地上组织健壮生长，增强光合作用能力，一般仍不应采收嫩茎。只有当保护地育苗栽植且生长健壮时，第二年才可少量采收嫩茎。第二年株丛发展快，应增加施肥量以保证营养的供应。春季萌芽前在植株两侧距植株 30～40 cm 处开沟，每 667 m^2 施入堆肥 1 500～2 000 kg、尿素 10 kg、过磷酸钙 25 kg、氯化钾 10 kg。夏秋季节应追施 2～3 次速效性肥料。

白芦笋在定植后第三年开始采收。应在早春未萌发前在植株旁掘浅沟进行松土，每 667 m^2 施入腐熟人粪尿 500～750 kg，然后培土。嫩茎采收结束后，在畦沟中每 667 m^2 施腐熟有机肥 2 000～2 500 kg、人粪尿 1 000 kg、过磷酸钙 30～50 kg、氯化钾 15～20 kg。浅松土使肥料与土壤混匀，然后将壅培在畦上的土垄掘下，盖在肥料上。夏季中耕松土后在植株附近施 2～3 次稀薄的人畜粪尿和氯化钾肥料，促使秋梢生长。采收绿芦笋的地块，在春季未萌发前，在两行之间掘深沟，每 667 m^2 施腐熟有机肥 1 500～2 000 kg，过磷酸钙 30 kg，氯化钾 10 kg。肥料填入沟中，充分混合，用土覆盖。夏秋季在植株附近施肥 2～3 次，每次每 667 m^2 施入腐熟人粪尿 500 kg 和氯化钾 15 kg。最后一次追肥应在降霜前 60 d 左右施入，每 667 m^2 施复合肥 20 kg。若施肥过迟，则会引起贪青徒长，抑制养分积累。以后每年的施肥方法相同。随着株丛生长和产量的增加，肥料的用量应适当增加。

采笋期间应保持土壤水分充足，这样嫩茎抽生快而粗壮，组织柔嫩、品质好。夏季出现高温时应及时灌水，一般 10 d 左右浇水 1 次。南方地区采笋期间多雨水，因此事先应做好排水，防止田间积水而造成烂根和病害发生。

2. 培土

采收白芦笋时，进入采收期后必须培土，以增加白芦笋产品的长度及品质。培土在春季土温接近 10℃、出笋前 10～15 d 进行。从行间掘土，土块打碎后壅培到根的上方。培土宽度以覆盖幼茎可能抽生的地面为宜。从定植后第三年开始采收嫩茎的，培土高度以 16～20 cm 为宜，第四年以后逐渐增加到 40 cm 左右。培土厚度以地下茎埋入地下 26～30 cm 为准。培土后平整表土并稍微压实，以防止漏光和崩塌。雨后和多次采收后，若土垄下塌，应立即进行培土修整。采收绿芦笋也要适当培土，保持地下茎组织在 15 cm 的土层下，使嫩笋粗壮。另外，用黑色塑料薄膜覆盖畦面也可达到培土的目的。

嫩茎采收结束，应立即把壅培的土垄耙掉，使畦面回复到培土前的高度，保持地下茎在土表下约 16 cm 处。

3. 植株整理

定植第二年，芦笋植株可长到 1.5 m 以上，可剪去顶部嫩茎以便增强植株下部通风透光，控制植株高度保持在 1.2 m 左右。同时可顺畦垄方向拉绳以防止植株倒伏。对过于密集处应适当进行疏枝，雌株上的果实也应及早摘除。7 月下旬前留健壮母茎替换长势转衰的母茎。

4. 留母茎

绿芦笋生产利用留母茎采笋可大大提高产量。即在芦笋的采收期间，适当留取生长较为健壮的嫩茎，将其培养成茎枝和拟叶，以保证嫩茎抽生和植株正常生长。每年春季抽生嫩茎前，将母茎全部割除。从抽生的嫩茎中陆续选留生长健壮的新笋作母茎，其余嫩茎陆续分批采收。且应及时割除老母茎，培养新母茎。每次选留母茎之前应施肥 1 次。1～2 年生每株选留 3～5 根，3 年生每株选留 5～7 根，4 年生可留 10 根。当母茎长到 50 cm 高时即可摘心以防止倒伏，及时摘除雌花和发育不良的幼果以免消耗养分。10 月份后应停止采笋，让抽生的幼茎全部留作母茎培育，为第二年产笋储备养分。对发生病害的母茎要及时割除以免蔓延。

5. 病虫害防治

芦笋的主要病害有茎枯病、褐斑病、锈病、根腐病、病毒病等，应及时用甲基托布津、百菌清、多菌灵、等量式波尔多液、粉锈宁等进行防治；芦笋的主要虫害有地老虎、金针虫、蝼蛄、蛴螬等地下害虫和蚜虫、甜菜夜蛾、蓟马、十四点负泥虫等，可用敌百虫、敌敌畏、乐斯本、锐劲特、灭扫利等防治。

(四)采收

白芦笋的采收宜在每天黎明时进行,当发现垄面表土有裂痕或微拱起时,即可采笋。采收时用铁锹从土垄一侧扒开表土,待嫩茎露出 5～7 cm 时,用手轻捏笋尖下 3 cm 处,用刀插入土垄,迅速切断嫩茎并拔出。采收完成之后,将土重新培好。采笋期间,每天查看垄顶 1～2 次,发现龟裂或出土者,用湿土把嫩茎埋上以防止幼茎见光后变绿散头。采收下来的白芦笋应按色泽、大小分级,然后避光保存。

绿芦笋的采收一般在早晨和晚上各 1 次。采收时用采笋刀在幼茎高 21～24 cm 处割下即可。采收后宜尽快分级、整理、包装、贮藏或销售。

采笋季节过后,应尽快扒开垄土,恢复原状,防止退垄土不彻底而抬高芦笋地下茎的位置,影响产品质量。退土后,割除外露的所有嫩茎。

芦笋采收标准:芦笋优级品要求笋条新鲜、脆嫩,形态完整良好,笋尖紧密,无空心、开裂、畸形、病虫害、锈斑和其他损伤。白芦笋长度 12～17 cm,基部平均直径 1～3 cm;绿芦笋呈绿色或浅绿色,长度 17～27 cm,直径 1 cm 以上。

五、生产中常见问题及对策

(一)变色

白芦笋作为罐头加工原料,要求笋条颜色洁白,若为绿色或笋尖为绿红色,则为变色。变色主要是由于嫩茎见光、采收后未及时遮光保存、土壤过黏造成龟裂或过沙造成缝隙透光、土壤温度高、培土后干裂、培土过松、土壤空隙太大导致的。为防止变色,生产中应选用砂壤土,精耕细作,培土松紧一致。适当浇水减少龟裂。用黑色塑料薄膜覆盖进行软化生产效果为好。

(二)畸形

笋茎出现变形、弯曲、粗细不均和扁平等表型即视为畸形。这是由于温度过高或过低、有机肥未腐熟、一次施肥过多、土壤干旱或掺有大石块、培土松紧不一、嫩茎抽生时遭虫害和机械损伤导致的。防治措施:加强水肥管理;精细耕地,使土壤疏松、无石块;培土松紧一致;注意防治地下害虫。

(三)空心笋

嫩茎中间组织呈空心状的视为空心笋。这是由于采笋期遇低温和施肥不当导致的。防治方法:采笋前期用地膜覆盖提高地温;采笋期要合理施肥,在施氮肥的同时要增施磷、钾肥,以确保地上茎叶生长健壮,制造和积累更多的营养物质供嫩茎生长发育。

(四)开裂

采笋期间,嫩茎纵向裂开,并引起腐烂。造成此现象的原因是土壤干湿不均、温度突然升高、偏施氮肥。防治措施:增施磷肥和钾肥;浇水应均匀,忌忽干忽湿。

(五)异味

芦笋异味主要是苦味过重和其他异味,影响食用价值。苦味一般是由高温、干旱或氮肥施用过多引起的,其他怪味是由于农药施用过多和其他环境污染造成的。生产管理上应加强水肥管理、合理适量施肥、培土前后或采笋期严禁施用农药、禁止使用垃圾肥料和工业废水。

(六)锈斑

芦笋锈斑主要由镰刀菌感染所致。造成此现象的原因是因为施入未腐熟粪肥,土壤过湿或排水不良。防治措施:有机肥充分腐熟,保持田间清洁,采笋期间防止土壤过湿或积水。

任务三　香椿生产

香椿,又名红椿、椿甜树、香椿树,属楝科香椿属多年生落叶乔木,原产我国,从辽宁省南部到华北、西北、西南、华中、华东等地均有分布。传统的香椿栽培大多处于零散状态,主要作为林木栽培,附带采摘嫩芽作为蔬菜。20 世纪 80 年代末,山东等地采用露地矮化密植栽培且结合日光温室和塑料大棚等设施,使菜用香椿得到迅速发展。20 世纪 90 年代中期出现了香椿种芽无土栽培技术,满足了市场不同时期对香椿芽的需求。

香椿以嫩芽为食用器官,是我国传统的木本蔬菜。香椿芽馥郁芳香,质脆多汁,且含有丰富的蛋白质、脂肪和糖类等营养物质,同时含有多种氨基酸及矿物质。香椿芽既可炒食、凉拌、油炸或做汤,也可进行腌渍或糖渍后食用。

一、生物学特性

(一)植物学特征

香椿的根系发达,其发达程度与土壤性质及环境因素密切相关。一年生苗木的侧根粗大,水平分布在 25 cm 左右的耕层内。树干可达 10～30 m。香椿顶端优势明显。主枝顶芽先萌发,长至 3～5 cm 后,下部 3～5 个侧芽组织开始萌动。若顶芽不摘除,下部侧芽长至 3～15 cm 时停止生长;顶芽采摘后,侧芽生长加快,并可形成新的枝条。子叶椭圆形。初生叶对生,多为 3 对小叶组成。真叶互生,为偶数羽状复叶,长可达 20～80 cm。叶柄颜色呈红绿色,有浅沟,基部肥大。小叶 8～10 对,对生或近对生,椭圆状披针形或椭圆形,有特殊香味。香椿为聚伞形或圆锥形花序,顶生或腋生;香椿的花为两性花,5—6 月份开花,具芳香气味。果实为蒴果,倒卵形至长圆形,10 月份成熟。种子椭圆形,扁平,有膜质长翅,颜色呈红褐色、棕黄色或黄白色。自然贮藏条件下,发芽力可保持半年左右,千粒重为 10～15 g(图 4-4)。

(二)生长发育周期

香椿为落叶乔木。从栽植后第二年便开始采摘椿芽,6 龄前为营养生长时期,7～10 龄时可开花结实。一般于 5 月下旬至 6 月中旬开花,10 月中下旬种子成熟。菜用香椿因每年采摘新梢而呈灌木状,一般不开花。

露地种植的香椿树每年 3 月春芽萌动,4 月采摘椿芽,6—8 月份为苗木的迅速生长期,10 月下旬温度降低落叶后进入休眠期,休眠期 4～5 个月。在日光温室或塑料大棚等设施内种植时,在露地培育苗木,待休眠后假植,1—4 月份均可采摘椿芽。

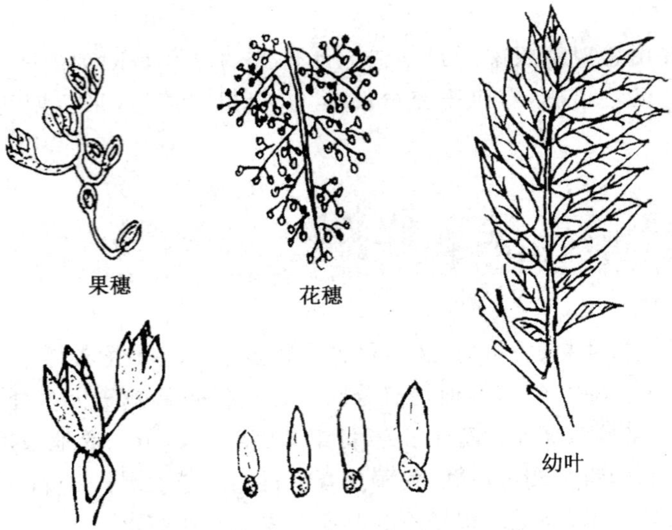

图 4-4　香椿的叶、花、果实和种子

(引自韩世栋等,2001)

(三)对环境条件的要求

1.温度

香椿主要分布于亚热带至温带地区,适应性广,在平均气温为 8～23℃,绝对最低气温 －25℃的地区均可正常生长。以平均气温 12～16℃,绝对最低气温在－20℃以上为最适应的生长环境条件。北方树种的耐寒能力一般较南方树种强,可北种南引。在适宜的条件下,香椿萌芽较早、生长较快、香气浓、色泽鲜艳、汁多脆甜。

2.光照

香椿喜光,但忌强光。一年生实生苗的光饱和点为 30 000 lx,光补偿点为 1 100 lx。当光照强度大于 40 000 lx 时,光合速率迅速下降,表现忌强光的特性。光照足时,椿芽色泽好,品质佳。

3.水分

香椿喜湿怕涝。土壤干旱时会导致植株生长缓慢,渣多汁少。土壤渍水时会导致根系发育不良,易烂根,树势衰弱,产芽量低。

4.土壤及营养

香椿对土壤的适应范围较广,以深厚、肥沃、矿质元素丰富、湿润的砂壤土为佳,对 pH 值适应范围较宽,为 5.5～8.0。

二、类型与品种

香椿根据芽苞和幼叶的颜色一般可分为紫香椿和绿香椿两种类型。

(一)紫香椿

紫香椿颜色呈灰褐色，初出的幼芽颜色为绛红色，且有光泽，香味浓郁，纤维少，含脂肪多，品质佳。主要优良品种有红香椿、褐香椿、黑油椿、红油椿等。

(二)绿香椿

绿香椿颜色呈青色或绿褐色，芽嫩绿色，香味淡，品质稍差。主要品种有青油椿、薹椿、水椿、红芽绿椿、红毛椿、青毛椿、米尔红、黄罗伞等。

三、栽培季节与茬口安排

香椿可露地栽培，也可在保护地进行反季节栽培。露地栽培需培育1～2年生实生苗木，于秋季落叶后或春季萌芽前移栽到大田。设施栽培则需提前在苗圃培育健壮香椿苗木，于秋季移栽到日光温室或塑料大棚等设施内进行常年栽培或高密度假植栽培。

四、栽培技术

(一)育苗技术

1. 育苗繁殖

香椿繁殖有种子育苗、插根育苗、插枝育苗、分株育苗、和组织培养育苗等繁殖方法，其中最常见、最实用的是种子繁殖法。种子繁殖法具有繁殖系数大、育苗容易、见效快等优点。

育苗可在露地进行，但为了当年育成大苗，宜选择日光温室或者塑料大棚等设施进行育苗以便提早播种。选择地势平坦、土壤肥沃、土质疏松、排灌方便、保水保肥能力强、无病虫害的地块做播种床。每667 m^2 施入5 000～6 000 kg腐熟有机肥和50 kg磷钾肥作为基肥，同时施入杀虫、杀菌药剂进行土壤消毒。深翻整平，做成宽1.2 m左右的高畦。

2. 播种或移栽

选择饱满的种子，并搓去翅膜，簸净，剔除瘪、损、虫蛀和畸形种子。播种前用50～55℃温水浸种20 min，并在浸种过程中不停搅动，然后放在20～30℃的水中浸泡24 h。之后捞出种子，再用0.5%的高锰酸钾溶液浸泡0.5 h，用清水淘洗干净后于通风处摊开稍晾。将种子放在20～25℃环境的保温箱中保湿催芽，催芽期间，每天早、晚翻动种子，同时用清水淘洗2～3遍。催芽后的5～6 d，大约有60%种子发芽，这时即可播种。

南方地区以春季3—4月份播种为宜。香椿播种方式可采用撒播和条播。若采用撒播，则应先浇足底水，水渗后撒一层厚约0.2 cm的底土，再撒入种子，随即覆土约1.5 cm。若采用条播，苗床应提前进行灌水造墒，播时每隔1.5～2.5 cm在苗床上开浅沟，沟深4～5 cm，顺沟浇小水，待水渗透后条播种子，然后覆土2 cm。播种量2～3 kg/667 m^2。播种后立即覆盖地膜以增温保湿。

保护地育苗时，一般在出苗前不通风，使苗床内10 cm地温保持在12℃以上。出苗后及时揭膜。苗出齐后，开始通风降温，白天保持温度在24～30℃范围内，晚上12～18℃。出苗后间苗2～3次，保持株距5 cm左右为宜。幼苗具有4～6片真叶、苗高10 cm左右时，即可按宽窄行分苗于露地苗圃中，宽行60～80 cm，窄行30～40 cm，株距15～20 cm。移栽时尽量带原土以防伤根。缓苗期要浇小水保持土壤湿润，缓苗后开始浇大水。

3. 田间管理

香椿幼苗迅速生长期为6—8月份，在此期间应加强水肥管理，一般追肥2次，每667 m^2施尿素10～15 kg，并适量配合磷、钾肥，也可随水冲施腐熟人粪尿。立秋后，需控水控氮以便促使苗木木质化和加粗生长。此时可在叶面喷施0.3%～0.4%的磷酸二氢钾或5%～6%的草木灰与2%的过磷酸钙混合液。香椿幼苗极不耐涝，因此在进入雨季后应防止田间积水，并及时防治病虫害。

适合大棚等设施栽培的香椿苗必须经过矮化处理，以促进苗木高度低，茎粗，侧枝多，芽饱满。生产上可于7月中旬每隔10～15 d喷1次15%多效唑200～400倍液，连喷2～3次即可达到矮化效果。也可在7月上中旬，当苗高30～40 cm时进行摘心处理以便抑制顶端优势，促使主干下部萌发侧枝，并使每个侧枝于入冬前形成饱满的顶芽。对于生长过旺的苗亦可在6月下旬进行平茬，即在主干距地15～20 cm处或基部分生的一级侧枝处短截。香椿摘心或平茬后应立即浇水追肥以促进侧芽的生长。

(二)塑料大棚假植栽培技术

近年来，南方部分地区利用塑料大棚等设施进行香椿栽培，将香椿上市时间较露地栽培提早1个月以上，取得了较好的经济效益。

1. 品种选择

选择株型紧凑、适宜矮化栽培的优良品种，如褐香椿、黑油椿、红油椿和青油椿等。

2. 定植

香椿定植前需在10℃以下的低温下培育30 d以度过休眠期。南方地区可在当地气温在10℃以下时将苗木挖出，于背阴处挖沟进行假植，约30 d后栽入大棚。也可于落叶后起苗定植，当气温降至3～5℃时进行扣棚。挖苗时要尽量多保留粗壮侧根，并留有原土，挖出后按大小分级。为了防止秋季香椿苗叶片的黄化脱落，可用2 000 mg/L的乙烯利溶液喷洒植株。适合大棚栽植的优良苗木标准为：当年生苗高为0.6～1.0 m、茎粗1 cm以上，1～2年生苗高为1.0～1.5 m、茎粗1.5 cm以上，组织充实木质化，顶芽饱满，根系发达，根幅20 cm左右，无病虫害。

定植前每667 m^2施腐熟农家肥2 000～3 000 kg，并混施三元复合肥20～30 kg作为基肥，施肥后深翻25 cm，整地，做成宽1.5～2.0 m的平畦，畦间留50 cm作为行道。畦内开25 cm深的沟。定植时从大棚某一端开始，在设施内将分级好的苗木按两侧矮中间高的原则，以株行距10～15 cm的规格定植。定植时应保持根系互相交错展平，可以重叠交叉。用下一行开沟取出的土作覆土回填上一行的沟，填土时将苗木轻轻抖动一下，使土壤填满空隙。栽后浇水并在畦面上覆盖一层树叶、碎草等以便保温保湿。每667 m^2大棚需栽植香椿苗木4万～5万株为宜。

(三)定植后的管理

1. 温光调节

定植后7～10 d应提高气温，促进缓苗。白天气温保持在18～25℃为宜，夜间10℃以上。定植后一般经过15～20 d后香椿芽即可萌动。为了促使提早发芽和增加萌发株数可用100 mg/L的赤霉素处理顶芽。采收期间，保持白天温度为18～24℃为宜，夜间13～15℃为宜。香椿生长期应保持2 600～3 000 lx光照条件，这样才能保证椿芽呈红褐色，外观美，品质好。立春后应视具体情况而定，适当增加光照或者适当遮光。

2. 水肥管理

香椿芽生产湿度在70%左右为宜。定植时浇透水。定植后10 d起，每隔3～5 d向枝干喷清水。当棚内湿度过大时，可在中午放风排湿。自顶芽萌动后，每隔10～15 d进行1次根外追肥，用0.2%尿素、0.2%磷酸二氢钾和0.3%的三元复合肥交替喷施。每次采收后应追肥并结合浇水，667 m^2 追施尿素15～20 kg和适量磷、钾肥。

3. 病虫害防治

香椿主要病害有根腐病、干枯病、紫纹羽病、白粉病、叶锈病等，主要虫害有蝼蛄、蛴螬、草履蚧、小地老虎、蛀斑螟等。防治措施：要坚持农业防治、生物防治和物理防治为主，化学药剂防治为辅的综合防治原则。栽培中要做到种子消毒、定植前清洁田园、加强水肥管理、合理调整植株，发病初期及时正确地进行化学防治。

4. 采收

当香椿芽长到15～20 cm时就应及时采收。采收时用剪刀或刀片，并防止破坏隐芽。在进行第1茬采收时应将整个顶芽摘下。顶芽采收后，侧芽会迅速萌发，以后每隔15 d左右采收1茬，直到4月中下旬可逐次向下采芽4～5次。在第2茬采收时，每个嫩芽基部留1～2片复叶以辅养树体。采芽宜在早晨或者晚上遮光进行。采收后及时密封并遮光保存，防止椿芽失水萎蔫而失去商品价值。一般每667 m^2 可产香椿芽5 000 kg左右。

5. 平茬更新

塑料大棚香椿至4月中下旬，香椿芽已基本采收完全，苗木蓄积的养分也已耗尽，应及时将香椿苗平茬后移植于露地，待树势恢复后，冬季再移入大棚栽植。1年生苗留干10 cm左右，2～3年生苗留干15～20 cm进行短截平茬。平茬后放风3～4 d进行炼苗。起苗时可剪去1/3左右老根以促生新根，使根系逐年更新。移植行株距以(30～40) cm×(20～25) cm为宜，每667 m^2 栽6 000～8 000株。栽后要浇透水并及时中耕。发芽后则只保留最上边的一个粗壮枝作为主干培养，其余侧枝全部去除。第二年以后的香椿树苗根系大，生长势强，速生期早且易旺长，宜在6月上旬开始施肥浇水，并要尽早控制水肥并喷生长抑制剂。具体管理方法可参照育苗部分进行。

五、生产中常见问题及对策

(一)枯梢

枯梢是大棚作物栽培中存在的主要问题。枯梢的主要原因是水肥管理不当。土壤肥力差和水分不足则导致的植株形态矮小、细弱，入冬前顶芽不充实饱满等现象；秋季若未及时控制水肥，则导致植株徒长，枝条和芽苞积累养分不够。另外，棚内温度长期处于5℃以下或33℃以上也易引起枯梢。防治措施：选择保水保肥能力强的土壤；秋季及时控制水肥；进行合理的温度管理。

(二)萌发推迟、不整齐

大棚内温度管理不当常常会造成香椿萌发不整齐且萌发推迟等现象的发生。防治措施：在香椿芽采收期，保持大棚内白天温度18～25℃，夜晚温度12～14℃。

复习思考题

1. 简述黄花菜常用繁殖方法的技术要点和田间管理技术要点。
2. 简述黄花菜的生长发育周期。
3. 简述芦笋的播种技术要点及芦笋的采收标准与方法。
4. 芦笋生产中笋茎可能出现哪些异常现象？其原因和预防措施有哪些？
5. 简述木本蔬菜的生长发育过程。
6. 简述香椿实生苗木培育技术要点和香椿苗木矮化方法。

Project 5

项目五

水生类蔬菜生产

任务一　莲藕生产

任务二　茭白生产

任务三　荸荠生产

学习目标

一、知识目标

1. 水生蔬菜(莲藕、茭白、荸荠)的生物学特性;
2. 品种的选择;
3. 育苗知识;
4. 整地、做畦、定植知识;
5. 肥水管理知识;
6. 病虫害识别与防治知识;
7. 采收及采后处理知识;
8. 水生蔬菜生产过程中常见问题发生的原因及解决措施。

二、技能目标

通过理论教学及实践操作,让学生全程参与完成水生类蔬菜(莲藕、茭白、荸荠)的产前计划、产中管理、产后营销等整个生产过程,使学生能根据季节特点、地域特征及市场需求制订多年生蔬菜生产计划,熟悉水生类蔬菜的生产流程,掌握相应生产管理技术及产后销售及效益评估,能独立或协作分析并解决多年生蔬菜生产过程中常见问题。

三、工作任务

1. 会制订水生蔬菜(莲藕、茭白、荸荠)生产技术方案;
2. 会根据市场需要合理选择品种;
3. 能掌握水生蔬菜播种育苗技术;
4. 能掌握整地、作畦与定植技术;
5. 掌握水生蔬菜田间管理技术;
6. 掌握水生蔬菜采收与采后处理技术;
7. 能分析水生蔬菜生产过程中常见问题发生的原因并提出解决措施。

中国水生蔬菜的种类很多。目前生产较广泛的主要包括莲藕、茭白、慈姑、荸荠、水芹、菱、芡实、莼菜、蒲菜、水蕹菜、水芋、豆瓣菜等，其中尤以莲藕、茭白、荸荠、慈姑、菱等在中国南方地区种植较为普遍。

水生蔬菜营养价值较高。据统计，其产品器官一般富含淀粉（5%～25%）、蛋白质（1%～5%）、维生素等多种营养成分，其中莲子、藕粉、马蹄粉、芡实等对人体具有很强的滋补及保健功能。水生蔬菜的生产共性：一般生长期较长，可达 150～200 d；喜温暖，不耐低温，一般在无霜期生长；喜水湿不耐干旱，生长期一般必须保持一定的水层，但不宜水位过深或猛涨猛落；根系较弱，根毛退化，因此生产时，以土层深厚、淤泥层达 10～16 cm、富含有机质（一般要求达到 2%～4%）、土壤肥力较高、黏性较强的土壤进行生产种植为宜。其组织及器官疏松多孔、茎秆柔弱，因此应避免在风高浪急的地方种植。而且，水生蔬菜大多耐贮存和运输，口味独特，深受消费者喜爱，也是很受外国人欢迎的出口创汇产品。

任务一　莲藕生产

莲属睡莲科莲属，是能形成肥嫩根状茎的多年生宿根水生草本植物。其果实称为莲，地下根状茎称为藕，花称为荷，莲心称为薏等。

一、生物学特性

（一）植物学特征

莲的根为须状不定根，主根退化。地下根茎各节环生须状不定根 5～8 束，每束 10～20 条，其中新萌发根为白色，老熟后为深褐色。茎为根状茎，又称为莲鞭或藕鞭。种藕顶芽萌发后，其先端生出细长的根状茎，粗 1～2 cm，先斜向下生长，然后在地下一定深度处成水平生长。莲鞭分枝性较强，每节都可以抽生分枝（称为侧鞭），侧鞭的节上又可再生分枝。莲鞭一般多在 10～13 节处开始膨大，形成新藕。新藕一般为 3～6 节，称为主藕，其先端一节较短，称为藕头，中间 2～4 节较长、肥大而称为藕身，最后一节细长，称为尾梢。主藕抽生的分枝称为子藕，子藕可以抽生出孙藕。藕的皮色一般为白色或黄白色，散生着淡褐色的皮孔。叶通称为荷叶。叶片圆盘形，全缘，绿色，顶生。分为荷钱叶（钱叶）、浮叶、立叶。结藕前的一片立叶最高大，荷梗最粗壮，称为后栋叶。因此植株出现后栋叶时，标志着地下茎开始结藕。最后一片叶为卷叶，叶色最深，叶片厚实，称为终止叶。主鞭自立叶开始到终止叶的叶数，可因生产品种和生产季节不同而不同 ，一般有 10～16 片。侧鞭开始第一、第二片叶为浮叶，以后发生立叶，情况与主鞭相似（图 5-1、图 5-2）。

花通称为荷花。花单生，白色或淡红色，两性花，花期 3～4 d。早熟品种一般无花，中晚熟品种，主鞭自第六、第七叶开始至后栋叶为止，各节与荷梗并生一花，或间隔数节抽生一花。

花谢后，留下倒圆锥形的大花托，即莲蓬。每一心皮形成一个椭圆形坚果，内含一个种子，即莲子。自开花至莲子成熟一般需 40～50 d，一般荷花盛开，表示藕已经进入生长盛期。果实成熟后，外有黑色硬壳，俗称莲乌或石莲子，去壳即见有紫红种皮的莲子。莲子亦可繁殖，但变异较大，一般多用种藕繁殖。

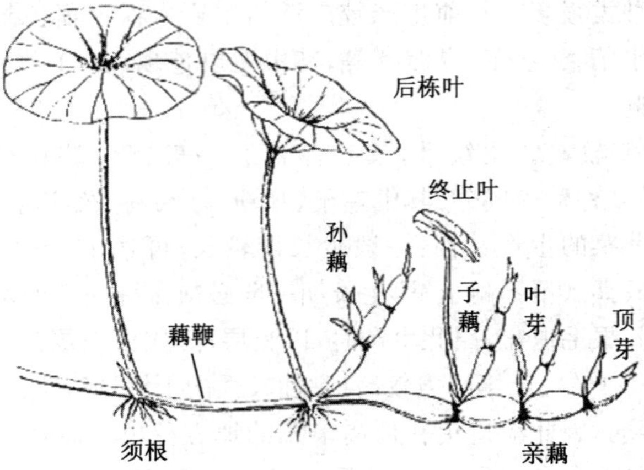

图 5-1　藕植株形态

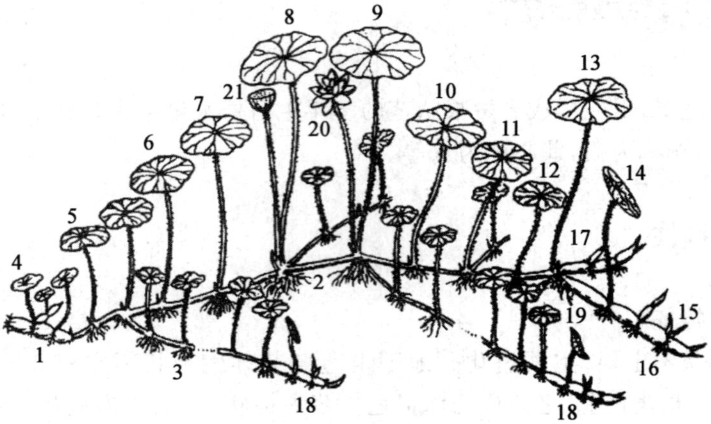

1.种藕　2.主藕鞭　3.侧藕鞭　4.水中叶　5.浮叶　6.立叶　7～8.上升阶梯叶群
9～12.下降阶梯叶群　13.后栋叶　14.终止叶　15.叶芽　16.主鞭新结成的主藕
17.主鞭新生的侧藕　18.侧根新结成的新藕　19.须根　20.荷花　21.莲蓬

图 5-2　莲藕植株形态全图

(二)生长发育周期

从种藕萌芽到新藕成熟,可分为萌芽生长期、茎叶生长期和结藕期。

(1)萌芽生长期　从种藕萌芽到立叶发生为止。长江中下游地区,于 4 月上中旬气温上升到 15℃左右,土中种藕开始萌芽生长。气温达到 18～21℃时,植株抽生立叶。

(2)茎叶生长期　从植株抽生立叶到出现后栋叶为止。植株发生叶片后开始分枝,随着植株茎叶的旺盛生长,发生分枝更多。为植株营养生长之主要时期,必须根据莲藕的生长情况,从肥水管理等方面加以促进和控制。莲藕植株庞大,极耐肥,故要求松软、土层深厚、腐殖质多的土壤。

(3)结藕期　从后栋叶出现到藕成熟,为产品器官形成期。一般进入盛花期以后和抽生后栋叶开始,植株进入结藕期。结藕时间因品种、生长条件等而有较大区别。

(三)对环境条件的要求

莲藕的生长发育需要温度适宜、无风、阳光充足的气候条件，最喜土层深厚、有机质含量丰富的土壤和较稳定的水位。

1. 温度

莲藕喜温暖，一般要求温度15℃以上才能生长；茎叶旺盛生长期的适宜温度为25～35℃；结藕初期也要求较高温度，以利于藕身的膨大；后期则要求较大的昼夜温差，白天气温25～30℃，夜晚降到15℃左右，有利于养分的积累和藕体的充实。休眠期要求保持5～10 cm水位，否则藕体容易受冻腐烂。

2. 光照

莲藕为喜光植物，生长和发育都要求光照充足，不耐遮阴。莲藕对日照长度要求不严，但一般长日照有利于茎叶的生长，短日照有利于结藕。前期光照充足，有利于茎叶的生长，后期光照充足有利于开花结果和藕身的充实。

3. 水分

莲藕在整个生于过程中均不能缺水。萌芽生长期要求水位以5～10 cm为宜，进入茎叶旺盛生长期，随着植株叶柄的长高，要求水位逐步加深，宜为10～20 cm，以后随着植株的开花结果和结藕，水位宜逐渐落浅，以利于藕体的膨大。进入休眠越冬，只需保持浅水。结藕期间，水位过深，结藕延迟，藕身细瘦。整个生长期间，水位变化宜平缓，切忌暴涨猛落。

4. 土壤及营养

莲藕生长以富含有机质的壤土或黏壤土为最适。要求土壤有机质含量在1.5%以上，土壤pH以6.5为最适。一般子莲类型的品种，对氮、磷的要求较多，而藕莲类型的品种，则氮、钾的需要量较多。

二、类型与品种

莲藕按产品的主要利用价值及产品器官可分为3类：第一类以收获肥大的根状茎为主要产品和主要生产目的，称为莲藕(菜藕)；第二类是以供食用莲子为主，称为子莲；第三类以花供观赏，称为花莲。

(一)莲藕(菜藕)

一般根状茎粗3.5 cm以上，开花或不开花。按照适应水位可分为浅水藕与深水藕。

(1)浅水藕　适于沤田浅塘或稻田生产。水位多在30 cm以下，多属早、中熟品种。如鄂莲1号、鄂莲3号、鄂莲5号、苏州花莲、苏州慢荷、扬藕1号、浙湖1号、武植2号、海南洲藕、湖南泡子、杭州花莲、南京花香藕等。

(2)深水藕　相对于浅水藕而言，能适应池塘或湖荡生产，水位宜30～100 cm，夏季水深达1.3～1.65 m也可栽种。多为晚熟品种，藕入土深，宜在土层较厚、水深的湖荡种植。如美仁红、小暗红、广东丝藕等。

(二)子莲

子莲花常单瓣，有红花和白花两种；结实多，莲子大；藕细小而硬，肉稍带灰色，品质差。子莲也有浅水莲和深水莲之分，深水莲适应较深水层，一般要求水深30～50 cm，最深可达

1.2～1.5 cm。适于深水湖荡种植的优良品种有寸二莲、吴江青莲子、鄱阳红花等。浅水莲一般要求水位 10～20 cm，最深不超过 50 cm，一般多在水田生产，可多次采收，品质好。优良品种有湘莲、建莲、太空 1 号等。

(三)花莲

花莲开花极美，供观赏及药用，甚少结实，藕细质劣。优良品种有千瓣莲、红千叶、小舞妃等。

三、生产季节与茬口安排

莲藕要求在炎热多雨的季节生长，一般要求在当地日平均气温稳定在15℃以上，水田稳定在12℃以上时种植。长江中下游地区露地生产多在 4 月上中旬至 5 月上旬进行，7 月份开始采收，一直可收到第二年的 4 月份。湖荡水深，地温较低，必须待水温转暖，并气温稳定时栽植为好。在适宜的生产期内，早栽较晚栽产量高。华南一些无霜期长的地区，栽植时期可适当提前 1 个月，甚至 2 月下旬即可栽藕，6 月份开始采收。

长期以来，中国莲藕的生产制度可分为田藕和塘藕 2 种。田藕即利用稻田或地势低洼的沤田种植。塘藕则在浅水湖荡种植。一般莲藕生产均以露地为主，但近年早熟保护地生产也日益普遍。

(一)田藕的生产制度

(1)早藕—晚稻—蔬菜轮作　为湖北地区主要生产方式。其前两茬都需用早熟品种。长江中下游地区 4 月上旬栽种早藕，7 月上中旬采收，然后抢插双季晚稻，晚稻收获后再种植一季蔬菜，翌年 2—3 月份收获。

(2)早藕—秋藕—晚稻　此两藕一稻模式为华南地区主要生产方式。第一茬早藕在 3 月中旬定植，6 月中旬采收；第二茬翻秋藕在 6 月中旬定植，8 月上旬采收，第三茬为晚季水稻。

(3)藕与水生蔬菜轮作　如江苏地区等常采用此种生产模式。一般在地势较低洼的沤田，常与慈姑、荸荠、茭白、水芹等轮作，因此莲藕应选用浅水早中熟品种。

(二)塘藕的生产制度

(1)藕鱼兼作　适合于地势低洼的容易积水的藕池。藕种一般选用中晚熟品种，在 4 月中旬至 5 月上旬定植，5 月下旬将鱼苗放入藕池内，在 10 月份或冬至前挖藕起鱼。

(2)藕蒲轮茬　藕的前茬为蒲草，蒲草生产 5 年以后产量渐降，此时在蒲草收割后将蒲根翻入土中沤烂(称为“翻蔸”)，之后种藕。藕栽种数年后，再栽蒲草。在江苏湖荡地区，常按此模式轮茬。

四、生产技术

(一)藕种选择

藕种一般于临栽前挖起，一般选择整藕或较大的子藕作种。若选用子藕作种，则要求粗壮，至少有两节以上成熟的藕身，且顶芽完整。在第二节节把后 1.5 cm 处切断，切忌用手掰，以防泥水灌入藕孔引起腐烂。种藕一般随挖、随选、随栽，如当天栽不完，应洒水覆盖保湿防止叶芽干枯。远途引种，运输过程必须覆盖，每天浇洒凉水，防止碰伤。露地生产一般不需要催芽。早熟促成生产一般要先催芽再栽植，这样可以减少烂芽，提高成活率。催芽方法是将种藕放置温暖室内，上下垫盖稻草，每天根据晴雨和干湿情况，洒水1～2次，保持温度在20～25℃，经20 d左右，芽长8～12 cm即可栽植。藕种消毒可采用50%多菌灵可湿性粉剂800倍液浸泡30 min。

(二)藕田的选择与准备

莲藕植株庞大，要求土质肥沃、土层深厚、疏松、保水保肥性强的黏壤土，一般不宜连作。田藕应选择水深不超过40 cm、淤泥层厚15～20 cm，排灌方便，光照充足，避风的水面。湖荡种藕要选择水流平缓、水位稳定、水深不超过1.3～1.6 m、淤泥层达20 cm以上的水面，种植一次，连收3～4年，然后将藕荡进行清理后重新种植莲藕时，整地要深耕多耙，使田平、泥烂、无杂草。

藕田栽前半个月先旱耕，巩固田埂，施基肥后，在水耕或栽藕前1～2 d再耙耕1次，使土层烂而平整，保持浅水3～5 cm待种。湖荡水位较深，要填补低洼处，平整荡底。基肥以有机肥为主，配施磷、钾肥，每667 m^2施用腐熟厩肥3 000 kg、磷酸二铵60 kg及复合微生物肥料180 kg，也可以施用腐熟饼肥50 kg、复合肥25 kg及尿素20 kg。

(三)定植

定植时间从南向北逐渐延迟。长江流域地区一般在3月下旬至4月中旬定植，福建、广东、广西、云南、海南等地一般在3月上旬至4月上旬定植，黄淮流域一般在4月中下旬定植。如果采用设施生产，定植期可以相应提早15～20 d。

莲藕种植的密度和用种量，因环境条件、品种及供应时间而不同。一般早熟品种比晚熟品种密，田藕比塘藕密，早采比迟采密。栽藕量以藕头数计算。田藕适宜株行距为1 m×(1.5～2.5) m，早熟品种每667 m^2用藕量250～300 kg，中晚熟品种250 kg；湖荡藕适宜株行距为(1.5～2) m×2.5 m，每667 m^2栽藕150～220穴，每穴栽植整藕1支(包括主藕1支、子藕2支)或较大子藕4支，每支重250 g以上，用藕量200～250 kg。近年来利用组织培养技术培养的种藕，单支重量只有0.15～0.2 kg，每667 m^2用种120～150支，总重量20～30 kg，且适合于远距离引种运输。

栽藕时先将藕种按行株距及藕鞭走向排在田面，定植深度以藕头入泥5～10 cm为宜，藕头按20°左右的角度斜插入泥，后把节梢翘在水面上，以接受阳光，增加温度促进萌芽。排藕方式很多，可以朝一个方向，也可以几个方向相对排列，各株间以三角形对空排列较好，可使莲藕鞭分布均匀，避免拥挤。栽植时要求四周边行藕头均朝向田内，以免莲鞭伸出埂外。

(四)藕田管理

1. 水位调节

水位管理应遵循前浅、中深、后浅的原则。栽种田藕时，在栽植初期宜保持田中有3～6 cm浅水，使土温升高，以利于发芽。生长旺盛期，逐步加深到15 cm，太浅会引起倒伏，太深则植株生长柔弱。结藕期宜浅水，以5～10 cm为宜，促进结藕。但要防止水位猛涨，淹没立叶，造成减产。湖荡藕水位若能控制，前期保持水位20 cm，中期50 cm，后期降至25～30 cm。汛期要加强排水，使立叶露出水面以免淹没腐烂死亡。

2. 追肥

莲藕生长期长，需肥较多。一般追肥2～3次。第一次在栽后25～30 d追施发棵肥，每667 cm施腐熟粪肥1 500～2 000 kg。第二次在栽藕后55～60 d进行，每667 m^2施腐熟粪肥1 500～2 000 kg。以采收老熟的枯荷藕为目的时，于定植后第75～80 d进行第三次追肥，每亩施尿素和硫酸钾各10 kg。施肥应选择清朗无风天气，不可在烈日中午进行，每次施肥前应放干田水，让肥料吸入土中，然后再灌至原来的深度。追肥后泼浇清水冲洗荷叶。荡藕宜固体追肥，将糟肥或青草、绿肥塞入水下泥中，或用河泥将化肥裹成团，塞入泥中。

3. 耘草、摘花

定植前，结合整地耕翻，做好田园清洁，清除田间杂草。拔下的杂草随即塞入藕头下面的土泥中，作为肥料。定植后1个月左右，浮叶渐枯萎，阳光透入水中，可提高土温。夏至后有5～6片立叶时，荷叶茂盛已经封行，地下早藕开始坐藕，不宜再下田耘草，以免碰伤藕身。耘草时应在卷叶的两侧进行。藕莲以菜藕为目的，如有花蕾发生应将花梗曲折（为防止雨水侵入不可折断），以免开花结籽消耗养分。

4. 转藕梢

莲藕栽植不久，就抽出莲鞭。接近田边的莲鞭，须随时将其转向田内，以免深入邻田。田中过密的莲鞭，也可适当转向稀的地方，使地下藕鞭在田间均匀生长。转梢宜在晴天下午茎叶柔软时进行，拨开泥土，托起后把节，将梢头连带泥土轻轻转向田内，盖好泥土。在生长旺盛期每隔3～5 d即需拨转一次。

5. 病虫害防治

莲藕的病虫害主要有腐败病、病毒病、褐斑病等病害和蚜虫、斜纹夜蛾、食根金花虫等虫害，应及时进行防治。

莲藕腐败病又名黑根病、藕瘟，是莲藕生产上的第一大病害，一般在耕作层浅和水浅的老藕田及连作田易发病，影响结藕而减产，它是由藕球茎状菌侵染后所致的莲藕病害，主要为害地下茎、地上部叶片和叶面。病茎抽生的叶片、色泽淡绿，从叶缘开始发生褐色干枯，叶柄最后枯死，病菌多从伤口、吸收根或生长点侵入，病菌随流水灌溉传播。应预防为主，综合防治，可实行2～3年轮作，特别是水旱轮作对减轻病害有重要作用。选用无病种藕栽种，在植藕前，种藕用50%多菌灵或甲基托布津800倍液，或75%百菌清可湿性粉剂800倍液喷雾后，用塑料薄膜覆盖密封闷种24 h后，晾干播种；清除病株，彻底清除发病藕田病株及病残体，并深埋或集中烧毁；合理施肥，基肥应以有机肥为主，肥料必须充分腐熟，生长期间注意氮、磷肥的配合施用，有条件的地方应增施硅质肥，提倡补施硼、锌、钼等微肥，切勿偏施化学氮肥；科学管水，生病期深水灌溉；及时用药防治。发病初期用50%多菌灵可湿性粉剂600～800倍液，或50%托布津可湿性粉剂800～1 000倍液，或用50%多菌灵可湿性粉剂600倍液加75%百菌清600倍液喷雾。

（五）采收与留种

浅水藕当田间初生立叶发黄，出现很多终止叶时，新藕已形成，即可采收嫩藕。霜后全部叶片枯黄时，挖取老藕，可陆续至翌年春天。采收时先找出结藕位置，挖大留小，分次采收。最先结藕的部分在后把叶与终止叶间，终止叶着生在藕节上。采收时，先将田间灌5～10 cm深水，选未展开的立叶，用手探摸藕的大小，如达到采收标准，挖出主藕，子藕和莲鞭留在田中，让其继续生长。采收后将折断的莲叶清理出田，每 667 m^2 追复合肥 25 kg。

深水采藕，手足并用。先找出终止叶叶柄，然后顺着终止叶叶柄用脚尖插入泥中探藕，将藕身两侧泥土蹬去，再将后把叶叶节的外侧藕鞭踩断，一手抓住藕的后把，另一手从下托住藕身中段，轻轻向后抽出土，托出水面。如果水深超过 1 m，可采用带长柄的铁钩，钩住藕节，提出水面。

留种应在露地藕田选择生长良好、符合本品种特征特性的田块。每 667 m^2 留种田可供 6 667～10 005 m^2 的田块用种量。种藕必须留田越冬，在冬季气温较低的地方，应适当灌深水防止冻害。到春季临栽植之前，可根据水面冒出来的钱荷叶找藕，随挖、随选、随栽。种藕除选择具有本品种特征的整藕外，还应注意子藕要整齐，朝一个方向生长，后把藕节及莲鞭粗壮。

五、生产中常见问题及对策

莲藕主要通过无性繁殖，繁殖系数低，用种量大、成本高，且容易感染和积累病毒，造成种性退化，严重影响了莲藕的产量和品质。防治措施：利用组织培养技术，特别是莲藕茎尖培养技术培养莲藕的脱毒种苗和茎尖培养苗，不仅降低了种藕成本，解决了长期存在的种藕繁殖成本高、速度低的问题，而且改善了莲藕的品质、提高了莲藕的产量。

任务二　茭白生产

茭白，属禾本科菰属多年生宿根水生草本植物。其产品器官为变态肉质嫩茎，在未老熟以前，有机氮素营养以氨基酸形式存在，味道鲜美，营养价值高。

一、生物学特性

(一)植物学特征

茭白的根为须根，根系发达，在分蘖节和根状茎的各节上环节抽生，长 20～70 mm 粗 2～3 mm 主要分布在水下土壤 0～30 cm 的土层内。茎包括地上茎和根状茎。在营养生长期，地上茎呈短缩状，部分埋入土中，有多节，节上发生 2～3 次分蘖，形成多蘖茭丛，称为茭墩。在温度和光照适宜时，菰黑粉菌大量繁殖，分泌吲哚乙酸类细胞分裂素，刺激花茎先端数节膨大和增粗，形成肥嫩的肉质茎，一般长 25～35 cm，横径 3～5 cm，横断面椭圆形或近圆形。根状茎从地上茎基部的节上发生，在土中匍匐生长，其顶芽和侧芽可转向地上萌发生长，成为分株。叶着生在短缩茎上，由叶片和叶鞘组成。叶片长披针形，长 1.0～1.6 m，宽 3～4 cm，浅绿色。叶鞘长 25～45 cm，相互抱合，形成假茎(图 5-3)。肉质茎在假茎内膨大，始终保持洁白，故名茭白或茭肉(图 5-4)。

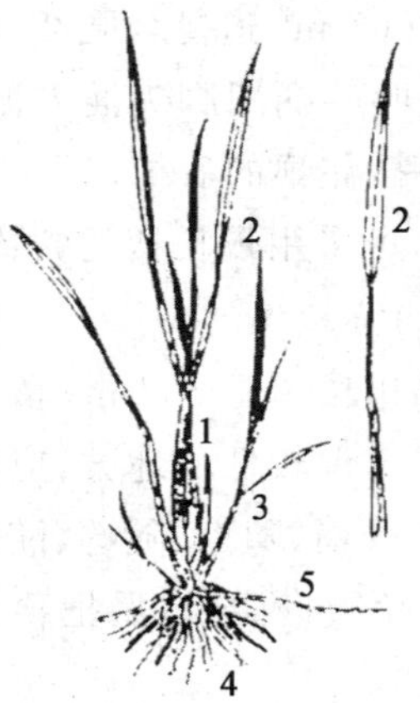

1. 肉质茎　2. 叶　3. 分蘖　4. 根　5. 地下匍匐茎

图 5-3　茭白植株

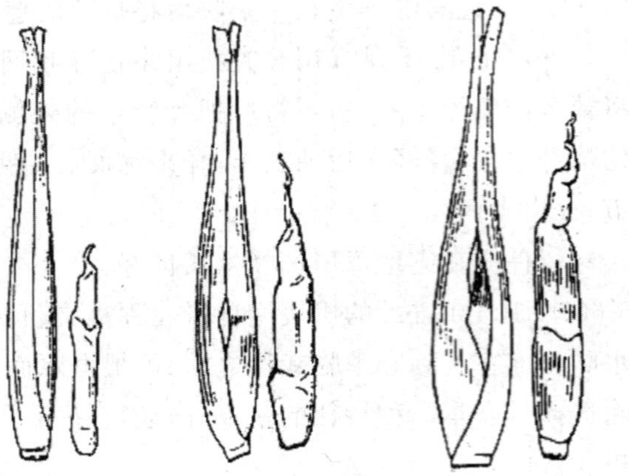

a. 尚未成熟　b. 适度成熟(采收适期)　c. 过分成熟(老化)

图 5-4　茭白肉质茎成熟度及外形

(二)生长发育周期

茭白一般不开花结实,以分株进行无性繁殖。其生长发育周期包括萌芽期、分蘖期、孕茭期和休眠期。

(1)萌芽期　从越冬母株基部茎节和地下根状茎先端的休眠芽萌发、出苗至长出 4 片叶,需 25～40 d。萌芽始温 5℃,适温 15～25℃,并需 2～4 cm 的浅水层。

(2)分蘖期　从新苗出现定型叶至大部分新苗分别长成高株,并在各株基部抽生一两次分蘖为止。一般一熟茭 130～150 d,两熟茭栽植当年秋茭需 150～170 d,第二年夏茭需 60～80 d。

(3)孕茭期　即从茎拔节到肉质茎膨大充实的过程,一般需 40～50 d。主茎先孕茭,其后有效分蘖陆续孕茭。孕茭时需要一定的叶数,同时还要有瓠黑粉菌寄生,才能开始拔节伸长。一般单支肉质茎需 8～17 d,全田植株孕茭持续 30～60 d。植株体内如无黑粉菌,茭白茎不能膨大,甚至夏秋抽薹开花结实,称为雄茭。如果孕茭期黑粉菌产生厚垣孢子,肉质茎内将产生不同程度的黑点,有的甚至被厚垣孢子占满,成为一包黑粉,完全不能食用,称为灰茭。正常茭在生长过程中,不断会有雄茭和灰茭植株分离出来,因此在生产过程中每年都要严格选种,以保持种性。雄茭、正常茭、灰茭外形见图 5-5。

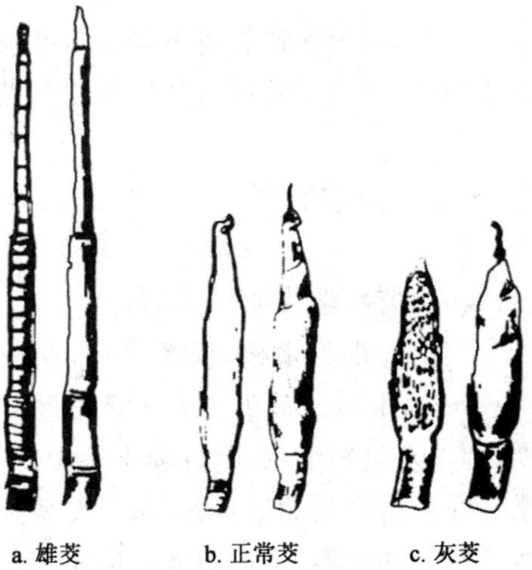

a. 雄茭　b. 正常茭　c. 灰茭

图 5-5　雄茭、正常茭、灰茭

(4)休眠期　从植株叶片全部枯死,地上茎中下部、地下根状茎先端休眠芽越冬开始,至翌年春休眠芽开始萌发为止,一般需 80～150 d。一般在气温 5℃以下时进入休眠,翌年春气温上升到 5℃以上时开始萌发。

(三)对环境条件的要求

1.温度

茭白萌芽适温5℃,适温15～20℃;孕茭适温20～25℃,10℃以下、30℃以上不能孕茭。

2.光照

茭白为喜光植物,生长发育要求光照充足,不耐遮阴。光照充足和短日照均利于孕茭。

3.水分

茭白整个生长期不能断水,水位要根据茭白不同生育阶段进行调整。一般随植株长大,水位宜相应地由浅到深,孕茭后可适当深灌,但不可淹过茭白眼,以免引起腐烂。

4.土壤及营养

茭白不宜连作,对土质要求不严,以耕层深厚、富含有机质的黏壤土或壤土,以及微酸性或中性土壤,最为适宜。对肥料要求以氮、钾为主,适量配施磷肥,据测算氮、磷、钾的适宜比例为1∶0.8∶1.2。

二、类型与品种

按采收季节分为单季茭和双季茭。单季茭分布全国各地,双季茭在江浙一带广为生产。

(一)单季茭

单季茭又称一熟茭,在春季生产,只能在秋季短日照下孕茭、采收一次,可连续采收3～4年,多在8—9月份上市,对肥水要求不高。主要品种如一点红、象牙茭等。

(二)双季茭

双季茭又称两熟茭,对日照长短要求不严,在初夏和秋季都能孕茭,春季或早秋种植,当年秋季采收一次,称为秋茭;翌年初夏再收一次,称为夏茭。对肥水条件要求较高。主要品种有鄂茭2号、刘潭茭、广益茭、苏州小蜡台等。

三、生产季节与茬口安排

茭白喜温,以分蘖和分株进行无性繁殖,不耐寒冷、高温、干旱,生产地区的无霜期要求150 d以上。在长江流域地区,单季茭一般在4月份定植;双季茭春栽常在4月中下旬进行,夏栽在7月下旬至8月上旬进行,其中秋茭早熟品种多进行春栽,秋茭晚熟品种可在夏季生产。

茭白应实行轮作,低洼水田常与莲藕、慈姑、荸荠、水芹、蒲草等轮作,在地势较高的水田可与水稻轮作,甚至可以与旱生蔬菜轮作或间套作。

四、生产技术

(一)品种选择

各地在引进和选用茭白品种时,须注意以下几点:一是要考虑到当地的消费习惯,选用适于当地生产的品种。二是注意当地的气候条件、生产季节和茬口衔接,选用生长期相当、抗病、丰产、耐贮藏的品种。三是考虑生产类型，南方地区生产双季茭白应选择采收早、产量高、抗逆性强、耐热、产品符合市场需求的品种。

(二)整地施基肥

茭白能耐受的最大水深与其成株叶鞘抱合的假茎高度相当，一般为 35～40 cm。因此应选择水位能够控制、排灌方便的适宜田块进行种植。茭白生长期长，植株庞大，需要大量肥料。因此田块最好土壤肥沃、含有机质 5%以上，在采收前茬作物后，要尽量排干水分，每 667 m^2 施入腐熟的粪肥 4 000 kg 作基肥，深耕 20～25 cm，做到田平、泥烂、肥足，以保证连续采收几季。

(三)育苗

寄秧育苗是近年来茭白生产技术的重要改进。在秋季选出优良母株丛，将整墩或部分老墩上的短缩茎带分蘖芽距地面 5～7 cm 连泥挖起，寄于寄秧田。此时母株丛正处于休眠期，移栽不容易造成损伤。优良母株的标准是结茭整齐一致、植株较矮、分蘖密集丛生、茭肉肥嫩、薹管较低、无灰茭和雄茭等。寄秧田要求土地平整，排灌方便，整地时可每 667 m^2 施入有机肥 1 000 kg 作基肥；寄秧株密度以株距 15 cm、行距 50 cm 为宜，栽植深度与田土表面持平。寄秧田与大田的比例一般为 1∶20。立春后每 667 m^2 施人粪尿 1 500 kg 作壮苗肥，经常保持水深 3～6 cm。采用这种方法可促进茭白早熟，提高种苗纯度和质量，便于茬口安排。秋栽用苗也可以采用寄秧育苗的方法。

(四)定植

单季茭一般多在春季移栽种植(春栽)，双季茭可分为春季移栽和夏秋季移栽(夏秋栽)两种形式。

1. 春季生产

单季茭和双季茭中的晚熟品种一般都适合于春栽。长江中下游地区一般于 4 月中下旬，当茭苗高 30 cm 左右、当地日平均气温达 15℃以上时即可移栽。栽前灌好水，然后从寄秧田或留种田中连泥将母株丛挖出，用刀顺着分蘖着生的方向纵切，分成若干小墩，尽量不伤及新根和分蘖。每小墩要求带有薹管、健全的分蘖苗 3～5 株，随挖随分小墩并移栽定植。如运输距离较远、气温较冷，则应注意做好保温。移栽一般株距 50 cm、行距 100 cm。如移栽时苗株较高，可剪去叶尖，保留株高 30 cm 左右，以减少水分蒸发和栽后随风摇动。栽植深度以老茎和秧苗基部深入泥中不致浮起、所带老薹管与田面持平为宜。以在阴天或傍晚时进行移栽较为适宜。

2. 夏秋生产

通常，在早藕收获后抢种茭白。4 月份，茭秧在藕田四周或寄秧田中育苗待种。7 月下旬至 8 月上旬移植栽插。栽前先打去基部老叶，起出苗墩，用手将苗墩的分蘖顺势一一扒开，每株带 1～2 苗，剪去叶鞘 50 cm 左右。移栽时可按行距 40～50 cm、株距 25～30 cm 进行。

(五)田间管理

1. 水位调节

水位调节的原则是：浅水栽插、深水活棵、浅水分蘖、中后期逐渐加深水层、采收期深浅结合、湿润越冬。

（1）春栽　萌芽生长期及分蘖前期，宜保持 3～5 cm 的浅水层，以利增加水温、促进发根和分蘖。平均每墩分蘖达 18 株左右时，可逐渐将水层加深到 10 cm 左右，以控制无效分蘖的发生。7—8 月份高温阶段，水位要逐渐加深到 15 cm 左右，以降温和控制后期分蘖的形成，促进孕茭。随着肉茭出现而进入孕茭期，水位逐渐加深到 20 cm，但最高水位不能超过茭白眼，以防止薹管进水腐烂和拔高。每次追肥前宜放浅水位，施肥后待肥料吸入土中后再行灌水。采收期间，间歇灌水。平时灌水深度保持约 20 cm，采收完毕当天，降低水位至 1～2 cm，第二天再将水位恢复到 20 cm，以使根系获得较多氧气。

（2）秋栽　茭苗缓苗期，保持 3～5 cm 浅水层，以防茭苗漂浮。以后根据茭苗的不同生长阶段，对水位进行调控的原则基本与春栽相同。

2. 追肥

追肥的基本原则可概括为“前促、中控、后促”，也就是结合水层管理，促进前期有效分蘖，控制后期无效分蘖，促进孕茭，提高产量和质量。一般在栽植活棵后，每 667 m^2 追施尿素 5～8 kg 或粪肥 1 000 kg 提苗肥；分蘖初期，一般于 5 月上旬，每 667 m^2 追施尿素 15～20 kg 或粪肥 2 000 kg，以促进分蘖和快速生长（分蘖肥）。第三次追肥应在全田有 20%～30%的株丛刚进入孕茭期（“扁秆”），一般每 667 m^2 追施尿素 20 kg、硫酸钾 15 kg（催茭肥）。夏秋栽植的新茭田，当年生长期短，一般只在栽植后 10～15 d 追施一次，每 667 m^2 追施腐熟粪肥 1 500～2 000 kg。老茭田夏茬生长期短，追肥宜早、重、集中，一般立春前施第一次肥，3 月下旬施第二次肥。

3. 疏茭苗、补墩

由于秋栽茭苗翌年每茭墩苗数过多，必须在 3 月下旬至 4 月上旬进行间苗。疏密留稀、疏弱留壮、疏内留外，一般保持每墩 20～30 苗为宜。从行间取土在墩中苗间压一块泥，使分蘖向四周散开，苗距 6 cm 左右。在疏苗的同时，可从株丛大、出苗多的茭墩上，挖出具有 6～8 苗的小墩，补墩补穴，保持茭田苗墩均匀，也可适当增加种植密度。

4. 耘田

新栽茭田或老茭田，萌发至封行前，应耘田 2～3 次。耘田时把水放干，把土层浅翻一遍，将杂草黄叶等埋入泥中。耘田后立即对茭田灌水。

5. 剥黄叶、割茭墩

在茭苗生长期内，可剥离黄叶 2～3 次，以改善田间通风透光条件，如 7 月中旬 1 次、8 月上旬 1 次、8 月下旬 1 次。秋茭采收后，地上部分经霜冻枯死，应将地上枯叶齐泥割去，留下地下根株，以降低来年分蘖节位；同时清除灰茭墩和雄茭墩，以利于来年高产稳产。

6. 病虫害防治

茭白主要有叶斑病、纹枯病、茭白瘟病等病害，以及飞虱、螟虫等虫害，应及时防治。病虫害防治措施应优先采用农业、物理和生物防治措施，禁止使用有机合成的化学农药。虫害可用频振式杀虫灯、双波灯等诱杀，亦可用昆虫性信息素等诱杀。做好田园清洁，及时清除茭白植株残体和田边杂草，对防治茭白螟虫、飞虱、蔗毛眼水蝇、茭白胡麻叶斑病、茭白锈病及茭白纹枯病等茭白病虫害效果明显。茭白纹枯病可于发病初期喷 50%井冈霉素 1 000 倍液防治。此外，改善株间通透性、3 年以上水旱轮作等措施对病害亦可起到防治作用。

(六)采收

茭白采收适宜的外观指标是单株茎蘖假茎基部显著膨大,肉质茎将合抱的叶鞘一侧挤开裂缝,露出白色的茭肉,即"露白"。因迟生的分蘖植株尚仍在孕茭之中,采收时要注意不伤及相邻的其他茭白植株。夏茭于立夏至夏至采收,采收时气温高,露出水面容易发青,可3~4 d采收1次。秋茭在秋分至寒露间采收,一般一熟茭比两熟茭采收早,春栽比秋栽采收早。采收早期,可3 d采收1次;后期气温低,茭白老化较慢,可4~5 d采收1次;秋茭应于薹管处拧断,夏茭则连根拔起,削去薹管,留叶鞘30 cm,切去叶片上市。茭白最好鲜收鲜销,如保留叶鞘放置于阴凉处,约可贮存1周。

五、生产中常见问题及对策

目前,茭白的生产仍处于一种简单、粗放的状态。生产中问题较多,尤其是产量不高、品质不稳定,以及病虫害等现象比较常见。

(一)品种选用不当

选择种性优良的茭白品种,是茭白生产丰收的根本保证。作为"茭种"的茭白品种必须适合于当地气候和茭田特点,选择品种纯正、茭肉肥嫩、抗病能力强、产量高、质量好的茭种作种苗。

(二)水肥管理不妥

目前,茭白产量较低的原因之一是水肥管理不妥,导致有效分蘖不足及孕茭减少。因此除施足底肥外,还应采取多种途径遵循茭白生长规律进行追肥。如结合中耕除草,可将清除的杂草、老叶等埋入泥中,增加茭苗生长营养等。应该遵循茭苗生长规律,及时调节水位及中耕除草,促进茭苗的生长和茭白的发育。

任务三　荸荠生产

荸荠属莎草科荸荠属,是能形成地下球茎的栽培种,为多年生浅水性草本植物,是既可生食又可炒食、具有保健功能的果蔬产品。

一、生物学特性

(一)植物学特征

荸荠根为须根系,为球茎基部茎节处发生的细长根系,入土20~30 cm,无根毛。球茎,扁圆形,表面光滑,有环节3~5圈,老熟后深栗色或枣红色。荸荠以球茎繁殖,在适宜温度、湿度条件下,球茎可抽生出不明显的短缩茎,顶芽及侧芽向地上抽生1丛生叶状茎,基部侧芽向土中抽生匍匐茎。叶状茎管状、直立、中空,内具多数有筛孔的隔膜,高1 m左右。匍匐茎分为分株型匍匐茎(能形成分株)和结球型匍匐茎(形成球茎)两种(图5-6)。

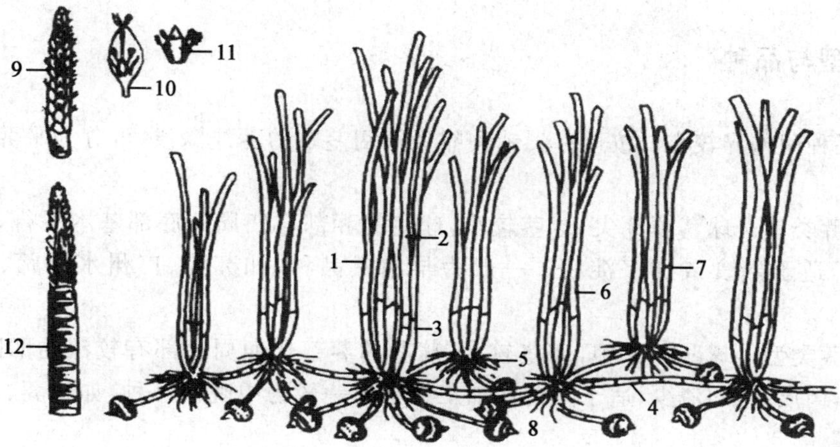

1.母株丛　2.叶状茎　3.退化叶　4.匍匐茎　5.根　6.第一次分蘖
7.第二次分蘖　8.球茎　9.花穗　10.花　11.种子　12.横隔膜

图 5-6　荸荠植株形态全图

荸荠的叶片退化为膜状鳞片，着生于叶状茎的基部及球茎上部数节，包被着主芽和侧芽。穗状花序，褐色，小花呈螺旋状，外包萼片。果实为小坚果，近球形，果皮革质，内含种子 1 枚；种子灰褐色，不易发芽，生产上一般不用种子繁殖。

(二)生长发育周期

荸荠的生长发育周期分为以下 3 个时期。

(1)萌芽期　从母球茎顶芽萌芽动至幼芽长至 10 cm 左右的时期，需 20～30 d，为萌芽期。发芽始温约 15℃，适温 15～25℃。萌芽期要避免强光暴晒，水层以 2～3 cm 为宜。

(2)分蘖分株期　母球茎萌发形成的新苗，在抽生叶状茎的同时不断分蘖，形成分株。分株侧芽向四周抽生匍匐茎 3～4 条，匍匐茎顶芽萌生叶状茎，形成分株。如此分蘖分株，形成株系，需 120～150 d。高温、长日照有利于分蘖和形成分株，25～30℃是分株最旺时期。此期水层以 7～9 cm 为宜。

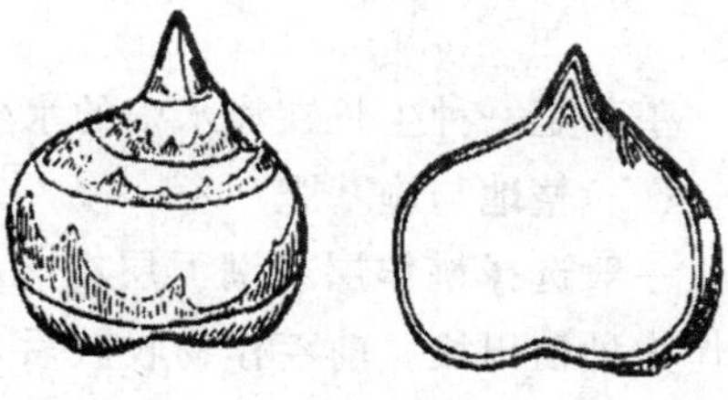
a. 荸荠外形　　b. 荸荠纵切（示主芽）

图 5-7　荸荠球茎外形及顶芽

(3)结球期　秋季气温开始降低，日照变短，分蘖分株基本停止，地上茎绿色加深，自分株中心抽出花茎，开花结果。同时，地下匍匐茎先端开始形成球茎，球茎逐步生长成熟(图 5-7)，此为结球期，约需 70 d。结球适宜温度为 18～20℃，并需较大昼夜温差。水层以 3～5 cm 为宜。球茎越冬，只需保持 1 cm 左右浅水层即可。

(三)对环境条件的要求

荸荠适宜在表土松软、肥沃、底土较紧实，富含有机质的壤土和黏壤土中生长。结球前期需要较多的氮、磷肥，结球期则需要较多的钾肥。

二、类型与品种

荸荠品种间差异较小。按顶芽尖钝和靠近匍匐茎端的荠洼深浅，可分为平荠和凹荠两种类型。

(1)平荠类型　球茎顶芽尖，球茎较小，球茎的荠部与四周的底部基本平行，含淀粉较多，肉质粗，适于熟食或加工淀粉。一般为早中熟品种，如苏荠、广州水马蹄、宣州大红袍等。

(2)凹荠类型　球茎顶芽钝，球茎较大，球茎的荠部比四周底部有较深的凹陷，含水分多、淀粉少，肉质甜嫩，渣少，适于生食或加工罐头。一般为中晚熟品种，如杭荠、孝感荸荠、桂林马蹄等。

三、栽培季节与茬口安排

荸荠喜温暖，须在无霜期季节生长。长江中下游地区多在 4 月上旬至 7 月上旬育苗，立秋前移栽，使植株能在夏季高温、长日照条件下发生和进行分蘖和分株，在入秋以后低温及短日照条件下结球，容易获得稳产高产。其中，4 月上中旬催芽育苗，5 月中旬至 6 月上旬移栽大田，称为早水荸荠；5 月下旬至 6 月中下旬催芽育苗，7 月上旬移栽大田，称为伏水荸荠；7 月上旬至 7 月下旬催芽育苗，7 月下旬至 8 月份移栽大田，称为晚水荸荠。长江中下游地区大多种植早水荸荠和伏水荸荠；华南地区气温较高，生长期长，一般种植晚水荸荠。荸荠一般需要实行 2～3 年的轮作。

四、栽培技术

荸荠是一种生长在浅水中的水生植物，其栽培方法与一般水生作物不同。

(一)整地与施基肥

一般选择耕作层或潮泥层在 20 cm 左右、底土坚实、脚踩不易下陷、能控制水位的浅水田作为种植田块。前茬作物收获后，及时平整土地，一般两犁两耙，耕后施入基肥。早水荸荠因生长期长，宜以施有机肥为主；晚水荸荠生长期较短，要争取在短时间内发棵分株，可以施用速效肥为主，并可适当加大用肥量。一般每 667 m^2 施糟肥 1 500～2 000 kg 和粪肥 1 000～2 000 kg。施入基肥后，灌水，耙平田面。

(二)催芽育苗

根据轮作安排，可以在春季或夏季育苗。

(1)催芽　选择球茎饱满的优良种荠，将荠顶芽尖端剪去 0.5 cm，以摘去已萌发的细弱叶状茎，进行浸种。一般浸种 1～2 昼夜，顶芽即可萌动。浸种前，还可用 25%多菌灵 500 倍溶液浸种 8～12 h，对防病有显著效果。然后将种荠放入含水量约为 85%的土壤中、经 20 d 左右即可萌芽；或者将种荠堆在室内，用稻草等保持湿润促萌芽。

(2)育苗　春季气温低，出苗慢，应在栽植前 45 d 左右催芽(约 3 月中旬催芽)、育苗(约 4 月上中旬出苗)。夏季气温高、育苗快，需在栽植前 25～30 d 催芽育苗。方法是，把育苗田耙平耙细，保持浅水层和泥泞状；将种荠按行距 20～26 cm，株距 16～20 cm，栽培在育苗田中，深度以将短缩茎上的根系淹没为度。春栽荸荠苗龄为 30～50 d，夏栽荸荠苗龄约需 20 d。

（三）定植

将母株上的分株和分蘖自匍匐茎中部切断，去梢，留 45 cm 左右高的叶状茎栽入田中。行距 50～60 cm，株距 25～30 cm。每穴 1 株或具有 3～5 根叶状茎的分株 1 丛，栽培深度一般以齐叶状茎基部为度（入土约 9 cm）。

（四）田间管理

（1）除草追肥　荸荠从定植到结球，一般可发生分株 3～4 次。田间操作应尽量在前一两次分株期间进行，小心拔去杂草并结合施肥，防止损坏秧苗。开始分株时，每 667 m^2 追施尿素 15 kg、过磷酸钙 15 kg、硫酸钾 10 kg；开始结球时，每 667 m^2 追施过磷酸钙 10 kg、硫酸钾 10 kg。追肥时，先放干田水，均匀撒施，施后 1～2 d 还水灌田。

（2）水层管理　荸荠植株在不同的生育时期，对水层的深度要求不同。早水荸荠栽植初期，气温较低，定植后宜保持 2～3 cm 的浅水层，利于生根、分蘖和分枝；在分蘖分株时期，应逐渐加深至 7～10 cm；晚水荸荠栽植时气温较高，定植后可加深水层至 6～8 cm，以后逐渐加深至 10 cm 左右，以利于生长和发棵。进入结球期，可将水层落浅至 3～5 cm，最后保持 1～2 cm 浅水越冬。

（五）采收

进入冬季，荸荠植株地上部分枯死，球茎开始休眠，标志着荸荠进入成熟期，即可开始采收，一般为 12 月中下旬至翌年 2 月上旬，立春前采收完毕为好。过早采收，荸荠尚未成熟，产量低、质嫩、味淡、皮薄、色浅，不耐贮藏；冬至前后采收的球茎，色红、味甜、皮厚，较耐贮藏。采收时一般可于采收前一至数天排干田水，用锄头挖掘。可选皮色深、荠部深、芽粗短的球茎带泥摊至阴处，至八成干时撒上细干土，即可窖藏或堆藏。

五、生产中常见问题及对策

荸荠是我国特有果品，风味独特，是人们喜爱的时令佳肴。目前，在荸荠的商品化生产过程中，品质不稳定、产量不高、生产成本较高等问题，限制了荸荠生产和推广。

（一）选种不当

留种的种荠，当年不能采收，一般应等到翌年早春萌芽前进行挖掘播种。应选无病虫伤口、不破损、球茎饱满整齐、色泽好、符合品种特性的荸荠作种荠，并带泥贮存。经过严格挑选的种荠，种植在种田内，应精心管理，使植株生长健壮，不断多次挑选，淘汰病株、弱株、劣株以及不符合品种性状的植株，选取健壮者作为种苗移栽。

（二）生长发育受阻

施肥不足，水位调节不当，将导致有效分蘖减少、结球弱且数目少，生长发育受阻。应该遵循荠苗生长规律，及时调节水位和中耕除草；施足底肥，并遵循荸荠生长规律进行追肥。中耕除草时，小心损伤荠苗。适当促进荠苗的生长和球茎的发育。

(三)病虫害发生

荸荠植株的主要病害有秆枯病(俗称荸荠瘟)等,主要虫害为白禾螟(俗称荸荠钻心虫),应及时防治。

复习思考题

1. 莲藕、茭白、荸荠的生物学特性有哪些?其对环境条件的要求有哪些共同点和不同点?

2. 莲藕种植过程可以分为哪些步骤?如何调节藕田的水位?

3. 茭白是如何形成的?如何留种?种植过程中要注意什么?

4. 荸荠分为哪几种类型?简述其栽培技术要点。

Project 6

项目六

白菜类蔬菜生产

任务一　大白菜生产
任务二　结球甘蓝生产
任务三　花椰菜生产
任务四　抱子芥生产

学习目标

一、知识目标

1. 白菜类蔬菜(大白菜、结球甘蓝、花椰菜、抱子芥)的生物学特性;
2. 品种的分类及选择;
3. 育苗知识;
4. 整地、做畦和定植知识;
5. 田间管理知识;
6. 病虫害识别与防治知识;
7. 田间收获知识;
8. 白菜类蔬菜生产常见问题及解决措施。

二、技能目标

理论教学及实践操作相互结合,让学生全程参与完成白菜类蔬菜(大白菜、结球甘蓝、花椰菜、抱子芥)的产前计划、产中管理、产后营销等整个生产过程,使学生能根据季节特点、地域特征及市场需求制订白菜类蔬菜生产计划,熟悉白菜类蔬菜的田间生产技术流程,掌握相应生产管理技术、产后销售及效益评估,能独立或协作分析并解决白菜类蔬菜生产过程中的问题。

三、工作任务

1. 制订白菜类(大白菜、结球甘蓝、花椰菜、抱子芥)生产技术方案;
2. 合理选择品种;
3. 可独立进行白菜类蔬菜播种育苗工作;
4. 掌握整地、做畦与定植技术;
5. 掌握白菜类蔬菜田间管理技术;
6. 掌握白菜类蔬菜采收与采后处理技术;
7. 分析白菜类蔬菜生产过程中常见问题发生的原因并提出解决措施。

白菜类蔬菜是指十字花科芸薹属芸薹种中的亚种和变种，一般以柔嫩的丛叶、肉质茎、叶球或花球等为产品的蔬菜，主要包括白菜、甘蓝和芥菜3个种。白菜种内又有结球白菜（大白菜）、普通白菜（小白菜）等亚种；甘蓝种内有结球甘蓝、球茎甘蓝、花椰菜、青花菜、抱子甘蓝、芥蓝等变种；芥菜种内有叶用芥菜、茎用芥菜、根用芥菜等变种。

白菜类蔬菜起源于亚洲内陆温带地区，其中除甘蓝类外，其他类型均原产我国。白菜类蔬菜在我国生产历史悠久，栽培类型丰富，南北均有种植。可在生产中利用不同类型和品种，排开播期，实现白菜类蔬菜的周年供应，以满足人民生活的需要。

白菜类蔬菜除了在生物学特性方面有诸多相似之处，还在田间生产管理方面也有许多共性。

(1)白菜类蔬菜属于喜冷凉作物，适合在月平均温度为10～22℃的季节生产。如果月平均温度超过25℃时则不能正常生长。它们大部分耐寒性较强，其中大白菜、茎用芥菜、花椰菜等属于半耐寒性蔬菜，能耐轻微霜冻。

(2)白菜类蔬菜需要在15℃的低温条件下经过一段时间才能完成春化阶段，此后在较长时间的长日照和高温条件会抽薹开花，完成整个生育周期。在生产中必须注意其生长发育规律，避免发生早期抽薹现象，影响产量。

(3)白菜类蔬菜原产地气候温和，降雨充沛，气候湿润。它们都有很大的叶面积，蒸腾量大。但其植株根系入土较浅，利用土壤深层水分的能力不强。所以在生产时需要合理灌溉，保持相对较高的土壤湿度。

(4)白菜类蔬菜所感染的病害基本相同，尤其是病毒病、霜霉病、软腐病、白斑病、黑斑病、黑腐病等。因此白菜类蔬菜不宜重茬种植，应与茄果类、瓜类、豆类、葱蒜类等蔬菜或其他农作物轮作。

(5)白菜类蔬菜都以种子繁殖，种子的发芽能力很强。一般以干种直播为主，也可育苗移栽。

任务一　大白菜生产

大白菜，别名结球白菜或黄芽菜，属于十字花科芸薹属作物，原产于我国，具有营养丰富、质地鲜嫩、高产稳产和耐贮耐运的特点，在我国南北均有栽培，在蔬菜生产中占有很重要的地位，是我国秋、冬和春季供应的主要蔬菜之一，南方低海拔地区主要以秋冬季节生产为主。高海拔地区主要以夏、秋季生产为主。

一、生物学特性

（一）植物学特征

大白菜主根基部肥大，侧根较多，又分为大量的二、三、四级侧根，形成较发达的根系。根主要分布在0～40 cm的上层土壤中。茎在营养生长时期呈现短缩状态，进入生殖生长期时由短缩茎顶端抽生花茎，高60～100 cm，发生分枝一般为1～3次，基部分枝长，而上部分枝短，使整个植株呈圆锥形，花茎为淡绿至绿色，表面具有蜡粉。

根据形态,叶分为以下 5 种:

(1)子叶　两枚,对生,叶间开展度 180°,肾形至倒心脏形,有叶柄。

(2)基生叶　着生于子叶节以上最初对生的 2 枚叶片,叶间开展度 180°,与子叶垂直生长排列成"十"字形。叶片呈长椭圆形,有明显的叶柄,长 8~15 cm。

(3)中生叶　着生于短缩茎中部,每株由 2~3 个叶环构成植株的莲座。每个叶环的叶数与品种有关,叶片倒披针形至阔倒圆形,无明显叶柄,有明显叶翅。叶片边缘波状,叶翅边缘锯齿状。第一个叶环的叶较小,构成幼苗叶;第二、第三个叶环的较大,构成发达的莲座。

(4)顶生叶　着生于短缩茎的顶端,互生构成叶球,叶环排列如中生叶,宽大,以上部的叶片渐窄小。有叶柄,基部抱茎。

(5)茎生叶　着生于花茎或花枝上,互生,叶腋间发生分枝。花茎基部叶片宽大,似中生叶而较小,以上部的叶片渐窄小。有扁阔叶柄,基部抱茎(图 6-1)。

花为复总状花序,完全花,花瓣 4 枚,呈"十"字形,黄色,异花授粉,但花蕾期自花授粉可结实。果实为长角果,圆筒形;种子球形稍扁,红褐色至灰褐色,近种荠处有凹纹,千粒重 2~4 g,生产上多用 1~2 年的种子。

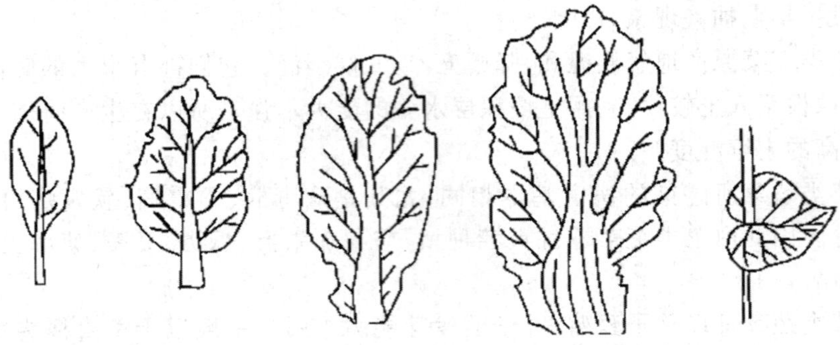

图 6-1　大白菜叶片类型

(引自周克强,2007)

(二)生长发育周期

大白菜从播种到种子收获,分为营养生长和生殖生长两个阶段(图 6-2)。

1. 营养生长时期

营养生长时期包括发芽期、幼苗期、莲座期、结球期、休眠期 5 个时期。

(1)发芽期　播种以后,从种子吸水萌动到显露真叶的这段时期为发芽期,历时 6~8 d,此时期靠种子贮备的养分进行生长。

(2)幼苗期　指子叶展开以后到第一叶环的叶片全部展开,幼苗期即将结束时植株形如圆盘,俗称团棵,早熟品种需 12~13 d,晚熟品种需 17~18 d。

(3)莲座期　从团棵到植株长出第二、第三个叶环,整个轮廓呈莲花状,故称莲座期。早熟品种需要 20 d 左右,晚熟品种需要 28 d 左右。当最后 1 个叶环形成的同时,心叶出现卷心的情况,即标志着莲座期的结束。

(4)结球期　从出现卷心到收获为结球期,即顶生叶形成叶球的全过程。早熟品种叶球完全形成需要 30 d 左右,晚熟品种需 45~50 d。结球期又可分为结球前期、结球中期和结

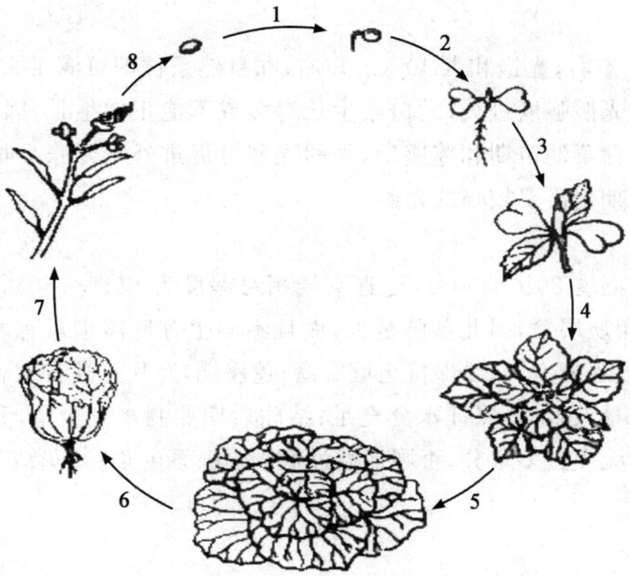

1.种子休眠期　2.发芽期　3.幼苗期　4.莲座期
5.结球期　6.休眠期　7.开花期　8.结荚期

图 6-2　大白菜生长发育周期

球后期 3 个阶段。结球前期是叶球外层叶片迅速生长而构成叶球轮廓，俗称“抽筒”或“长框”；结球中期是叶球轮廓内部叶片迅速生长而充实其内部，俗称“灌心”；结球后期叶球体积不再扩大，叶部养分继续向叶球转移，继续充实叶球内部。该期是产量形成最重要的时期，因此也是水肥临界期。

(5)休眠期　大白菜遇到低温时处于被迫休眠的状态，依靠叶球贮存的养分和水分生活。

2.生殖生长时期

大白菜在南方各省从以营养生长过渡到以生殖生长为主，一般不需要经过休眠期。大白菜通过发育阶段，主要决定于春化阶段的低温 2～10℃连续 10～15 d，大多数品种对光照阶段要求不严格。主要包括 3 个时期。

(1)抽薹期　从抽薹到始花，约需 15 d。

(2)开花期　从始花到全株花开放完毕，需 30 d 左右。

(3)结荚期　从谢花到种子成熟，这一时期花薹、花枝停止生长，果荚和种子旺盛生长，到种子成熟为止，约需 23 d。

(三)对环境条件的要求

1.温度

大白菜属于半耐寒性蔬菜，适宜温和而凉爽的气候环境，大多数品种不耐高温和寒冷。各时期最适宜温度为：种子发芽 20～25℃；幼苗期 22～25℃，高温、干旱环境会使根系发育不良，易发生病毒病；莲座期 17～20℃，温度过高，包心延迟；结球期 12～22℃，高于 25℃或低于 10℃生长不良；休眠期适温 0～2℃；春化适温 2～5℃；抽薹期 12～16℃；开花结荚 17～22℃。

2. 光照

光补偿点 2 klx 左右，光饱和点 40 klx 左右；在自然条件即可满足大白菜生产对光照强度的需要。在早秋，光照强度过大，大白菜生长迟缓或不能正常生长，因此露地秋播不宜过早，或适当遮阳。大白菜幼苗期和莲座期，强的光照可促进外叶开张生长，弱光照则使外叶直立生长，进入结球期仍需要较强的光照。

3. 水分

喜湿，适宜土壤湿度 80%～90%，适宜空气相对湿度为 65%～80%。大白菜叶片数量多，叶面积大，叶面角质层薄，因此蒸腾量大，而且不同生育期需水量有所不同。发芽期、幼苗期，根群不发达，吸水能力弱，要保持土壤湿润；莲座期，叶片迅速扩大，蒸腾增加需水量大大增加；结球期需水量最多，要保证水分充足；结球后期控制水分用量，利于叶球的贮藏；生殖生长前期温度低，无须过多水分，否则地温过低影响根系生长；开花结荚期气温高，需较多的水分。

4. 土壤及营养

大白菜适宜在土层深厚、肥沃松软、通气透水而含有丰富有机质的砂壤土、壤土上生长，适于中性偏酸性土壤。大白菜所需肥料种类：基肥要充足，使用肥效长的完全肥料，即有机肥，常用的有厩肥、人粪、堆肥、绿肥等。追肥应当使用速效肥料，包括各种化学肥料和腐熟人粪尿以及叶面肥等。大白菜对氮、磷、钾三元素的吸收量与叶的生长量有平行趋势，在结球的前期和中期，对氮、磷、钾的吸收量分别占全期总吸收量的 80%、77.2%、88.8%。生长前期对氮肥需求量最大，结球期需满足对钾肥的需求。

二、类型与品种

(一)根据叶球形状和生态要求分类

根据大白菜进化过程，分为散叶变种、半结球变种、花心变种和结球变种 4 个变种，其中结球变种是大白菜进化的高级类型，结球变种产量高、品质好、耐贮藏、生产普遍。根据叶球形状和生态要求，可以把结球变种分为 3 个基本生态类型(图 6-3)。

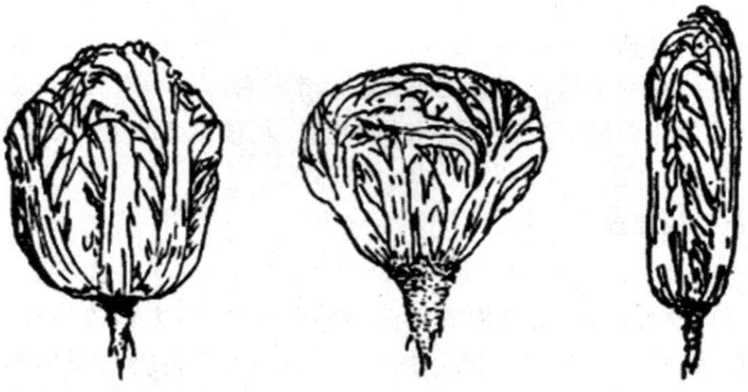

a. 卵圆形　　b. 平头形　　c. 直筒形

图 6-3　结球大白菜的 3 种基本生态型

(1)卵圆形　叶球呈卵圆形，球顶尖或钝圆，球形指数(纵径/横径)1.5～2，球叶皱褶倒卵圆形，该类型属海洋性气候生态型，喜温暖湿润的气候条件。代表品种有青杂系列、福山包头、胶县白菜、北京新三号等。

(2)平头形　叶球上大下小，呈倒圆锥形，球顶较平，完全闭合，球形指数接近1，球叶横倒卵圆形。该类型属大陆性气候生态型，喜气候温和，昼夜温差较大，阳光充足，能适应气候变化剧烈和空气干燥的环境。代表品种有秦白2号、河南洛阳包头、山东冠县包头、山西太原包头等。

(3)直筒形　叶球呈细长圆筒形，球顶尖，近于闭合，球形指数大于3，球叶倒披针形。为海洋性与大陆性气候交叉性气候生态型，能适应温、湿度的剧烈变化。代表品种有青麻叶、珍绿6号、津白80、津青9号、冀菜二号等。

(二)根据植株结球早晚分类

(1)早熟品种　从播种到收获需60～80 d，耐热性强，但耐寒性稍差，多用做早秋生产，产量低，不耐贮藏。优良品种有早熟5号、山东2号、中白19、中白7号、北京小杂51和早心白等。

(2)中熟品种　从播种到收获需80～90 d，产量高、耐热、耐寒，多做秋菜生产，无霜期短以及病害严重的地方生产较多。优良品种有青杂中丰、青麻叶、玉田包尖、中白65、中白1号和豫白6号等。

(3)晚熟品种　从播种到收获需90～120 d，产量高、单株大、品质好、耐寒性强、不耐热，主要作为秋冬菜生产，以储存为主。优良品种有青杂3号、福山包头、洛阳包头、中白81、秦白4号和北京新3号等。

近年来我国许多科研单位也推出了大量新品种，如北京市农林科学院蔬菜研究中心选育的京春绿、京夏一号、京秋一号等几十个优良品种；四川地区市场上也涌现出了一系列优秀品种，如春福皇、T1-145、秋盛王、春盛等，此外，许多地区相继从日本引进了健春、良庆、春大将等品种。

三、生产季节与茬口安排

大部分地区结球大白菜以秋季生产为主，在营养生长时期，要求适宜温度10～28℃，从处暑前后至大雪前为最适宜的生长季节。大白菜对播种期的要求非常严格。播种过早，因高温和强光，病害严重，包心困难；播种过迟，生长迟缓，包心不紧实，产量和品质较差。对于晚熟品种，长江中下游地区以处暑前后播种为宜；华南大部分地区由于秋季高温期长，冬季不寒冷或寒冷期短，其播种期一般可安排在9—12月份进行；四川丘陵地区适宜的播种期为8月下旬，山区寒冷的可适当提早，盆地则适当延迟。在实际生产中，为满足市场需求，可根据品种特性，适当提早或延后播种。尤其是耐高温的早熟品种，可以提早供应。

近年来，春大白菜和夏季高山大白菜发展迅速，取得了较好的经济效益。春大白菜播期不宜过早，早春育苗应在设施内进行，保证苗期温度高于13℃，否则易通过春化，从而发生未熟抽薹。

四、秋大白菜生产技术

(一)品种选择

各地在引进和选择大白菜品种时,须注意以下几点:一要考虑到市场供求,选用适应市场需求品种。二要注意当地的气候条件、生产季节和茬口衔接,选用适应性广、抗病、丰产、优质、耐贮藏的品种。三要注意品种搭配,避免种植品种单一,最好在安排好主栽品种的同时,搭配种植1～2个品种,避免因气候不适或突然发病而造成严重减产的被动局面,特别在选用杂种一代时应该尤为注意。

(二)整地做畦施基肥

大白菜不宜连作,合理轮作可减轻连作障碍,从而减轻病害的蔓延。成都平原秋大白菜与水稻轮作最佳,也可与黄瓜、四季豆、番茄等进行轮作。

1.整地

大白菜根系浅,对土壤水分和养分要求高,宜选择保水保肥、通气透水、土质疏松的土壤。大白菜为小粒型种子,要求地势平坦、土壤细碎,才能保证较高的出苗率和整齐度。为了使土层松软,根系发育好,扩大吸收水分、养分范围,要求深耕。为了减少病虫潜伏土中为害,应在土地翻耕后进行晒土;雨量偏少地区,应深耕翻土,利于保墒。不管深耕或浅耕,在播种前都要再浅耕耙地,做到土壤松细,地面平整。一般深耕深度为30～35 cm,浅耕深度为15 cm。

2.施基肥

大白菜的生长期长,生长量大,营养需求量大,因此要重施基肥,一般以充分腐熟的有机肥为主,有机肥可促进大白菜根系发育,提高抗性。基肥的用量可根据土壤肥力、肥料的质量以及前茬作物的种类而定。一般每667 m^2 可用质量较好的厩肥3 000～4 000 kg或堆肥5 000～6 000 kg、草木灰100 kg或硫酸钾20 kg、过磷酸钙50 kg。要取得高产,每667 m^2 施N∶P∶K为1∶1∶1的复合肥25 kg,这样可弥补“三要素”配合上的缺陷。如果土壤偏酸,地势低,易发生根肿病的田块,每667 m^2 可加入50～100 kg生石灰,调节pH至6.0～6.5。

3.做畦

生产畦有高畦、垄畦和低畦等几种形式。低畦宽1.2～1.5 m,种植1～3行;垄畦垄距50～60 cm,垄高15～20 cm,种植一行;高畦宽1.2～1.8 m,畦高10～20 cm,种植2～4行。南方地区主要以高畦为主。做畦时必须重视排水问题;地面潮湿,容易发生软腐病和霜霉病。

(三)播种育苗

1.种子处理

大白菜播种前先精选种子,将秕粒、破伤、瘦小种子淘汰,选种粒饱满、整齐一致、生活力强的种子播种。种子消毒可采用占种子重量0.3%的福美双、百菌清等药剂拌种。

2.直播

大白菜直播植株不经过移栽后的缓苗过程,苗期长得快,结球早;不破坏根系和叶片,可减轻病害浸染,节省劳力,便于抢时间下种。直播一般采用穴播和条播。穴播先在畦上按规定的行株距开 1～1.5 cm 深的浅穴，每穴播种子 5 粒左右。播后用细土平穴，再略加镇压，使种子和土壤密接以利于种子吸水。如播种时土壤干燥，可以采用湿播法，先在穴中浇水，等水渗入土中后再播种覆土。如系多雨地区也可采用干播法。条播先在畦上按行距开一线沟，再以规定株距播种，方法同穴播法。

播种后土壤必须有足够的水分，播前灌水，芽出土前和刚出土后，可在播种沟两侧临时开窄沟浇灌小水，或在畦沟中浸灌；不能直接向种子或幼芽灌水，以免种子、幼芽被冲走，或造成土壤板结。直播的幼苗最怕烈日暴晒和土表温度过高。可根据大白菜种子播种后大约 48 h 出土的习性，安排在傍晚播种，这样第三天傍晚幼苗出土，可经过一夜的锻炼，再接受日照。气温较高时可适当灌水降低土温，也可在中午高温时，进行间歇喷灌。

3. 育苗

大白菜也可实行育苗移栽，一般在前作收获迟的情况下，或早秋有暴雨等不利天气以及早春低温下防止幼苗通过春化作用而采用。

(1)苗床设置　选土壤肥沃、灌排方便的土地作苗床。每 100 m^2 的苗床施腐熟厩肥 150～200 kg、硫酸铵 3～4 kg、过磷酸钙 2～3 kg。将这些肥料充分混匀后撒于畦面，翻耕 15～18 cm，与床土均匀混合，再耙平耙细。苗床一般宽 1.2 m 左右，高 13 cm 左右。也可用营养杯、穴盘或营养土块育苗。为防止烈日、暴雨侵害，可在苗床上设遮阴棚，一般生产中每 667 m^2 大田需苗床 20～25 m^2。

(2)播种技术及管理　育苗移栽的播种期比直播早 3～5 d，播前苗床浇水，待水渗透后播种。条播开播种沟，沟深 0.8～1 cm，沟距 10 cm。小穴播时，每穴播 3～5 粒种子。如果撒播要适当稀播，且要均匀，每 667 m^2 苗床用种量 250～500 g，播种后盖 0.8～1 cm 厚细土。出苗期一般不浇水，如高温干旱，可行喷灌。出苗后，分 2 次间苗，即幼苗出土后 3 d 第 1 次间苗，具 3～4 片真叶时第 2 次间苗。条播的最后一次间苗使株距为 10～12 cm，小穴播的每穴留苗 1 株。在幼苗生长期，应合理浇水、追肥、防治病虫，促使幼苗健壮生长。

(四)定植

幼苗长到 5～7 片叶、苗龄 20 d 左右时定植。定植时间以晴天下午和阴天为好，可以减轻幼苗的萎蔫程度。移栽前苗床先充分灌水，在床土相当湿润而不泥泞时起苗，尽量使根部多带土，以便定植后早成活。各品种的具体株行距，应根据当地气候、土壤条件及品种性状而定。一般早熟品种 3 000～4 000 株/667 m^2，中晚熟品种 2 000～3 000 株/667 m^2。

(五)田间管理

1. 间苗、补苗与定苗

大白菜播种出苗后，在 1～2 片叶“拉十字”时进行第 1 次间苗，间除细弱的苗。在 3～4 片叶时进行第 2 次间苗，苗距约 4 cm，间苗后要及时浇水，以利于幼苗根系扎入土壤。播种出苗 20～26 d 进入团棵期，要进行定苗，选留具有品种特性的幼苗，拔除杂草、劣苗、病虫苗、过小苗、胚轴过长的苗。株距依品种、水肥条件而定，一般在 40 cm 左右。

2. 中耕除草

中耕除草工作结合间苗进行。一般在间苗后浇清粪水定根提苗，在浇水或雨后适时中耕。这时中耕应浅，一般以锄破表土为度，深度约为 3 cm，切忌中耕伤根。在定苗之后的中耕除草，深度约为 5 cm，需掌握“远苗处宜深，近苗处宜浅”的原则。用深沟高畦生产者，应锄松沟底和畦面两侧，并将所锄松土培于畦侧或畦面，以利于沟路畅通，便于排灌。在莲座期中耕，不要损伤叶片。中耕时间以晴天为好。

3. 苗期管理

幼苗期植株生长总量不大，约为最终重量的0.41%，因此对水肥需求量相对较小。大白菜“团棵”后对养分的需求较迫切。在南方生产大白菜，定苗后开沟施浓粪肥并配合磷、钾化肥，若此次追肥不足，则莲座叶生长不良，即使结球期补肥也不能挽救，故又称“关键肥”或“临界肥”。

4. 莲座期管理

莲座期根系大量发生和叶片生长量骤增，必须加强肥水管理。每667 m^2 施入充分腐熟的粪肥1 000 kg、磷酸二铵20 kg、硫酸钾20 kg，在垄的一侧开沟，施肥后覆土。施肥后浇透水，保持土壤半湿润。结球前10 d左右，控水蹲苗，促进根系和叶球生长；土壤保水肥能力差可以适当缩短蹲苗期或不蹲苗；天气干旱，气温高，昼夜温差小或秧苗偏小时也应适当缩短。

5. 结球期管理

结球期是大白菜产品形成时期，在这个时期根系发展达到最大限度，叶的生长量猛增，如果这时脱肥，往往结球不紧实，影响产量和品质。结球期的肥水管理，重点在结球始期和中期，即所谓“抽筒肥”和“灌心肥”，这两次肥料都要用速效性的肥料，并须提前施入。一般在包心前5～6 d，每667 m^2 施三元施复合肥20 kg，包心后15～20 d追“灌心肥”，每667 m^2 追施硫酸铵或尿素15 kg、钾肥10 kg。大白菜缺钙易引起“干烧心”病，可用0.3%～0.5%氯化钙或硝酸钙叶面喷施，每隔7 d喷1次，连续喷2～3次。收获前10～15 d用草绳或塑料绳将外叶合拢捆在一起，进行束叶，可减少收获时叶片的损伤。

(六)病虫害防治

1. 病毒病

大白菜各生育期均可发病，6～7片叶以前的苗期最易感病，是大白菜幼苗期的主要病害。发病早的不能包心，发病晚的生长缓慢，球叶皱缩不平，多布满灰褐色坏死的小斑点，失去食用价值。病毒病的传播昆虫是蚜虫，白菜幼苗期天气高温干旱时，发病较重。防治方法：选用抗病品种；适期晚播种；防治蚜虫；发病初期，喷洒20%的病毒A可湿性粉剂500倍液，或15%植病灵乳剂1 000倍液，每隔7 d喷1次，连喷2～3次。

2. 霜霉病

真菌性病害，莲座期以后发病较重，温暖多湿的气候条件下易造成该病的大发生。感病后叶片背面发生白色霜霉，严重时叶片变黄枯死。防治方法：选用抗病品种；控制田间湿度；发病初期，喷施25%甲霜灵可湿性粉剂800倍液，或75%百菌清可湿性粉剂500倍液，或69%烯酰锰锌500倍液进行防治。

3. 软腐病

细菌性病害一般在结球期发病，发病初期白菜帮基部形成水浸状微黄色浸润区，逐渐变为黄褐色，呈黏滑软腐状，叶片萎蔫，根茎部腐烂并伴有恶臭味。防治方法：高畦或高垄生产；加强田间管理；发病初期，用72%农用链霉素5 000倍液或新植霉素4 000倍液喷雾。

4. 虫害

主要虫害有菜青虫、小菜蛾、地老虎。菜青虫可用苏云金杆菌、金龟子绿僵菌和球孢白僵菌等药剂进行防治；小菜蛾用5%锐劲特悬浮剂500～1 000倍液防治；地老虎用2.5%溴氰菊酯 3 000 倍液防治。

(七)采收

早熟品种以鲜叶供应市场，在叶球长成时应该及早收获；中晚熟品种一般在严霜来临之前收获；冬季无严寒地方，可以留在地里过冬，根据市场需求收获。

五、春大白菜生产技术

(一)播种育苗

选择早熟、丰产、耐抽薹、抗病性强的品种，特别是对根肿病高抗的品种。成都地区常选用日本泷井的春福皇、T-145 等耐抽薹大白菜品种。播种时间一般在 1 月 5 日前后，此时气温很低，为了防止大白菜因低温而春化，需采用“大棚＋小拱棚＋地膜”3 层覆盖。也可推迟一个月播种育苗，3 月下旬至 4 月上旬露地定植，5 月下旬至 6 月上旬采收。每 667 m^2 产量约 7500 kg。

育苗基质一般按照泥炭土：珍珠岩＝4：1 进行配制，也可选择商品育苗土。为保证养分充足，可在 1 m^3 基质里添加三元素复合肥 1 kg，尿素 0.5 kg，磷酸二氢钾 0.5 kg。基质混合均匀后装入 72 孔穴盘，浇透水，半天后即可播种。每孔点播 1 粒种子，用少量基质覆盖，洒薄水，盖上地膜。用蔬菜播种机可提高生产效率。发芽后及时揭去地膜。注意控制棚内湿度，晴天中午要适当通风，以降低大棚和小拱棚内的湿度。育苗时间一般 30 d，当幼苗 4～5 叶时即可定植。

(二)适时定植

一般于 2 月 5 日定植。定植前 3～5 d 要提前逐渐通风，以降低温度进行抗寒锻炼。春大白菜生长时间短，定植前需下足基肥。一般每 667 m^2 撒施腐熟有机肥 1 000 kg 或者生物有机肥 150 kg、优质高效三元复合肥 50 kg、尿素 10 kg。翻地后做成 5.5 m 的宽厢，用镀锌钢管搭建简易塑料大棚。在大棚中间纵向开浅沟，覆盖地膜后左右两边各种 7 行，行距 36～40 cm，株距 37 cm，每 667 m^2 约定植 4 200 株。定植后及时浇定根水。在大棚内两侧预留位置套作苦瓜，也可将苦瓜苗假植于较大营养钵内，4 月上旬白菜采收完毕再定植。

(三)田间管理

定植后闭棚增温，以促进大白菜缓苗生长。2 月初，随着气温升高可适当通风，3 月初即可直接揭掉大棚薄膜。定植半个月后，可随水冲施提苗肥，以促进白菜根系发育和莲座叶的生长。此次施肥量不宜过大。定植一个月后，进行第二次追肥，此次追肥要使用钾含量和总养分含量均高的肥料，施肥方式可采取滴灌或者用水泵加软管浇灌。

春大白菜主要虫害有斑潜蝇、跳甲等，主要病害有霜霉病、叶斑病、软腐病等，要及时进行预防和防治。

(四)采收与销售

春大白菜定植约 60 d 后，于 4 月上旬开始采收。此时大白菜品质好，商品性最佳。单株重约 2 kg，每 667 m^2 产量约 7 500 kg。

六、生产中常见问题及对策

(一)不包心或包心不紧实

1.产生的原因

(1)品种不对。

(2)温度不适　夏大白菜若莲座期遇高温则生长过旺,会包心推迟或包心不实;秋大白菜若播种过迟,则结球期环境温度过低,心叶生长缓慢,包心不紧实。

(3)肥水不足　大白菜在结球期生长量最大,吸水最多,如肥水不足,则生长受阻,进而影响包心。

(4)病虫为害　严重的病虫害也会引起不能包心或包心不紧实。

2.对策

(1)选对品种　春大白菜要选耐低温、不易抽薹的品种,夏大白菜宜选耐高温、抗病强的品种。

(2)严控播期　春大白菜播期不宜过早,秋大白菜播期不宜过迟,夏季大白菜适当遮阴降温。

(3)结球期加强水肥管理。

(4)及时防治病虫害。

(二)未熟抽薹

产生的原因是大白菜幼苗在2～10℃低温条件下较短时期内完成春化作用而抽薹,在10～15℃的条件下,时间较长也能完成春化作用。对策:选择冬性强的品种;利用设施育苗,保证苗期温度不低于13℃。

任务二　结球甘蓝生产

结球甘蓝又名包心菜、洋白菜、圆白菜、卷心白、莲花白。结球甘蓝适应性强,在我国南方一年四季均可栽培。其中,夏甘蓝和秋甘蓝是当年播种、当年收获,整个营养生长期均未受到低温作用,无通过春化阶段的条件,因此,在生长期中没有未熟抽薹问题;而春甘蓝则以幼苗越冬,在苗期和定植后的一段时间内,可能受低温而通过春化阶段,引起未熟抽薹。

一、生物学特性

(一)植物学特征

结球甘蓝根群发达,主要分布在30 cm的耕作层,不耐干旱;根系再生力强,可以进行育苗移栽;易发生不定根,根系再生能力强可以采用腋芽扦插繁殖。茎在营养生长期间为短缩茎,内短缩茎着生球叶,外短缩茎着生外叶;生殖生长期抽生为花茎。叶包括子叶、基生叶、中生叶、顶生叶、茎生叶;叶片光滑,无毛蒸腾量大,要求较高的土壤湿度和空气湿度;叶面具有白色蜡粉可以减少蒸腾,这是干旱条件下形成的一种适应性;开始发生的叶片向外开张生长，形成强大的叶簇，当莲座叶生长到一定数目后，早熟品种 16 片叶，晚熟品种 24 片叶，进入包心，再发生的叶片不再向外开张而包被顶芽；顶芽继续分生新叶，包被顶芽的叶片也随着顶芽继续生长加大，最后形成一个紧密充实的叶球；叶球中心柱节间短，着生叶密，则包心紧，叶球品质好。花为复总状花序，完全花，黄色，虫媒花，属异花授粉作物。果实系长角果，种子圆球形，红褐色至黑褐色，千粒重 3.5～4.5 g。

(二)生长发育周期

结球甘蓝的生长发育可分为 4 个时期。

(1)发芽期　从播种至基生叶长出，夏秋季一般 10～15 d，冬春季 15～20 d。

(2)幼苗期　从基生叶至第一叶环叶长成，夏秋季一般 25～30 d，冬春季 40～60 d。

(3)莲座期　从幼苗到植株长出第二、第三叶环，植株轮廓呈莲花状，早熟品种 25 d 左右，晚熟品种 35 d 左右。

(4)结球期　从开始包心至叶球形成，早熟品种 25 d 左右，晚熟品种 40 d 左右。

(三)对环境条件的要求

1.温度

甘蓝喜凉耐冷，能抗严霜和较耐高温。生长适温为 15～21℃，种子发芽适温 20℃左右。20～25℃适宜外叶生长和抽薹开花；叶球形成一般要求 17～20℃，昼夜温差大，有利于积累养分，促进结球紧密。春化最适温度 2～5℃。幼苗抗性强，能忍耐－12℃低温和 35℃的高温。

2.光照

长日照作物，对光强适应性较广，光饱和点为 30～50 klx。

3.水分

甘蓝喜湿，要求土壤水分充足和空气湿润，若土壤干旱会影响结球，降低产量。适宜的土壤湿度为 70％～80％，空气湿度为 80％～90％。

4.土壤及营养

结球甘蓝喜肥且耐肥，适于微酸到中性土壤，耐盐碱，在土壤含盐量为 0.75％～1.20％的盐渍土上仍能正常生长、结球。但以选择土质肥沃、疏松、保水保肥的中性土壤种植结球甘蓝为好。对氮、磷、钾三元素的吸收，以氮、钾较多，磷较少。氮、磷、钾的比例为 3∶1∶4。在施足氮肥的基础上，配合施用磷、钾肥，增产效果明显。

二、类型与品种

(一)按叶片特征分类

(1)普通结球甘蓝　叶面平滑，无显著皱纹，叶主脉明显突出，叶色绿至深绿。

(2)紫结球甘蓝　叶面形态与普通结球甘蓝相似，但其外叶、球叶均为紫红色，炒食时转为黑紫色，不宜炒食，一般作凉拌鲜食，也有作观赏生产的。

(3)皱叶结球甘蓝　叶色同普通结球甘蓝，叶片因叶脉间叶肉发达、凹凸不平而使叶面皱缩，球叶质地柔软，风味好，可炒食。

(二)按叶球形状分类

甘蓝按照叶球形状可分为尖头形、圆头形和平头形(图 6-4)。

a. 尖头形　　b. 圆头形　　c. 平头形

图 6-4　甘蓝的叶球形状

(引自周克强,2007)

(1)尖头形　叶球小,顶部尖,近似心脏形。大型者称牛心,小型者称鸡心。叶片长卵圆形,中肋粗,内茎长,产量较低,一般为早熟品种,从定植到收获需 50～70 d。代表品种有牛心甘蓝、鸡心甘蓝等。

(2)圆头形　叶近圆形至球形,外叶少,结球紧实,球形整齐,多为早熟或中熟品种,从定植到收获需 50～70 d。春秋季节可生产,代表品种有金早生、中甘系列、铁头、北京早熟、北京早熟、山西 1 号、金亩 84 等。

(3)平头形　植株较大,叶球扁圆形,耐贮藏运输,一般抗病、抗寒、耐热性均较强,多数为中晚熟品种,从定植到收获需 70～100 d。适于夏秋、晚春或秋冬生产,代表品种有黄苗、黑叶小平头、京丰 1 号、晚丰等。

(三)按生长期长短分类

(1)早熟品种　从定植到收获需 40～50 d,代表品种有四季 39、牛心甘蓝、鸡心甘蓝、中甘 12、瑞士多、楚园春 109 等。

(2)中熟品种　从定植到收获需 55～80 d,代表品种有中甘 15、华甘 1 号、迎春、西园 4 号、楚园春 104、平优、三季冠等。

(3)晚熟品种　从定植到收获需 80 d 以上,代表品种有中甘 9 号、华甘 2 号、黄苗、黑叶小平头、HBZ-080 等。

三、生产季节与茬口安排

结球甘蓝适应性强,长江流域一年四季均可栽培,华南除炎夏外的季节都可进行露地生产,在北方除严冬季节进行设施生产外均可进行露地生产。选用早、中熟品种,冬、春育苗,早春生产,春末夏初收获,即春季生产;选用中、晚熟品种,夏季育苗,夏、秋季生产,秋、冬季收获,即秋季生产。一般来说,应根据品种和上市时间确定播种期,春甘蓝 11—12 月份播种,夏甘蓝 3—4 月份播种,秋冬甘蓝 6—8 月份播种。

四、生产技术

(一)品种选择

根据当地的地域环境,生产季节、市场需求和生产制度等确定适宜的品种。春甘蓝可选用绿萝绮、中甘21号、京丰1号、天瑞、晚丰、春禧、铁头8号、春福来、楚园春等;夏甘蓝可选用金甘夏抗、夏光、西园8号、早夏16号、黑丰、夏王、夏盛、夏月、夏星等;秋冬甘蓝可选用秋丰、秋甘14、中甘8号、捷甘13123、中甘21号、西园4号、西园6号、寒光、寒将军等。

(二)播种育苗

甘蓝的育苗分为露地育苗和保护地育苗两种,具体育苗方式,主要取决于当地的自然条件和播种季节,南方地区以露地育苗为主,若在6—7月份高温季节育苗,可设置凉棚育苗;11月份至翌年1月份气温低,可用塑料小拱棚育苗。

(1)苗床设置　苗床地应选择质地疏松、通风良好、土壤肥沃、排灌方便的地块。前茬作物收获后及时清除杂草,进行深翻晒地,播前细致整地,施足底肥,每667 m^2 施腐熟农家肥500 kg,再进行浅耕浅耙,使土壤疏松、土肥融合,做成畦宽1 m、沟宽40 cm、沟深30 cm的高畦。夏秋高温季节育苗的应在简易降温防雨设施下进行。

(2)播种　每667 m^2 大田用种量50 g左右,如果是品质好发芽率高的品种可减少到20～30 g。采用撒播的方法,每平方米苗床播3 g左右,播种要均匀,播后在畦面盖约1 cm细粪土或稻草,并用50%甲基托布津可湿性粉剂500倍液或50%辛硫磷乳油800倍液进行土壤消毒,防治部分病虫害及地下害虫。

(3)浇水　为了防止播种后浇水对种子发芽出土的不良影响,可采用湿播法,即播种前1 d浇透底水。幼苗出土后适当控苗促根,水分管理上不旱不浇水,如需浇水应选择晴天进行,浇水后加强放风。

(4)分苗　甘蓝是耐移植蔬菜,可分苗1～2次,最好分苗1次,在两片真叶期间完成分苗,6～8片真叶时定植。健苗的标准是:子叶开展,基生叶对称舒展,节间短,茎粗壮,叶片近圆形,叶柄短,无病虫害等。

(三)定植

定植前每667 m^2 施用农家肥3 000～5 000 kg,复合肥40 kg。结球甘蓝真叶长至5～7片时开始定植。起苗前一天浇1次起苗水。4—7月份播种的结球甘蓝,苗龄25～30 d;8—9月份播种的,苗龄30～40 d;11—12月份播种的,苗龄60～70 d。定植密度:早熟品种株行距30～40 cm,每667 m^2 栽4 000～6 000株;中熟品种株行距(40～50) cm×(50～60) cm,每667 m^2 栽2 200～3 000株;晚熟品种株行距(50～60) cm×60 cm,每667 m^2 栽1 800～2 200株。

(四)田间管理

结球甘蓝的田间管理方式随生产季节和地区不同而异,本书主要介绍南方地区春甘蓝的田间管理技术。选用抗寒性和冬性均较强的早熟品种,如绿萝绮、中甘21号、京丰1号、天瑞、晚丰、春禧、铁头8号、春福来、楚园春等。

(1)水分管理　结球春甘蓝大多数定植于冬季,时值旱季,注意浇水。但冬季温度低,植株生长慢,蒸发量较小,不宜浇水过多,以免影响生长。立春以后,天气转暖,植株生长加快,应增加浇水次数。叶片在植株缺水状态下会发生蜡粉，将影响生长与结球。结球后一周左右浇1次水，共浇三四次水。叶球成熟应少浇水，以免开裂，收获前一周停止浇水。

(2)肥料管理　结球甘蓝耐肥力强，除施足基肥外，还应注意追肥。定植成活后用腐熟稀粪水1 500 kg追提苗肥一次；莲座期用腐熟稀粪水1 000 kg加尿素10 kg追肥一次；结球初期结合浇水重追一次结球肥，每667 m^2 追三元复合肥25 kg，也可施尿素或硫酸铵20 kg、钾肥10 kg。必要时结球中期带肥浇水，促进叶球生长和结球紧实。

(3)中耕除草　结球甘蓝由于经常浇水和施肥，地面容易板结，要经常结合除草进行中耕松土，初期浅中耕，疏松表土即可；当苗高18 cm左右时进行一次深中耕，深度10 cm左右，使土壤疏松，利于浇水施肥和根系生长。

(五)病虫害防治

结球甘蓝的主要病害包括霜霉病、黑腐病、软腐病。可选用抗病品种；发病严重的地块，应与非十字花科蔬菜轮作；发病初期及时拔除病株；霜霉病发病初期选用75%百菌清可湿性粉剂500倍液或64%杀毒矾500倍液等喷雾；黑腐病发病初期选用72%农用硫酸链霉素可湿性粉剂4 000倍液、90%新植霉素可湿性粉剂3 000倍液或3%中生菌素可湿性粉剂1 000倍液喷洒；软腐病发病初期可用中生菌素、47%加瑞农可湿性粉剂700～750倍液。

主要虫害有菜青虫、小菜蛾、地老虎、斜纹夜蛾和蚜虫。菜青虫用50%辛硫磷乳油1 000倍液，也可用苏云金杆菌防治；小菜蛾用5%锐劲特悬浮剂500～1 000倍液防治；地老虎用2.5%溴氰菊酯3 000倍液或50%辛硫磷800倍液防治；蚜虫用50%辟蚜雾可湿性粉剂2 000～3 000倍液防治。

(六)采收

叶球基本紧实后，应及时采收，采收前5 d不浇水，以免出现炸球现象。

五、生产中常见问题及对策

(一)先期抽薹

露地春甘蓝生产中出现先期抽薹现象会造成严重损失。球甘蓝属于绿体春化型，当幼苗长到一定的大小时，温度为0～10℃范围，特别是4～5℃低温时极易通过春化阶段。防治对策：选择冬性较强的早熟品种；适时晚播；提高苗床温度。

(二)裂球

甘蓝在生产时叶球易开裂，不仅影响甘蓝的外观品质和商品性，还易感染病害，影响贮藏和运输。甘蓝叶球开裂主要是品种遗传性决定的，若水分过多或连降暴雨，也易造成叶球开裂。防治对策：选用耐裂球的甘蓝品种；均匀供水；适时收获。

任务三　花椰菜生产

花椰菜又名菜花、西兰花，是甘蓝以花球为产品的一个变种，原产地中海沿岸温暖地带，食用部分为花球，花椰菜花球肥嫩、味甘鲜美、含有多种蛋白质、维生素以及矿物质成分，营养价值高、保健作用强。

一、生物学特性

(一)植物学特征

主根基部稍大,须根发达,主要根群密集于 30 cm 的土层内。茎粗而长,营养生长时期茎短缩,顶端优势强,腋芽不萌发。在阶段发育完成后,心叶向内卷曲或扭转,抽生花球。叶片狭长,披针形或长卵形,营养生长期具有叶柄,并有裂叶,叶面无毛,被蜡粉。花球由花轴、花枝、花蕾短缩聚合而成,半球形,质地致密,是养分贮藏器官,一个成熟的花球一般有 0.5~2 kg;总状花序,黄色花冠、异花传粉(图 6-5)。长角果,成熟后爆裂,种子圆球形,褐色,千粒重 2.5~4 g。

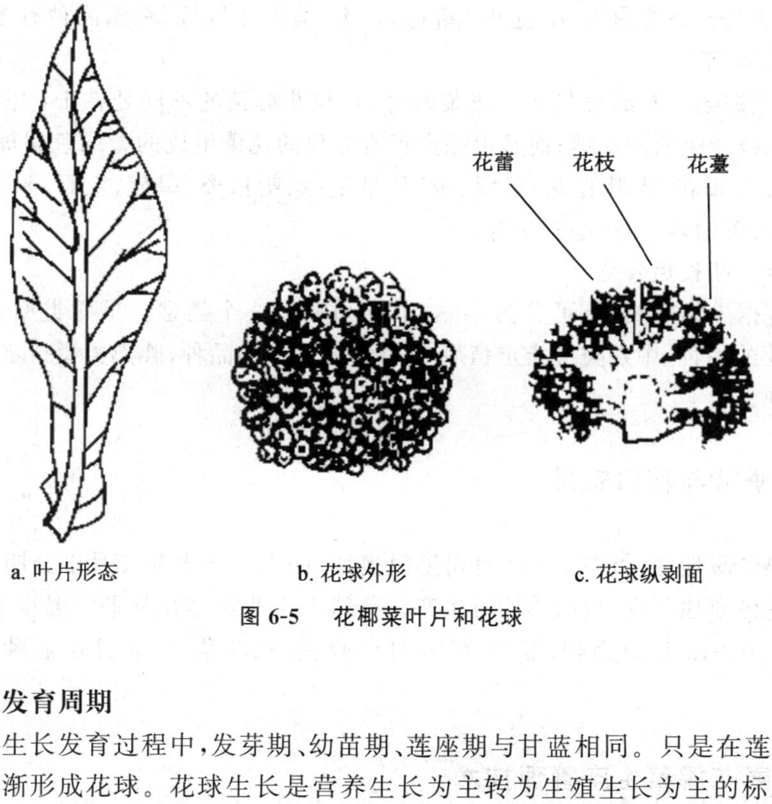

a. 叶片形态　　b. 花球外形　　c. 花球纵剥面

图 6-5　花椰菜叶片和花球

(二)生长发育周期

花椰菜在生长发育过程中,发芽期、幼苗期、莲座期与甘蓝相同。只是在莲座期结束后,开始孕育并逐渐形成花球。花球生长是营养生长为主转为生殖生长为主的标志,随后在适宜的条件下,花球松散,花茎和花枝伸长,花蕾膨大而开花结实,完成生殖生长。

(三)对环境条件的要求

(1)温度　花椰菜喜冷凉温和的气候条件,忌炎热,不耐霜冻,整个生育期对温度的要求比甘蓝严格。种子发芽适温为 25℃左右,营养生长期适应温度为 8~24℃,花球形成适温 15~18℃,气温低于 8℃时花球生长缓慢,高于 24℃花枝很快松散,抽生花薹,品质变差。

(2)光照　花椰菜为长日照植物,但对日照长短的要求不如结球甘蓝严格,通过低温春化之后全年几乎都可以形成花器,花椰菜喜好充足和较强的光照,但也能耐稍阴的环境。花球在阳光直射下品质变差,由白变黄,故在花球发育过程中应给予适当遮阴。

(3)水分　花椰菜喜湿润环境,不耐干旱,也不耐涝,特别是在莲座期,蹲苗以后和花球形成期需水量较大。

(4)土壤及营养　花椰菜对土壤要求较严格，最适宜在质地疏松、耕作层深厚、富含有机质、保水排水良好以及肥沃的壤土或轻砂壤土上生产，最适宜土壤 pH 为 6.0～7.0。生育期中需要氮、磷、钾营养元素的充分供应，土壤中如果缺乏氮素，产量显著下降；缺乏钾素，易发生黑心病；磷能促进花球的形成与肥大；缺乏硼元素，花球内部易开裂，并出现褐色斑点，花球带有苦味，品质下降；缺乏钼素，新叶表现出畸形。

二、类型与品种

(一)按花球颜色分类

(1)花椰菜　颜色为白色，极早熟品种有夏雪 40、荷兰春早、珍玉 58 等；中熟品种有津雪 88、龙峰特大 80 天、祁莲白雪、丰花 60、新花 80 天、圣雪 3 号等；晚熟品种有冬花 240、欧佳宝 100、申雪 108 等。

(2)木立花椰菜　有绿菜花和青花菜两种，它与花椰菜的不同处在于：主茎顶端产生的并非由畸形花枝所组成的花球，而是由完全正常分化的花蕾组成的青绿色扁球形的花蕾群。优良品种有细叶青花、大叶青花、里绿、玉冠、早生绿、哈依姿、绿族、宝石、阿波罗、峰绿、矾绿、绿岭、丝岭、美国西兰花、绿彗星等。

(二)按生长期长短分类

花椰菜根据生长期长短，可分为早熟、中熟和晚熟 3 个类型。早熟类型一般指定植后 40～60 d 收获的品种，中熟类型指定植后 70～90 d 成熟的品种，晚熟类型指定植后 100 d 以上收获的品种。

三、生产季节与茬口安排

华南夏热冬暖地区，可在 7—11 月份随时播种，10 月份至翌年 4 月份分期收获。长江和黄河流域夏热冬寒地区春、秋两季均可生产。花球生长期安排在月平均温度为 15～23℃的时段，春花菜 10—12 月份播种，翌年 3—6 月份收获；秋花菜 6—8 月份播种，10—12 月份收获。

四、露地春花椰菜生产管理技术

(一)品种选择

春季生产应选择适应性强、耐寒、较耐热、株型紧凑、花球紧实，主、侧花球兼收类型的品种。秋季生产应选择适应性广、较耐热又耐寒的主花球型的中熟或中早熟品种。我国目前栽培的青花菜品种多是从美国、日本等国家引进，种植表现较好品种有：绿岭、丝岭、美国西兰花、绿彗星等。中国农科院蔬菜花卉研究所、上海市农科院园艺研究所等单位选育的细叶青花、大叶青花表现也可以。

(二)播种育苗

(1)苗床选择　应选择地势高，排灌方便，背风向阳，且 3 年未种过十字花科作物的地块。

(2)播种　选晴暖天气上午，苗床浇足底墒水后播种，一般用 50 孔穴盘育苗，每 667 m^2 用种量 15 g 左右；露地育苗适当稀播，一般每平方米苗床播种量为 5 g。

(3)苗期管理　播种后覆土 1～1.5 cm，气温低时注意闭棚保温；气温高时搭盖遮阳网降温防雨；保持床内温度 20℃左右。出苗 70%～80%时逐渐揭去覆盖物。当幼苗出土浇水后，覆细潮土 1～2 次。播种后 20 d 左右，幼苗 3～4 片真叶时，按大小进行分级分苗，苗间距为 8 cm×10 cm。

(三)整地定植

一般采用低畦或垄畦生产。多雨及地下水位高的地区，应采用深沟高畦生产。每 667 m^2 施腐熟有机肥 4 000 kg、过磷酸钙 15～20 kg、复合肥 30～40 kg，硼砂和钼酸铵各 50 g。施肥后深翻地，使肥土混合均匀。一般早熟品种在幼苗 5～6 片真叶、苗龄 30 d 左右时定植；中、晚熟品种在幼苗 7～8 片真叶、苗龄 40～50 d 时定植。定植株行距，小型品种 30 cm×40 cm、中型品种 40 cm×50 cm、大型品种 60 cm×70 cm。

(四)田间管理

缓苗后，结合浇水进行第一次追肥，每 667 m^2 施尿素 15 kg。此后中耕 1～2 次，第一次追肥后 15～20 d 进行第二次追肥，每 667 m^2 追施充分腐熟的人粪尿 500～700 kg，并浇水 1～2 次，为莲座叶旺盛生长打下基础。

在莲座叶形成时，深中耕 1～2 次，进行蹲苗，从而抑制营养生长过旺，并转向生殖生长。蹲苗至花球直径 2～3 cm 大小，莲座叶色加深，叶片加厚时结束。早熟品种蹲苗期相对于晚熟品种较短。蹲苗结束后追肥浇水，追肥应氮、磷、钾配合，以复合肥为主，每 667 m^2 施 20～30 kg，并及时浇水。

在花球形成期，应保证充足的水分供应，并施复合肥 1～2 次，每 667 m^2 施用 20 kg。在花球形成期，喷施 0.02%～0.05%的硼肥以提高花球的质量和产量。同时，在花球直径 10 cm 左右时，将靠近花球的 2～3 片叶束住，或将叶片保留叶柄折下覆盖于花球表面，采收前 20 d 禁止施肥灌水。

花椰菜主要病害有黑腐病、病毒病、软腐病、霜霉病等；主要虫害有蚜虫、小菜蛾、菜青虫、甜菜夜蛾、斜纹夜蛾、黄条跳甲、烟粉虱等。防治方法参照结球甘蓝。

(五)采收

应根据花球成熟度分批采收。花球充分肥大，色洁白，表面圆正，质地致密，表面凹凸少，未散开时即为采收适期。如果花球边缘已开始散开，说明已过最佳采收时期，应立即采收。如采收过早，花球小，影响产量；采收过迟，花球表面凹凸不平，颜色变黄，品质变劣。采收时用刀割下花球，并保留 2～3 片嫩叶以保护花球在运输销售过程中不受损伤和污染。

五、生产中常见问题及对策

(一)散球

花椰菜生产中，经常出现花枝提早伸长、散开，致使花球松散，花薹高低不齐的现象，严重影响花球的产量和品质。产生原因：品种选择不当；品种纯度不高或有退化；温度过高；花球膨大期缺水干旱。防治措施:选择适合当地生产的优良品种;使用纯度高的种子;花球膨大期合理浇水;适时采收。

(二)早花

早花即早结球、结小球。花椰菜早花的原因主要是植株过早遇到低温,诱导了花球提前分化与形成。早熟品种可能是播种过迟,或是在留种过程未注意按品种进行选择,致使冬性强和弱的种子混收、混打造成的。防治措施:了解品种特性,注意掌握播种期。同时,加强田间管理,及时供应水肥,使植株在一定的生长期限内完成营养生长。

(三)毛花

花球裸露的花枝顶端因气候的影响无规则地伸展所致。这种现象在大田生产中经常发生。根据品种特性掌握好播种时期可以减少发生。

(四)青花、紫花

花椰菜出现青花的原因可能是花球发育过程中处于低温、雾天的环境所致。因此,冬季多雾的地区应调节好播种期。

紫花与环境因素和品种特性有关,是花球临近成熟时,突然低温,糖苷转化为花青素。幼苗胚轴紫色的品种易发生。因此,秋季生产应选择花球耐低温的品种,并采取盖花及适期采收措施。

(五)茎中空

茎中空是由于缺素引起的,特别是在花形成过程中,如果缺硼,茎、叶、球都会出现缺素症状,花球开始出现水浸状,花球表面脱色,最后茎出现中空,腔壁颜色发褐,继续发展会使花球的花蕾、花枝腐烂,也使花球出现中空。防治方法是叶面喷施 0.1%～0.2%的硼酸。

任务四　抱子芥生产

抱子芥是十字花科芸薹属芥菜的一个变种,在川渝地区俗称儿菜,别名角儿菜、芽芽菜、抱儿菜,超生菜等。抱子芥以肥大的肉质茎及茎上的腋芽作为食用器官,富含钙、铁、磷、维生素等,所含钙、磷居各类蔬菜前列,维生素 B_1、维生素 B_2、烟酸的含量也很高,多食抱子芥可防唇干、败火、去油腻。抱子芥栽培区域起先仅限于四川盆地(川渝地区),而后逐步发展到贵州、云南、湖北、湖南、江西、安徽、浙江、江苏、上海等长江中下游及周边地区。

一、生物学特性

(一)植物学特征

抱子芥的根为直根系,不发达,入土较浅,吸收能力弱,怕积水;茎和生长在茎上的芽短缩膨大;叶柄短而肥厚,每个芽块重 100～200 g,主茎与肉质腋芽的重量比约为 1∶4。每株生有儿芽 15～20 个,呈宝塔形(图 6-6)。

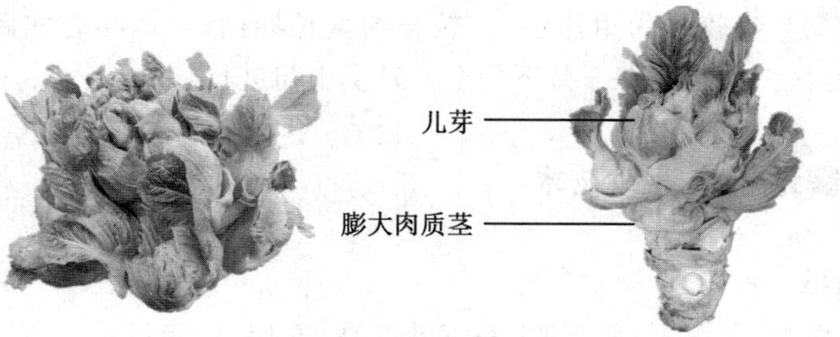

图 6-6　抱子芥主茎及腋芽

(二)生长发育周期

栽培上的重点生长发育阶段是出苗至肉质茎和腋芽充分膨大,可分为 3 个时期。

(1)发芽期　发芽出土期种子吸水膨胀到出现第一片真叶。

(2)幼苗期　幼苗出现第一片真叶到茎部开始膨大的阶段,这一时期的主要特点是叶片的生长和营养体的增大。

(3)茎芽抽生膨大期　茎部开始膨大至现蕾的阶段,此时期茎膨大及茎上的儿芽的抽生膨大同时进行。

(三)对环境条件的要求

(1)温度　喜冷凉湿润,不耐炎热、干旱,不耐霜冻。种子发芽最适温度为 22～25℃,幼苗期生长最适温度为 20℃左右。抱子芥的膨大生长对温度要求较严格,秋季播种后,当气温降至旬均温 17℃左右时,肉质茎开始膨大;当旬均温降至 15℃左右时,腋芽开始膨大腋芽膨大最适温度为 10～15℃。抱子芥耐寒性较差,在膨大后期若气温较长时期处于 0℃以下,肥大的茎、芽及叶片则易受冻害。

(2)光照　抱子芥属低温长日照作物,播种过早和长日照条件下易发生先期抽薹。

(3)水分　抱子芥喜湿润环境,不耐干旱,也不耐涝,特别是在蹲苗以后和儿芽抽生膨大时需要有充足的水分。

(4)土壤及营养　选择无污染或污染轻、无冻害的远郊区种植,栽培土壤要求深厚肥沃,排灌方便、质地疏松的中性或微酸性壤土、黏壤土和砂壤土。土壤的 pH 以 6～7 为宜。在肥料应用上应以有机肥为主,在保证足够多的氮素营养的同时,适当增加磷、钾的施用量。

二、类型与品种

按生长期长短分类,可将抱子芥分为早熟、中熟和晚熟 3 个类型。早熟栽培宜选用熟期 100 d 左右的优良品种,如玉翠儿菜、早富 1 号、正早一号等品种;中晚熟栽培宜选用熟期 120～140 d 的优良品种,如丁家儿菜、临江儿菜等品种。

三、生产季节与茬口安排

如果播期过早、温度较高则会导致出现早期抽薹问题;播期过迟,则容易出现易发病、经受不住霜冻、腋芽少而小的情况,使得抱子芥的产量以及品质受到不同程度的影响。但是,考虑到抱子芥苗期具有较强的耐热性，在较长的生长期内，可以结合实践情况提前播种处理，成都低海拔地区一般都是在 8 月下旬至 9 月上中旬进行。

四、抱子芥露地生产管理技术

（一）品种选择

应选择母茎短粗、子茎多、儿芽胖、经济系数高、熟期早、能提早上市且较抗（耐）病毒病的品种。结合四川不同的地域情况，地方品种主要有临江儿菜、川农 1 号以及南充儿菜等。随着市场需求的提升，市场上也存在经过改良、复壮、提纯的种子，比如万腾、胖又多等。

（二）播种育苗

（1）苗床选择　应选择土层深厚、质地疏松、富含有机质、地势向阳、排灌方便的地块作苗床地，同时应尽可能远离十字花科蔬菜地，减少病毒侵染。苗床宽 1.2 m、土层厚度 10 cm、上铺 2 cm 左右过筛细土。

（2）播种　选晴暖天气上午，苗床浇足底墒水后播种，露地育苗适当稀播，一般每 667 m^2 苗床用种量 350～400 g。均匀播种后覆盖 0.5 cm 厚的石谷子或草木灰、细沙，并加盖无纺布保湿。如果种子较少可采用 72 或 128 孔的穴盘育苗。基质配比为草炭∶蛭石∶珍珠岩＝3∶1∶1，装盘后浇透水并晾 3～4 h 后播种，每穴 1～2 粒种子，盖 0.5 cm 厚的基质并保湿。

（3）苗期管理　出苗后及时控水，见干见湿，土床育苗待幼苗具有 1～2 片真叶时进行第一次间苗，苗间距为 1.5～2 cm，长至 3 片真叶时进行第二次间苗，保持 3～5 cm 株距，保证幼苗健壮生长。穴盘育苗每穴定苗一株即可。

（三）整地定植

选择前茬非十字花科作物或者为水旱轮作的地块，或者土质疏松肥沃的地块为佳。整地结合施基肥，每 667 m^2 施入腐熟有机肥 2 000 kg、过磷酸钙 15 kg、草木灰 50 kg 或 45％的 15-15-15 平衡复合肥 15 kg 作基肥，深翻土地。四川地区一般采用深沟高畦生产，开沟作畦，畦宽 1.2～1.6 m、沟宽 20～30 cm、沟深 15～20 cm，平整畦面。在幼苗长到 4～5 片真叶（日历苗龄 30 d）进行定植移栽，移栽避开高温天气进行，尽量在晴天下午或者阴天定植。注意带土移栽，防止伤根。及时浇定根水，防止根部缺乏水分影响幼苗的生长。早熟品种株行距为 50 cm×60 cm，每 667 m^2 栽 2600 株左右；中晚熟品种株行距 60 cm×60 cm，每 667 m^2 栽 2 200 株左右。

（四）田间管理

追肥的原则是前期轻、中期重、后期轻，整个生长期追肥 3 次。第一次在定植成活后，用 2∶8（2 份肥、8 份水）的稀薄有机肥追施；第二次在定植后 35 d 左右重施开盘肥，每 667 m^2 用腐熟有机肥或沼液 2 000 kg 加尿素 3 kg、过磷酸钙 20 kg 和硫酸钾 20 kg，或 15-15-15 复合肥 30 kg 追施；第三次在定植后 60 d 左右，儿芽膨大的初期，每 667 m^2 用腐熟有机肥或沼液 2 000 kg 加尿素 5 kg，或 15-15-15 复合肥 15 kg 追施。

（五）病虫害防治

常见的抱子芥病害包括病毒病、软腐病和霜霉病；常见虫害包括蚜虫和菜青虫。

（1）病毒病　发病初期可用 2％氨基寡糖素 300～400 倍液或 20％病毒 A 可湿性粉剂

400～500 倍液或 5％菌毒清可湿性粉剂 400 倍液等防治，每隔 7 d 喷施 1 次，连续喷 2～3 次。

(2)软腐病　用 50％代森铵水剂 800 倍液或 14％络氨铜水荆 300 倍液进行防治。

(3)霜霉病　在初期用 70％代森锰锌可湿性粉剂 500～800 倍液或 75％百菌清可湿性粉剂 800 倍液等喷雾控制其发展。

(4)蚜虫　50％吡蚜酮水分散粒剂 2 500～5 000 倍液。

(5)菜青虫　用 Bt 乳剂 500 倍液或 5％抑太保乳液 2 000 倍等药剂喷雾。

(六)采收

抱子芥外叶开始发黄，儿芽超过主茎顶端，完全无心叶呈罗汉状重叠时优质、商品率高，即可进行采收。如需推迟采收应将菜叶折弯盖心，保护儿芽鲜嫩不劣变，如采收过迟容易空心和腐烂。为排开收获期，可在 1 月下旬至 2 月尚未达成熟高峰时提前采收上市。每亩儿芽产量 2 000～2 500 kg。

复习思考题

1. 白菜类蔬菜包括哪些？生产上有哪些相似之处？
2. 简述大白菜在不同生长阶段的水肥管理措施。
3. 结球甘蓝生产中常见问题有哪些？如何解决？
4. 简述春花椰菜的采收标准及提前采收和延迟采收可能引起的后果。

Project 7

项目七

根菜类蔬菜生产

学习目标

一、知识目标

1. 根菜类蔬菜(萝卜、胡萝卜)的生物学特性;
2. 品种的选择;
3. 整地、做畦、播种知识;
4. 肥水管理知识;
5. 病虫害识别与防治知识;
6. 采收及采后处理知识;
7. 根菜类蔬菜生产过程中常见问题发生的原因及解决措施。

二、技能目标

通过理论教学及实践操作,学生全程参与完成根菜类蔬菜(萝卜、胡萝卜)的产前计划、产中管理、产后营销等整个生产过程,能根据季节特点、地域条件及市场需求制订根菜类蔬菜生产计划,熟悉根菜类蔬菜的生产流程,掌握相应生产管理技术及产后销售及效益评估,能独立或协作分析并解决根菜类蔬菜生产过程中常见问题。

三、工作任务

1. 制订根菜类(萝卜、胡萝卜)生产技术方案;
2. 根据市场需要合理选择品种;
3. 掌握根菜类蔬菜播种育苗技术;
4. 掌握整地、做畦与定植技术;
5. 掌握根菜类蔬菜田间管理技术;
6. 掌握根菜类蔬菜采收与采后处理技术;
7. 分析根菜类蔬菜生产过程中常见问题发生的原因并提出解决措施。

凡是以肥大的肉质直根为产品的蔬菜都属于根菜类，主要包括萝卜、辣根、芜菁、芜菁甘蓝、胡萝卜、美国防风、根芹菜、牛蒡、根甜菜、婆罗门参、葛等。目前，我国南方生产最普遍的是萝卜、胡萝卜，其余主要作为特菜生产。根菜类蔬菜适应性强，生长期短，耐贮运，可四季生产，周年供应。根菜类蔬菜富含维生素、糖类、矿物质，可生食、熟食、干制、腌制，是人们喜爱的蔬菜之一。

根菜类蔬菜生产具有以下共同特性：①根菜类蔬菜均起源于温带，多数为耐寒性或半耐寒性的二年生蔬菜，少数为一年生或多年生蔬菜；②喜欢温和的气候环境，在气温由高逐步变低的环境中质优高产；③根菜类蔬菜为深根性植物，适宜在土层深厚、土质疏松肥沃、排水良好的砂壤土生产；④不耐移栽，除用作加工的种类（如大头菜等）采用育苗移栽外，生产上均宜用种子直播；⑤均属异花授粉植物；⑥同科根菜具有共同的病虫害，不宜进行连作。

任务一　萝卜生产

萝卜别名莱菔、芦菔，属于十字花科萝卜属的一、二年生植物，原产我国，生产历史悠久。萝卜适应性强，种植范围广。欧美国家主要生产小型萝卜（又叫四季萝卜，常作一年生生产），亚洲国家（中、日、韩）主要生产大型萝卜（又叫中国萝卜）。我国以秋季生产为主。萝卜富含碳水化合物、维生素和矿物质，对调节人体生理机能和促进健康具有重要作用。萝卜生熟均可食用，为宴席上常用的雕花材料，还可加工腌制和干制，深受消费者喜爱。

一、生物学特性

(一)植物学特征

萝卜属直根系深根性作物，主根入土深度可达 60 cm 以上，主要根系分布在 20～45 cm 土层中。主根膨大成肥大的肉质根，是同化产物的贮藏器官。肉质根的形状、色泽、大小因品种而异，形状上有圆形、长圆筒形、长圆锥、扁圆形等；表皮色红、绿、紫、白等等；肉色有白、紫红、青绿等；肉质根的大小差异很大，10 g 到 15 kg 不等(图 7-1)。

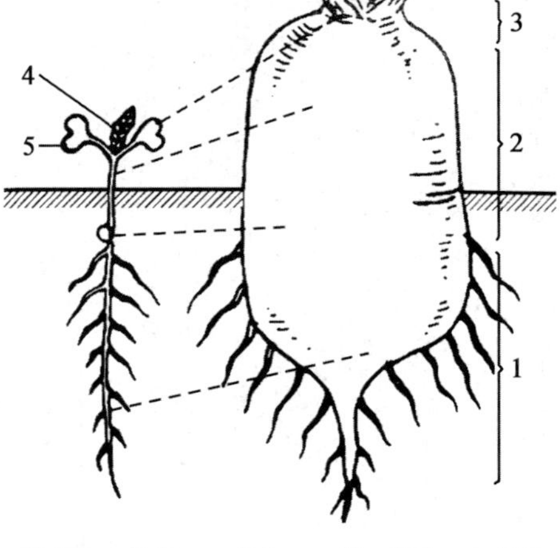

1. 根部　2. 根茎　3. 根头　4. 第一真叶　5. 子叶

图 7-1　萝卜肉质根的形态和组成

萝卜营养生长期为短缩茎，进入生殖生长期后，顶芽抽生花茎（称为主枝），主枝叶腋间可发生侧枝，主侧枝上着生花。萝卜子叶肾形。叶丛在营养生长期着生于短缩茎上，叶片形状、大小、颜色和伸展方式因品种而异。叶丛有直立、半直立、平展、塌地等。花为总状花序，完全花，为白色、粉红或淡紫色，虫媒花，萝卜为天然异交作物。果实为长角果，种子着生在果荚内，每果含种子 3～8 粒，角果成熟后不易开裂。种子为不规则的圆球形，种皮浅黄色至暗褐色，千粒重 7～15 g，种子寿命较短，发芽年限一般为 5 年，生产上宜选用 1～2 年的新鲜种子。

(二)生长发育周期

分为营养生长和生殖生长两个阶段。

1. 营养生长阶段

(1)发芽期　由种子萌动到第一片真叶展开(俗称“破心”)，需 3～6 d。

(2)幼苗期　从“破心”到“破肚”(即有 7～10 片真叶)，需 15～20 d。所谓“破肚”就是指由于真根不断生长，而外部的初生皮层不能相应的生长和膨大，引起初生皮层及表皮破裂的现象(图 7-2)。

(3)叶生长期　又称莲座期，此期肉质根与叶丛同时旺盛生长，又称肉质根生长前期，从破肚到露肩为叶生长期，需 20～25 d。

(4)肉质根生长盛期　从露肩到收获，需 50～60 d(小型和春夏萝卜约需 20 d)。

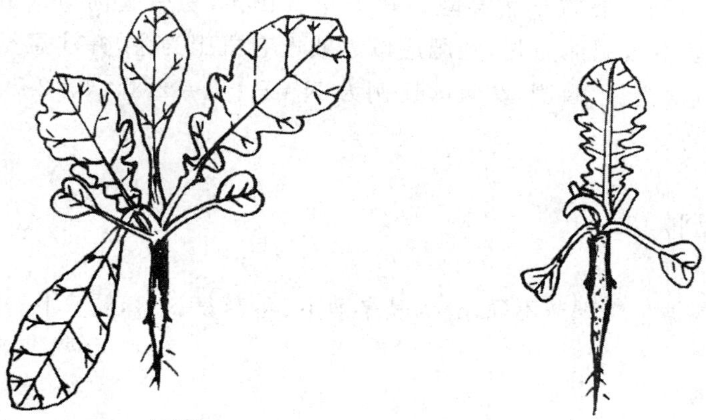

a. 小破肚　　b. 大破肚

图 7-2　萝卜的破肚

2. 生殖生长阶段

(1)抽薹期　从开始抽薹到开花前。高温长日照促进抽薹，此期吸收根开始生长，花茎抽，一般需要 10～15 d。

(2)开花期　在 16～22℃和 12 h 以上的日照下，种株进入开花期，从现蕾至开花需 20～30 d，由下而上开花，花期 25～40 d。

(3)结荚期　从谢花到种子成熟，需 30～50 d。

(三)对环境条件的要求

1. 温度

萝卜为半耐寒植物。种子 2～25℃均可发芽，发芽适温为 20～25℃。茎叶生长温度 5～25℃，最适温度 15～20℃。肉质根生长温度 6～20℃，最适温度 13～18℃。生产上宜选择温度由高到低的秋冬季节，前期温度较高，出苗快，生长迅速，丛叶生长茂密；后期温度低，有利于肉质根的膨大，但当温度低于－1℃时，肉质根易遭冻害。

萝卜属低温感应性蔬菜，从种子萌动到肉质根贮藏期间，均可感应低温而通过春化。多数品种在 2～4℃低温下 10～20 d 即可通过春化，最适宜的春化低温为 5～10℃，温度越高，春化所需时间越长，反之所需时间越短。生产上需根据种植品种合理安排播种时期，以免造成先期抽薹。

2. 光照

萝卜喜光。若光照不足，肉质根膨大慢，产量低，品质差。萝卜属长日照植物。通过春化的植株，长日照及较高温度会引起萝卜抽薹，因此，春播萝卜在生产中容易发生“未熟抽薹”现象。

3. 水分

萝卜喜湿怕涝又不耐干旱，适于肉质根生长的土壤湿度为 65%～80%，空气湿度为 80%～90%。肉质根因土壤渍水易导致烂根或黑心，因土壤过于干燥易导致辣味重，因水分供应不均匀易导致纵向开裂。

4. 土壤及营养

萝卜以富含有机质、土层深厚、排水良好的砂壤土为最好，但含沙过重会造成肉质根细小，质地硬化，常带苦味；黏重土壤会阻碍萝卜正常膨大，易引起肉质根分叉。土壤 pH 以 5.3～7.0 为适。萝卜吸肥能力强，施肥应以迟效性有机肥为主，并注意氮、磷、钾三要素配合，萝卜喜钾肥，其次为氮、磷肥，其吸收比例为 N∶P∶K＝2.1∶1∶2.5。此外，还需补充微肥，如钙、镁、硼等。

二、类型与品种

生产上主要根据生产季节不同，分为秋冬萝卜、冬春萝卜、春夏萝卜、夏秋萝卜和四季萝卜 5 种类型。

(一)秋冬萝卜

秋种冬收，生长期 70～120 d。此类萝卜多为大中型品种，适宜生产的品种多，生长条件适宜，因而产量高，品质好，耐贮运，是萝卜生产中最普遍的一类。长江流域一般立秋至处暑播种，11—12 月份大量上市。代表品种有薛城长红、济南青圆脆、石家庄白萝卜、北京心里美和澄海白沙火车头等。

(二)冬春萝卜

中国长江以南及四川省等冬季不太寒冷的地区种植。10 月下旬播种，露地越冬，3—4 月份收获，生长期 120～150 d。耐寒、冬性强、不易糠心。代表品种有冬萝卜、冬春 1 号、冬春 2 号、武汉春不老萝卜、成都春不老萝卜和蜀萝 9 号、杭州笕桥大红缨萝卜和澄海南畔洲晚萝卜等。

(三)春夏萝卜

从 12 月上旬至 3 月上旬可播种，4—5 月份收获，生长期 45～60 d。生长期较短，一般为 45～60 d，播种期或栽培管理不当易先期抽薹。主要生产品种有：三月萝卜、春红 1 号、春白 2 号、北京炮竹筒、蓬莱春萝卜，南京五月红等。

(四)夏秋萝卜

夏季(7 月上中旬)播种，秋季(8 月下旬始收)收获，生长期 50～70 d。这类萝卜生长在高温多雨季节，病虫害严重，应选用抗热、抗病虫、不易空心、生长期短的品种。主要生产品种有：半节红、心里美、广州蜡烛趸、双红 1 号、夏抗 40 天、短叶 13 号、东方惠美和中秋红萝卜、杭州小钩白等。

(五)四季萝卜

多数是小型品种，周年均可播种，但以春播为主。其主要特点是叶小、叶柄细、肉质根小、极早熟(生长期 40～50 d)、耐寒抗热性强，适于生食、腌渍。主要生产品种有：上海小红、南京杨花、樱桃萝卜、算盘籽、小寒萝卜、烟台红丁、四缨萝卜等。

近年来为适应国际市场的需要，特别是满足韩国、日本等对腌渍、制干等白萝卜专用品种的需求，我国许多地区相继从韩国引进了出口创汇萝卜品种，如白光、世农 R706、大一早光、大一春和田、寒玉、汉白玉、特新白玉、白玉春、美白春、长春大根、大棚大根等，从日本引进了玉大根、跃进系列(夏跃进、成功跃进、真冬跃进)、耐病总太、理想系列(如耐病理想大根)、天春大根、四月白、立春大根等。

三、生产季节与茬口安排

南方地区，一般除了酷夏和严冬不宜生产外，其余时期均可生产(表 7-1)，具体要根据当地的气候条件、季节等，选用适宜的萝卜品种。

表 7-1　南方主要地区的萝卜生产季节与茬口安排

地区	茬口	播种期(月/旬)	收获期(月/旬)
上海	春萝卜	2/中至 3/下	4/上至 6/上
	秋萝卜	8/上至 9/中	10/下至 11/下
南京	春萝卜	2/中至 4/下	4/中至 6/上
	秋萝卜	8/上至 8/中	11/上至 11/下
广州	冬萝卜	10 月份至翌年 2 月份	2 月份
	夏萝卜	5—7 月份	7—9 月份
	秋萝卜	8—10 月份	11—12 月份
重庆	冬萝卜	10/下至翌年 1/中	2/中至 3 月份
	秋萝卜	8/上至 9/上	11 月份至翌年 1 月份
贵阳	冬萝卜	9/中	2 月份/中、下
	夏萝卜	5—7 月份	6 月份/下至 9 月份
	秋萝卜	8/中至 9/上	11 月份/中至 12 月份
昆明	春萝卜	11 月份至翌年 1 月份	3—5 月份
	夏萝卜	3—6 月份	6—9 月份
	秋萝卜	7—8 月份	10—11 月份
	冬萝卜	9—10 月份	12 月份至翌年 2 月份

四、生产技术

(一)春萝卜生产技术

1.品种选择

选择具备耐寒性强、产量高、肉质脆嫩、不易抽薹、不易糠心、生育期短(55～70 d)等优良特征特性的品种。目前,适宜生产的品种有白玉春、春白玉、蜀萝9号、白光、超级白春玉、长春大根等,这些品种根皮、肉全白,光滑,肉质脆嫩,味甜,裂根少、无糠心,单个重0.5～2 kg。

2.整地、施肥、做畦

萝卜忌连作,前茬作物以最好是茄果、瓜、豆类等非十字花科作物为宜。选择土层深厚肥沃、排水条件较好的壤土,前茬作物清园后,深翻土壤30 cm以上,晒5～7 d,施入腐熟农家肥2 000～3 000 kg或生物有机肥200 kg、三元素硫酸钾型复合肥50～100 kg、尿素10 kg、硼砂0.5～1 kg,肥料要深施,肥土混合均匀,碎土耙平后做高畦。一般畦宽连沟1～2 m,高20～30 cm,每畦种植两行或多行。

3.适时播种

春萝卜对播种时期要求较高,过早易抽薹,过迟易发生病虫草害,总原则是保证地温在10℃以上时播种。大棚生产的,可在1月下旬至2月上中旬播种,4月上旬开始采收;露地地膜覆盖生产的,可在3月中下旬至4月上旬播种,5月中下旬至6月上旬采收;小拱棚加地膜覆盖生产的,播种期可提前到3月上中旬。具体播期应根据当地气候条件、设施情况、品种特性及市场需求等而定。

春萝卜通常干籽直播,株行距25 cm×35 cm,每穴点播2～3粒,注意种子尽量分散开,播后覆细土约1 cm,若用细干粪覆盖最好,播后及时浇水。每667 m^2 用种150～250 g。

4.田间管理

(1)间苗、定苗和补苗　设施生产的一般播种后4～5 d就可出苗;露地生产的,要晚一些。间苗定苗要掌握"早间晚定"的原则,2～3片真叶时间苗,一般在"破肚"(6～7片叶)时定苗,留一壮苗。对地膜覆盖生产的,需及时破膜露苗。对没出苗的,需及时补缺。

(2)中耕、除草和培土　农谚说"萝卜怕痒,越薅越长",封行前可进行2～3次中耕,掌握"先深后浅,先近后远"原则,封行后停止中耕。中耕可疏松土壤、清除杂草、提高地温、防止病虫害、促进生长。肉质根膨大期适当培土有利于产品器官形成。

(3)水分管理　萝卜抗旱能力弱,要适时适量均匀供水,若水分不足,易导致萝卜瘦小、口感粗糙、辣味浓、易空心,水分过多,叶片徒长、病害严重。播种后及时浇透水,促进种子萌发;幼苗期见干见湿,保持土壤湿润;莲座期需水分较多,但土壤适当干燥利于防止茎叶徒长;肉质根生长盛期,必须充分供水,切忌忽干忽湿而导致肉质根开裂或空心。雨季及低洼地特别要注意排水,防烂根及黑心。收获前5～7 d停止灌水。

(4)肥料管理　追肥主要分三次进行,第一次在播后15 d左右,即大部分萝卜"破心"时,轻追一次人粪尿,粪、水比例为1∶6;第二次在播后30 d左右,即大部分萝卜"破肚"时,每667 m^2 追施尿素20 kg;第三次在播后45 d左右,即大部分萝卜肉质根生长盛时,每667 m^2 追施尿素15 kg,硫酸钾15 kg。此外,用0.1%～0.25%的硼砂叶面喷施,可防黑心病。采收前20 d，用0.2%～0.3%的磷酸二氢钾叶面喷施，可提高萝卜产量和质量。

(5)病虫害防治

①萝卜的主要病害有病毒病、黑腐病、霜霉病、软腐病、黑斑病、白斑病等。病毒病可用2%宁南霉素、2%菌克毒克、20%康润Ⅰ号等防治；软腐病可用3%克菌康、消菌灵、新植霉素等防治；黑腐病可用47%加瑞农、70%品润、50%翠贝、70%安泰生等防治；霜霉病可用25%雷多米尔、72%霜克、50%甲米多等防治；黑斑病、白斑病可用10%世高、70%安泰生、10%多抗霉素、52.5%抑快净等防治。

②萝卜的主要虫害有蚜虫、菜青虫、野蛞蝓等。蚜虫可用10%烟碱、80%烯啶吡蚜酮、25%阿克泰、10%烯啶虫胺、20%啶虫脒等防治；菜青虫可用0.5%甲维盐(绿卡)、3%甲维盐、5%氟虫脲(卡死克)、5%氟伏虫脲(抑太保)等防治；野蛞蝓可用6%四聚乙醛(密达)颗粒剂、6%甲萘威·四聚乙醛(蜗克星)、5%四聚乙醛(梅塔)等防治。

5.采收

当萝卜肉质根充分膨大，叶色开始转变为黄绿色时，即可采收。采收过早则产量较低，过晚则易糠心，品质下降。

(二)秋冬萝卜生产技术

1.品种选择

秋萝卜品种的选择，应结合市场对品种的需求、播种地块的土质、当地的气候情况来选择。多选用生长期短、上市早的萝卜，如宁波圆白、昆山圆白等。晚秋萝卜的品种有夏美浓4号、天春大根、胶州青萝卜、成都满身红、枇杷樱等。露地越冬宜选用肉质根全埋或微露土面的品种，如太湖晚长白、杭州迟花萝卜、上海筒子萝卜、春不老等。

2.选地、整地、施基肥

秋冬茬萝卜宜选择土壤肥沃、土层深厚、疏松通气、排水良好、保肥保水、水源充足的壤土或砂壤土地块种植。前茬收获后，每667 m^2施入腐熟的优质有机肥3 000～5 000 kg、三元素硫酸钾型复合肥50～100 kg、尿素10 kg、硼砂0.5～1 kg，肥料撒施后将土壤深翻，整细、整平。生产中小型品种做成平畦，生产大型品种做成高垄。成都砂壤土地区可用开沟机机器做成宽40 cm、高25 cm、沟宽40 cm的小高畦。

3.适时播种

长江流域一般立秋至处暑播种，成都地区最早可在8月中旬播种，10月20日前后即可上市。播种采用直播法，大型品种多采用穴播或条播，穴播时采用人工点播或机器播种，穴播需0.3～0.5 kg/667 m^2，每穴点播2～3粒，中型品种条播的需0.6～1.2 kg/667 m^2，小型品种撒播的需用1.8～2.0 kg/667 m^2。种植密度为大型品种行距50～60 cm，株距25～40 cm；中型品种行距40～50 cm，株距15～25 cm；小型品种株距10～15 cm。播种深度1.5～2.0 cm。对于纯度高、粒大饱满的新种子，可以1穴播1粒，每667 m^2用种量约125 g。播种时，先浇足底水造好底墒再播种为好。

4.田间管理

播种后经2～3 d种子可发芽出土，播后3～4 d检查出苗情况，应抓紧补播，可轻浇1次水，保持土壤湿润，保证全苗。苗出齐后及时中耕松土。幼苗出土后要及时间苗，间苗的原则是“早匀苗，稀留苗，晚定苗”。第1次间苗于苗出齐后2片子叶展平时将幼苗间开，以防止幼苗拥挤、相互遮阴、徒长。第2次间苗在2～3片真叶时进行，穴播的可每穴留2～3株苗，条播的可按 10 cm 左右的距离留 1 株苗，拔除一些叶形及色泽不具有品种特征的杂苗、病虫害苗、小苗、弱苗、高脚苗及畸形苗。第 3 次定苗在幼苗 5～6 片真叶(大破肚)时按规定株距进行，选择 1 株具有原品种特征的健壮苗，其余苗全拔除。幼苗期和叶片生长盛期浇水以地面见干见湿为原则，同时配合浅中耕、培土、适当蹲苗。根部生长盛期，需充分均匀地供水，以保证产品器官的形成。在多雨季节，应加强排水。收获前 7 d 停止浇水，以防止肉质根开裂，提高贮藏性，延长萝卜的采后保鲜期。

萝卜施肥以基肥为主，追肥为辅。幼苗具 2～3 片真叶时追施 1 次提苗肥，结合灌水每 667 m^2 施尿素 10 kg。肉质根开始膨大时追第 2 次肥，每 667 m^2 追施萝卜专用肥 15～20 kg，或施尿素 15 kg，硫酸钾 15 kg。大、中型萝卜于幼苗期到封垄前，一般要求结合除草中耕 2～3 次，后期可进行根际培土。

可一次性施足底肥、采取地膜覆盖、施用芽前除草剂等技术措施，可省去间苗，中耕除草、施肥等工序，降低生产成本。

5. 收获

当田间萝卜肉质根充分膨大，叶色转淡渐变黄绿时，为收获适期。秋播的多为中、晚熟品种，需要贮藏或延期供应，可稍迟收获，但须防糠心，防受冻。采收以晴天的早上露水刚干或傍晚时为宜，采收过程中要轻拿轻放，以避免损伤，还应剔除畸形和有病虫害的产品，保证商品的整齐性。采收结束后，及时将萝卜的残枝败叶运出田块，保持地块清洁，减少后茬病虫害的发生。

五、生产中常见问题及对策

(一)先期抽薹

先期抽薹是指肉质根尚未充分肥大就出现花薹，甚至开花。先期抽薹造成肉质根失水、肉质疏松、空心，无食用价值。主要原因是播种过早、品种选择不当、管理不到位等。防治对策：选择冬性强的品种；采用新种子；适期播种；加强水肥、病虫害管理等。

(二)畸形根

萝卜肉质根出现分叉、弯曲、扭曲等。可能原因：种子质量、土壤条件、肥水管理或病虫害。防治对策：选用优质种子，选择土层深厚疏松的砂壤土或壤土，进行深耕并清除土壤中的石块、土块等硬物，有机肥要充分腐熟，播种密度适中，追肥要适时适量、均匀，灌水适时适量和及时防治病虫害等。

(三)裂根

主要原因是生长期土壤水分供应不均匀，忽干忽湿。氮肥过多、管理不到位、收获过晚等也会造成裂根。防治对策：干旱时，均匀供水；水分过多时，及时排水。适时适量补充氮肥，加强管理，适时采收。

(四)糠心

主要发生在露肩时期。与品种、生产条件与田间管理有关。防治对策：选择肉质密实品种，适期播种和合理密植，肥水供应及时足量，增施钾肥和钙肥，及时采收。

(五)黑心

因肉质根缺氧导致呼吸困难而引发，主要原因是土壤条件，如土壤板结，土壤含水过多，有机肥没有充分腐熟等。防治对策：严格控制土壤板结，加强水分管理，施用充分腐熟的有机肥和及时防治黑腐病等。

(六)辣味和苦味

辣味主要与品种、干旱、酷热、肥水不足、病虫为害、有机肥不足和播期不适等有关。苦味主要与品种，氮肥过多，磷、钾肥不足，水分管理不到位等有关。防治对策：选择优良品种，重视有机肥的施用，增施磷、钾肥，适期播种，加强温度、水肥管理和及时防治病虫害等。

任务二　胡萝卜生产

胡萝卜别名红萝卜、黄萝卜等，属伞形花科二年生草本植物，原产阿富汗。胡萝卜适应性强，病虫害少，生产容易，耐贮运。胡萝卜色泽鲜艳、质脆味美。富含胡萝卜素、叶酸、钙质及各种维生素，对人体有降压、强心、抗炎、抗过敏、增强视力、防止血管硬化、降低胆固醇等作用，人称“小人参”。胡萝卜可鲜食(炒、烧、炖、煮等)、加工(胡萝卜汁、胡萝卜酱、脱水保鲜、提炼胡萝卜素等)。国际市场对胡萝卜需求量猛增，目前我国的胡萝卜生产面积居世界第一。

一、生物学特性

(一)植物学特征

胡萝卜属直根系深根性，主根系主要分布在20～30 cm土层范围内。肉质根形状有圆、扁圆、圆锥、圆筒等；根有紫红、橘红、粉红、黄、白、青绿等色；食用部分主要由次生韧皮部构成。叶丛生于短缩茎上，三回羽状复叶。茎在营养生长期短缩，生殖生长期抽生花茎。复伞形花序，完全花，白色或淡黄色，雌雄同株，虫媒花。双悬果，椭圆形，皮革质，密生刺毛，吸水透气性差，种胚很小，常发育不良或无胚，出土力差，出苗缓慢，发芽率70%左右，生产上以此为种子。千粒重1.1～1.5 g。

(二)生长发育周期

总体与萝卜相似，营养生长期分为发芽期、幼苗期、叶生长旺期和肉质根膨大期4个时期。各时期经历时间较萝卜稍长。一般发芽期10～15 d，幼苗期约25 d，叶生长旺期25～30 d，肉质根膨大期30～60 d。

(三)对环境条件的要求

(1)温度　胡萝卜耐热、耐寒能力都比萝卜强。种子在4～6℃时开始萌发，发芽适温为20～25℃，幼苗既耐低温又耐高温，肉质根膨大期适温为13～18℃，低于3℃停止生长。

(2)光照　胡萝卜喜欢光照充足。胡萝卜为长日照作物，在14 h以上的长日照条件下通过光照阶段而抽薹开花，易形成走茎及植株地上部分快速生长；光照时间过短，胡萝卜延缓开花，根部易产生芽，形成小苗，从而影响胡萝卜的品质。

(3)水分　胡萝卜属于深根作物，吸水力强，耐旱力比萝卜稍强。适宜土壤湿度为田间最大持水量的60%～80%。干燥炎热环境容易导致肉质根小而粗硬，特别是水分供应不均时，易引起肉质根开裂。

(4)土壤及营养　胡萝卜喜有机质、土壤肥力高、排水良好而深厚的砂壤土，土壤 pH 以 6～8 为宜。营养吸收量以钾最多，氮次之，磷最少，比例为 N：P：K=2.5：1：4。

二、类型与品种

胡萝卜根据根的形状来分类，可分为长圆柱形、长圆锥形、短圆锥形 3 个类型；产品根据颜色可分为黄色、橘红色、红色 3 种。

(一)根据根形分类

(1)长圆柱形　肉质根细长，根头略粗，根尖钝圆，晚熟，如南京、上海的长红胡萝卜，湖北麻城棒槌胡萝卜，浙江东阳、安徽肥东黄胡萝卜，广东麦村胡萝卜，云南昭通、大理黄萝卜，攀枝花长筒胡萝卜，日本新黑田五寸，红誉五寸，江苏扬州红 1 号、长红胡萝卜、棒槌胡萝卜、麦村胡萝卜和肥东胡萝卜等。

(2)长圆锥形　多为中晚熟品种，红色或紫红色，味甜，耐贮藏，如昆明十香菜、大理红萝卜、攀枝花胡萝卜、汕头红胡萝卜、黑田五寸等。

(3)短圆锥形　早熟、耐热、产量低、春季生产抽薹迟，外皮及内部均为橘红或鲜红色，单根重 100～150 g，肉厚、心柱细、质嫩、味甜，宜生食，如广东麦村金笋、江苏烟四季胡萝卜、红福四寸、三寸胡萝卜等。

(二)根据根形分类

(1)黄色胡萝卜　富含叶黄素及杂色素，如“王宗二胡萝卜”，根皮及根肉色为黄色，根髓部浅黄色，根髓小，含水量少，肉质脆，口感甜；“安徽黄胡萝卜”，根皮根肉黄色，根髓部深黄色，根髓中等，根肉含水量中等，肉质疏松，风味浓。

(2)橘红色胡萝卜　其富含胡萝卜素，如“潜山东风胡萝卜”，根皮及根肉橙红色，根髓小，根肉含水量少，肉质细密、脆嫩，口感甜；“厦道胡萝卜”，根皮及根肉红色，根髓部橙红色，根髓小，根肉含水多，肉质脆，口感甜。

(3)红色胡萝卜　其富含番茄红素，如“潜山红胡萝卜”，根皮根肉为红色，根髓部浅红色，根髓小，含水量少，肉质致密，口感甜；“望山红萝卜”，根皮根肉红色，根髓部红色，根髓部小，根肉含水量多，肉质致密，口感甜。

三、生产季节与茬口安排

胡萝卜在长江中下游可 7—8 月份播种，华南地区 9 月份至 10 月下旬播种，西南云贵高原 3—8 月份均可播种。农谚“七大八小九丁丁”，说明播种期越晚，产量越低。总体上，南方地区越往北或高寒山区可适当提前，越往南、平原坝区或低热河谷等宜适当推迟，具体应视当地海拔、市场需求等情况而定。

四、春胡萝卜生产技术

胡萝卜通常作秋季生产，但近年随着人们对反季节蔬菜的需求增加，市场价格升高，同时为满足出口创汇需要，许多地区进行反季节生产(春种夏收)，获得了较好的经济效益，现介绍春胡萝卜生产技术。

(一)品种选择

春季生产胡萝卜,市场价格高,但产量较低,品质较差,故要求品种应具有早熟(生育期90～100 d)、不易抽薹或抽薹晚、耐寒、耐热、抗病、丰产等优点。目前国内生产的春胡萝卜品种多从国外引进,主要有日本的新红胡萝卜、新黑田五寸、黑田五寸、红福四寸、红誉五寸、新星田五寸、金港五寸、时无五寸、花不知旭光、春时金五寸。我国的春胡萝卜品种有台湾的山道林,烟台的三寸胡萝卜、齐头黄胡萝卜等。

(二)整地施肥做畦

胡萝卜是深根系根菜类蔬菜,主要食用肉质根。因此,应选土层深厚、富含腐殖质、水源方便的壤土或砂壤土,切忌选黏重土和排水不良地。前茬以小麦、玉米和豆类为好,其中以豆类茬最好。前作收获后,及时清洁田园,每667 m^2 施3 000 kg腐熟农家肥、复合肥30 kg、过磷酸钙40～50 kg做基肥,深翻25～30 cm,使土肥均匀混合。播前灌底墒水,精细耙地2～3遍,使之达到"齐、平、松、碎、净、墒"的标准。南方多雨地区多采用高畦生产,畦面1.5 m左右。北方垄作生产,垄距60 cm,高20 cm。少雨地区一般采用平畦生产,畦面1～1.2 m,畦埂宽25 cm,高20～25 cm。

(三)适时播种

决定春胡萝卜生产成败的关键是播种期。应以5 cm地温稳定在7℃以上时播种为宜。过早易抽薹,过晚肉质根生长不良。长江流域春胡萝卜均在早春2—3月份直播,5—6月份采收上市。具体播期应根据当地气候条件、设施情况、品种特性及市场需求等而定。

胡萝卜种皮革质,密生刺毛,播前应搓去种皮上的刺毛,然后浸种催芽。浸种时将种子放入55℃水中,水量以种子量的5倍为宜;不断搅拌,待水温降至30℃时,再浸种12 h,然后置于25～30℃条件下催芽,每2 h换水1次,换水3～4次即可播种。播种前可先将种子拌入适量沙土,然后撒播。在厢面上按行距20 cm开5 cm深的小沟条播,先浇水,后条播,然后盖土1.5 cm,最后浇透水即可。也可均匀撒播。若采用地膜覆盖的,则盖膜保湿,以利于种子出苗,苗子出土后暂不撤地膜,等到苗子将顶住薄膜时再将其去掉。每667 m^2 种植20 000株。

(四)田间管理

1.间苗、定苗、中耕

从播种至子叶展平、真叶露心需10～15 d。一般进行两次间苗。第一次在1～2片真叶期,间除拥挤苗,株距5 cm,并在行间浅锄;在4～5片真叶时第二次间苗,即定苗,去掉劣株、病株和过密株,株距10～12 cm,每667 m^2 留苗20 000株左右。

2.肥水管理

春胡萝卜的发芽和幼苗期正值早春低温,在保证土壤不干旱的情况下应少浇水、多中耕。第一次浇水时间不要太早,一般在定苗后5～7 d("破肚"期,5～6片真叶)时进行,可结合浇水追施催苗肥,每667 m^2 追施硫酸铵或尿素10～15 kg,或腐熟人粪尿1 000 kg。7～8片真叶时地上旺盛生长期,要适当控制浇水,进行中耕蹲苗,促使主根下伸和须根发展,防止叶部旺长。肉质根膨大初期(播种后约60 d,肉质根约手指粗)因气温回升,植株生长较快,需水肥较多,应及时进行浇水施肥。小水勤浇,经常保持土壤湿润,最好在早晚进行,避开中午高温时期,同时每667 m^2 追施三元复合肥25 kg、硫酸钾10 kg。此期如果土壤过干易引起肉质根木栓化，侧根增多；过湿则使肉质腐烂；忽干忽湿造成肉质开裂，降低产量和品质。在膨大期由于浇水或雨水冲刷等原因，容易出现肉质根顶部露出地面形成青肩，影响其品质，应及时培土。胡萝卜收获前 10 d 停止浇水。

3. 中耕除草

结合定苗进行 2 次浅中耕。春胡萝卜生产密度较大，且幼苗生长缓慢，除草费工费时，因而播种后 1～2 d 要及时除草，一般用 50%扑草净、25%除草醚喷洒土面，可防除多种一年生杂草。出苗后可使用 10.8%盖草能喷洒，可除去单子叶杂草。

4. 病虫害防治

胡萝卜主要病害有软腐病、黑腐病、霜霉病、叶枯病等，防治方法可参考萝卜。主要虫害有蚜虫、茴香凤蝶等。茴香凤蝶可用 20%灭幼脲、20%虫酰肼、10%除尽、90%万灵、5%锐劲特、5%抑太保等防治。

(五)采收

春胡萝卜播种后 90～100 d 即可收获，成熟的标志是：叶片停止生长，无新叶产生。收获期正值炎热的夏天，雨水较多，如果遇大雨天气且田间排水不畅时，极易发生肉质根腐烂的现象，故须及时收获，收获太晚时肉质根发硬，商品性下降。

五、生产中常见问题及对策

春胡萝卜生产中常见的问题主要有先期抽薹、分杈、裂根、瘤状突起、青肩、长须根、颜色变异和肉质根中心柱增粗等。先期抽薹、分杈、裂根等问题的防治对策参考萝卜生产的相关内容。

(一)瘤状突起

当胡萝卜肉质根侧根发达时，致使表面隆起成瘤包状，表皮不光滑，影响商品质量。发生原因主要是生产地块黏重，通透性不良；施肥过多，特别是氮肥过多，致使生长过旺，肉质根膨大过速等。防治措施：选用土层深厚，疏松透气，排水良好的砂壤土生产，合理施肥，特别注意肉质根膨大期氮肥不能过多。

(二)青肩

青肩表现为胡萝卜根茎连接处颜色较青，由于根部未完全被土覆盖，阳光灼晒而引起；青色部分口感较差，使其商品性降低。发生原因主要是植株生长后期培土少，或土层过浅。防治措施：选择土层深厚的土壤生产，并加强中耕培土。

(三)长须根

长须根主要由于土壤紧实或排水不良、通气性差造成。防治措施：选择适当土壤、适当浇水、深耕细耙、中耕松土。

(四)颜色变异

发生原因主要是耕层太浅，根膨大期不注意培土或播期太晚，使肉质根膨大期处于在 7—8 月份高温期，导致胡萝卜素、茄红素的积累受阻，产生颜色变异，发白或发黄。防治措施：深耕细耙、中耕松土、垄播等措施可使胡萝卜颜色变深，根皮光滑。增施钾、镁肥也可提高胡萝卜素含量，改善肉质根颜色。

(五)肉质根中心柱增粗

发生原因主要与品种、株行距过大、氮肥过多有关。防治措施:选择优良品种,间苗间距要适当,补充氮肥适中等。

复习思考题

1.在生产中如何预防春季生产的萝卜、胡萝卜先期抽薹?

2.简述萝卜不同生长阶段的肥水管理措施。

3.萝卜生产中常见的问题有哪些?如何解决?

4.简述春胡萝卜生产流程及注意事项。

Project 8

项目八

葱蒜类蔬菜生产

学习目标

一、知识目标

1. 葱蒜类蔬菜(大蒜、韭菜、大葱、洋葱、藠头)的生物学特性;
2. 品种的选择;
3. 育苗知识;
4. 整地、做畦、定植等知识;
5. 肥水管理知识;
6. 病虫害识别与防治知识;
7. 采收及采后处理知识;
8. 葱蒜类蔬菜生产过程中常见问题发生的原因及解决措施。

二、技能目标

通过理论教学及实践操作,让学生全程参与完成葱蒜类蔬菜(大蒜、韭菜、大葱、洋葱、藠头)的产前计划、产中管理、产后营销等整个生产过程,使学生能根据季节特点、地域特征及市场需求制订葱蒜类类蔬菜生产计划,熟悉葱蒜类蔬菜的生产流程,掌握相应生产管理技术及产后销售及效益评估,能独立或协作分析并解决葱蒜类蔬菜生产过程中常见问题。

三、工作任务

1. 会制订葱蒜类蔬菜(大蒜、韭菜、大葱、洋葱、藠头)生产技术方案;
2. 会根据市场需要合理选择品种;
3. 能掌握葱蒜类蔬菜播种育苗技术;
4. 能掌握整地、做畦与定植技术;
5. 掌握葱蒜类蔬菜田间管理技术;
6. 掌握葱蒜类蔬菜采收与采后处理技术;
7. 能分析葱蒜类蔬菜生产过程中常见问题发生的原因并提出解决措施。

葱蒜类包括大蒜、韭菜、洋葱、大葱、分葱、细香葱、薤(藠头)等,都属于百合科葱属的二年或多年生草本植物,因具有特殊的辛辣气味,也叫"香辛类蔬菜",又因形成鳞茎,又可称"鳞茎类蔬菜"。其中韭菜、大葱、分葱、薤等为我国原产。葱蒜类蔬菜主要以嫩叶、假茎、鳞茎或花茎为食用器官,营养丰富,风味独特,同时具有极高的药用价值(如从大蒜中提取大蒜素,从洋葱中提取洋葱素等),深受广大人民群众的喜爱,在蔬菜生产中占有极其重要的地位。

葱蒜类蔬菜多起源于西亚大陆性气候,其共同的生长发育特性是:①形态特征上,具有短缩的盘状茎、喜湿的线状根系,耐旱的叶型,具有贮藏功能的鳞茎或假茎。②环境需求上,适应温度范围广,喜凉爽气候,耐寒性强;需中等强度光照;地上部分生长期要求土壤湿润,空气湿度宜低,鳞茎形成期要求土壤和空气较干燥;均为长日照植物,属绿体春化类型,较长日照和较高温度有利于鳞茎的形成。③繁殖方式上,具有分蘖特性,繁殖方式多样。

葱蒜类蔬菜生产的共同特性:①植株低矮,叶片直立,叶面积小,适于密植或间套作。②繁殖方式分有性和无性两种,种子寿命短,生产上应使用当年新种子。③必须注意及时除草。④根系吸收能力差,种植密度大,应加强水肥管理。⑤有共同的病虫害,应避免连作。⑥根系可分泌杀菌素,是其他作物最理想的前作或间套作作物。

任务一 大蒜生产

大蒜为百合科蒜属一、二年生草本植物,原产亚洲西部,在我国已有 2 000 多年的生产历史。由于大蒜营养丰富,风味独特,用途广泛,耐贮运,具有杀菌、抑菌、抗毒等医疗、保健功能,对高血脂、高胆固醇、糖尿病、心脏病及胃、肠、肝、肺、乳腺等癌症有减轻症状及治疗作用,药用价值极高,因而受到世人的喜爱。我国是世界上最大的大蒜生产国和消费国,以产量多、质量优、价格低而闻名于世,年出口量在 1×10^6 t 以上,竞争力极强,创汇额居同类产品之首。

大蒜的幼苗(青蒜、蒜苗)、花茎(蒜薹)和鳞茎(蒜头,包括瓣蒜和独蒜)均可食用,大蒜在我国南北方均生产普遍,但南方以采收青蒜苗、蒜薹为主,北方则以采收蒜头为主。蒜头可佐餐或加工成各种腌渍品、调料和大蒜粉等,还可提取大蒜油(主要成分为大蒜素),故被广泛应用于日常生活、医药、化工及食品工业等方面。

我国大蒜的主要产地:山东省金乡县、商河县、兰陵县、广饶县、茌平县、成武县,河北省永年区、大名县北部,江苏邳州市,河南省杞县、中牟县贺兵马村,江苏省射阳县、太仓市,上海市嘉定区,安徽省亳州市、来安县,四川省彭州市隆丰镇及周边地区、温江区,云南省大理市及新疆维吾尔自治区等地。

一、生物学特性

(一)植物学特征

大蒜属浅根性作物,无主根,线状须根系(图 8-1),主要根群分布在纵向 25 cm 深的土层内。因大蒜根系不发达,根毛少,分布浅,吸收力差,故喜湿、耐肥、怕旱。茎为扁圆形短缩茎,随着植株生长而增大。营养生长期,茎基部生根,顶面端分化叶原基。生殖生长期,顶生花芽,最后抽出花茎,即能食用的蒜薹。同时花序基部周围叶腑间形成侧芽,即蒜瓣。当鳞茎成熟后,短缩茎干缩硬化。大蒜叶由叶片和叶鞘组成,叶片扁平披针状,叶小而直立,表面具有蜡粉,多层圆筒形叶鞘环抱成假茎,为青蒜的主食部分。大蒜鳞茎由鳞芽、叶鞘和短缩茎三部分组成(图 8-2),是大蒜的主要产品器官。鳞芽通称蒜瓣,植物形态学上是短缩茎上的侧芽,由两层鳞片和一个幼芽构成,外层为保护鳞片(保护叶,即蒜皮),最内层为贮藏鳞片(贮藏叶,即食用部分),肉质肥厚,为鳞芽的主要部分。保护鳞片在鳞茎膨大期因养分转移而干缩成膜状,裹住贮藏鳞片,防止水分蒸发。大蒜的鳞茎一般由 5～10 个鳞芽组成。

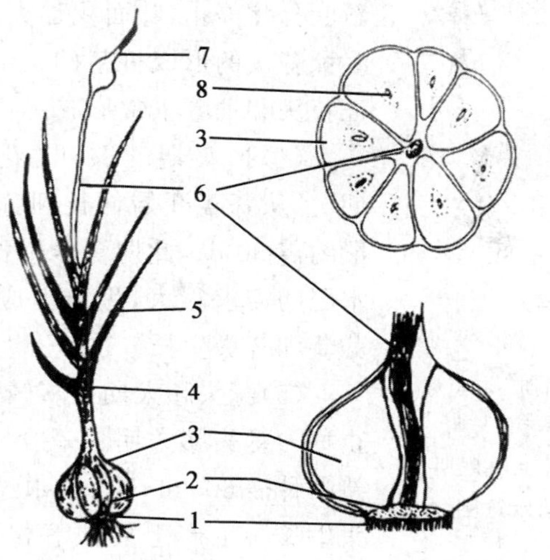

1.须根　2.茎盘　3.鳞茎　4.假茎　5.叶片　6.花茎　7.总苞　8.芽孔

图 8-1　大蒜植株及产品器官形态

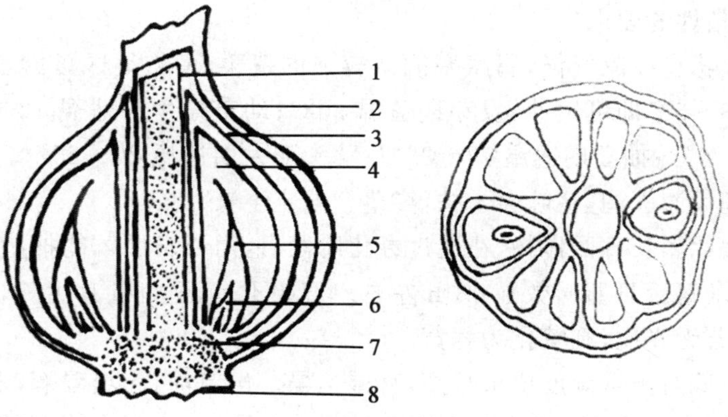

1.花茎　2.叶鞘　3.保护叶　4.贮藏叶　5.发芽叶　6.真叶　7.茎盘　8.根原基

图 8-2　大蒜鳞茎的构造

(二)生长发育周期

大蒜的生育期长短因气候、品种、播种期及产品收获等不同而有差异,一般作秋播春收生产,需 210～270 d,但目前有些地方也作春播夏收早熟生产,需 90～150 d。大蒜生育过程一般分为萌芽期、幼苗期、花芽、鳞芽分化期、花茎伸长期、鳞茎膨大期和休眠期 6 个阶段

(图 8-3)。

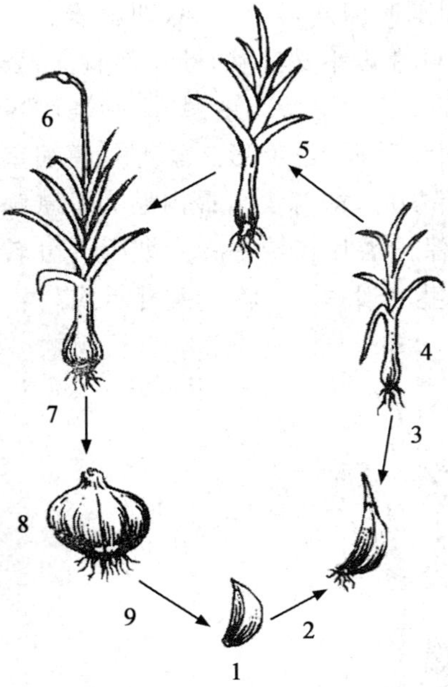

1.播种　2.萌芽期　3.幼苗期　4.退母
5.鳞茎花芽分化期　6.蒜茎伸长期
7.鳞茎膨大期　8.收获期　9.休眠期

图 8-3　大蒜生育周期示意图

(1)发芽期　从播种至长出第 1 片真叶。春播需 7～10 d；秋播需 15～20 d。

(2)幼苗期　从第 1 片真叶展开至第 3～4 片叶形成为幼苗期。此期花芽、鳞芽即将开始分化，需水肥充足，否则蒜叶会发生黄尖现象。

(3)鳞芽、花芽分化期　从第 4～5 片叶至第 7～8 片叶形成为鳞芽、花芽分化期，一般需 10～15 d。此时新叶分化停止，叶面积加大，大量积累营养物质，为蒜薹和蒜头的形成打基础。生产上应充分供应水肥，保证蒜头和抽薹正常形成。

(4)抽薹期　又叫"花茎伸长期"或"蒜薹伸长期"。从蒜薹开始伸长到蒜薹采收为止为抽薹期，一般约需 30 d。此期营养生长和生殖生长同时进行，对水肥的需求很大，生产上应注意及时充足供应，保证蒜薹和蒜头生长。

(5)蒜头膨大期　从鳞芽开始膨大至采收蒜头为止称为蒜头膨大期。一般早熟品种需 50～60 d，中晚熟品种需 60～65 d。雨水过多或温度过低均不利于蒜头生长。生产上要注意保持土壤湿润，后期停止供水，防止发生蒜头散瓣现象。

(6)休眠期　从蒜头采收后至蒜瓣萌发之前为休眠期，属生理休眠，休眠期一般 3～4 个月。

(三)对环境条件的要求

(1)温度　大蒜喜冷凉气候，属耐寒能力较强的蔬菜，南方地区可露地越冬生产。适温范围－7～25℃，3～5℃即可发芽，发芽期适温 20℃；幼苗期生长适温 12～16℃；鳞芽、花芽分化期适温 15～20℃；抽薹期适温 17～22℃；蒜头膨大期适温 20～25℃。当气温超过 26℃以上时，植株生理代谢失调，茎叶会干枯，鳞茎会停止生长。

(2)光照　大蒜属长日照作物，在通过春化阶段后，需长日照才能抽薹、鳞茎膨大。南方生产品种一般要求每天日照时数在 13 h 左右。日照不足，适宜叶片生长，但不形成蒜头，可以青蒜苗上市。若无光照，则黄化为蒜黄。

(3)水分　大蒜对土壤湿度要求很高，喜湿怕旱。出苗前，土壤湿润，发芽快，出苗整齐；幼苗期应适当减少浇水数量，要求见干见湿，根系生长好，才不会引起蒜种腐烂(俗称"烂母")；鳞芽、花芽分化期是大蒜生长发育最旺盛的阶段，需水量多，注意肥水足量及时施用；抽薹期，应控制施水分，使植株适当萎蔫，使采收蒜薹时顺利抽出而不易折断；采薹后，应及时浇施肥水，促进植株和蒜头生长；蒜头膨大期应供给足量水肥。采收蒜头前，停止供水，可促进蒜头老熟，提高品质和耐贮能力。挖蒜头时应浇透水，方便取出。大蒜生育期的空气湿度宜干不宜湿。

(4)土壤及营养　大蒜宜在疏松肥沃、保水保肥力强、排水性能好、有机质丰富、pH 为

5.5～6.0 的壤土种植。大蒜吸收能力较弱，施肥应以氮肥为主，增施磷、钾肥及硫、硼、锌等微肥，可提高产量和质量。

二、类型与品种

大蒜的类型很多，按外皮颜色分为白皮蒜和紫皮蒜两大类，按蒜瓣大小可分为大瓣蒜和小瓣蒜，按蒜薹的发达程度可分为有薹蒜和无薹蒜，按叶的质地可分为软叶类型和硬叶类型，按生长期可分为早熟品种、中熟品种和晚熟品种。

我国大蒜品种资源丰富，名优地方蒜种有：山东苍山大蒜、河北永年大蒜、上海嘉定白皮蒜、天津宝坻六瓣红、陕西蔡家坡紫皮蒜、辽宁开原大蒜、黑龙江阿城大蒜、四川彭州大蒜、贵州毕节大蒜、新疆白皮蒜、拉萨白皮大蒜。

三、生产季节与茬口安排

大蒜的播种期因市场需求、品种特性和用途等而异，一般分为春播夏收和秋播春收两种。南方地区一般露地生产，秋播为主。春播一般 2—4 月份播种，6 月份前后抽薹，6—7 月份收蒜头；秋播一般 8 月上旬至 10 月上旬播种，年前长蒜苗，经越冬低温通过春化阶段，于 3—5 月份抽薹，4—6 月份收蒜头。

四、生产技术

长江流域及以南地区一般在秋季生产大蒜。依据大蒜品种类型、食用目的和耕作制度采用不同的生产技术。一般可分为作薹头兼用的早蒜生产、作薹头兼用或蒜头生产的中晚熟生产以及作蒜苗的生产 3 种方式。可净作，也可在播种时适当撒播菠菜、小型萝卜等进行套作。

(一)整地做畦

大蒜忌与其他葱蒜类作物连作，前作最好是水稻。前作收清后，应尽快深翻晒垡。精细整地，深耕 20～30 cm，耙平后开沟做畦，畦宽 2 m，沟宽 30 cm，沟深 20～30 cm。每 667 m^2 施腐熟农家肥 2 000～3 000 kg 或生物有机肥 200 kg、三元素复合肥 50 kg 作为底肥。水稻田免耕生产，可先将肥撒施或播种并盖稻草后再撒施。

(二)品种选择

品种选择必须根据品种特性、气候条件、市场需求等而定。川西平原以云顶早、雨水早、二水早、软叶子(桐子蒜)、温江红七星等品种为主。云顶早，极早熟，耐寒，蒜薹细长，品质细嫩，但产量低，宜作蒜薹、蒜头特早熟生产；雨水早、二水早宜作蒜薹、蒜头早熟生产；软叶子大蒜，不抽薹，宜作蒜苗或蒜头晚熟生产；温江红七星，中熟，耐寒，抽薹率高，蒜薹粗长，品质佳，宜作蒜薹或蒜头晚熟生产。

(三)适期播种

1. 播期控制

幼苗长到 5～6 片叶，此时植株抗寒能力最强，能在严寒冬季免受冻害，且为植株顺利通过春化打下基础。播种过早，出苗率低，可能再行春化而引起二次生长，第二年形成复瓣蒜；播种过迟，冬前生育期短，幼苗太小，易受冻害，且影响大蒜产量及品质。但具体播期必须根据当地气候条件、采收产品器官、品种特性及市场需求等而定。如以收获蒜苗为目的，可于立夏至处暑分批播种；以收获蒜薹或蒜头的，早熟品种 8 月份（处暑前后）播种，中晚品种 9 月份（白露至秋分）播种。

2. 蒜种处理

大蒜播种前要精选蒜种，精选老熟、个头大，无病虫害的蒜头作种蒜，去除霉变、受损、畸形或过小的蒜种，即选大去小，选壮去瘦，选好去劣，把蒜瓣分为大、中、小三等，分开种植，以便田间管理和成熟期一致。大瓣适当稀植，小瓣适当密植。播种前，把蒜种外皮剥去一部分，掰下干茎盘，有利于蒜种吸水、换气、早出苗。可将蒜种适当晒 2～3 d。9—10 月份秋播的蒜种一般不需要特殊处理。但为了提前上市，6—8 月份夏播的大蒜需进行低温处理，打破休眠大蒜，使其发芽，此类蒜种，云南蒜农俗称“冰冻蒜”。生产上常用的办法是将蒜种放在 3～5℃的冷库中处理 15～20 d，或者播前用云大-120 水剂 2 000 倍液浸种 48 h，捞出沥干水分后及时播种。无此条件的，可采取深井冷水浸泡，12 h 后放在阴凉处催芽（催芽期每天用凉水冲洗 2 次，码堆勿过大，以防发热或发霉），待露芽或露根后即可播种。

3. 播种方法

用锄头在畦面上开沟条播，沟宽 20～25 cm，沟深 3～5 cm，将蒜种分成两排播于定植沟两边，按株距把蒜种插入土中（注意要使蒜种弧形背部线与定植沟平行），深度以入土微露尖端为宜（俗语“深葱浅蒜”），然后另开一条沟，并把开出的土盖在前一条沟上。覆土 1～2 cm，栽后浇透水。水稻田生产的应提前排水，翻地后直接将蒜插入，蒜瓣 1/2 入土即可，然后盖上稻草，以不见表土为宜，每 667 m^2 用干稻草 300～350 kg。

4. 播种密度

播种密度应根据采收目的、品种特性、土壤肥力、种瓣大小和播种期等而定。如根据采收目的，以采收蒜薹为目的的株行距一般为（7～12）cm×（14～20）cm，每 667 m^2 栽 3 万～6 万株，每 667 m^2 用种量 100～200 kg；以采收蒜苗为目的的株行距一般为（4～7）cm×12 cm，每 667 m^2 栽 8 万～15 万株，用种量 200～250 kg。

(四)田间管理

1. 中耕除草

当苗高 10～13 cm，有 2～3 片叶时进行第一次中耕。第二次中耕在苗高 25～33 cm、有 5～6 片叶时进行。结合中耕及时清除杂草，也可采用化学除草，可选用 50%敌草隆、敌精合剂（精喹禾宁＋敌草隆）等做播后苗前处理或在大蒜 2 叶 1 心至 3 叶 1 心期进行茎叶喷雾。

2. 水分管理

总体上，在大蒜的整个生长期应保持土壤湿润，避免大水漫灌。大蒜播种后如土壤湿润，不须灌水即可出苗，如土壤干燥应灌一次齐苗水；幼苗前期一般控制灌水以防止徒长和“退母”过早，注意秋雨后排水；幼苗中后期，越冬前降雨少，土壤较干，应浇灌 1 次；越冬后气温回升，应及时灌水。抽薹期增加灌水，“现尾”后要连续浇水，保证土壤湿润，收薹前 3 d 停止。蒜头膨大期及时浇水以促进蒜头迅速膨大，采收蒜头前一周应停止浇水。

3. 肥料管理

蒜薹、蒜头生产、生育期长，叶片多，随大蒜不同生长发育，需肥量逐渐增多，若追肥不及时，蒜苗叶尖变黄，假茎纤细倒苗，影响蒜薹、蒜头产量。一般追肥 3～4 次，追肥以速效性肥料为主，适时适量追肥，促进生长发育。

(1)催苗肥　大蒜出苗后，施清粪水提苗，保证幼苗正常生长。

(2)盛长肥　播种后 60 d 左右，大蒜 3～5 叶期，母瓣营养耗尽"烂母"时，每 667 m^2 重施一次腐熟人畜粪肥 1 000～1 500 kg、尿素 8 kg、硫酸钾 5 kg，促进幼苗旺盛生长，茎粗叶肥厚而不黄尖。

(3)孕薹肥，花芽、鳞芽分化，花茎伸长时，每 667 m^2 追施氮、钾复合肥 15 kg，促进蒜苗生长、及早抽薹、蒜薹伸长。

(4)促头肥，蒜薹采收后及时追施速效性氮、钾肥 10～15 kg，可适量拌施腐熟人畜粪水，促进蒜头膨大成熟。这次追肥不宜过多、过浓，否则会引起已形成的蒜瓣发芽，降低蒜头产量。一般蒜薹收后 20～25 d 即可采收蒜头。

4. 病虫害防治

主要病害有叶枯病、紫斑病、白腐病、菌核病、锈病等。叶枯病可用 10%世高、25%施保克、25%菌威等防治；紫斑病可用 3%多氧清、41.5%咪鲜胺、2%多抗霉素等防治；白腐病可用 50%多菌灵、20%甲基立枯磷、75%蒜叶青、50%扑海因等防治；锈病可用泰高、百理通、25%敌力脱等防治。

主要虫害有葱须鳞蛾、葱蓟马、南美斑潜蝇、蓟马等。葱须鳞蛾可用 48%乐斯本、50%地蛆灵、52.5%农地乐等防治；葱蓟马可用 10%的吡虫啉、20%杀灭菊酯、2.5%溴氰菊酯、40%乐果等防治。

(五)采收

(1)采收蒜薹　当蒜薹甩尾露出叶鞘 10 cm 左右即可采收。采早了产量低，晚了质量变劣，也直接影响到蒜头的产量。

(2)采收蒜头　时间上，蒜薹采收后 20 d 左右即可采收蒜头；外观上，大蒜叶片变为灰绿色，底叶开始变黄脱落，此时蒜头基本长成并已老熟，就应该及时收获。收早了蒜头含水多，重量轻；收迟了，易发生蒜瓣散落的"散瓣"现象，影响产量和质量。用作腌渍的大蒜需要提前 3～5 d 收获。大蒜收获后应晾晒 3～4 d(晾晒期勿受雨淋，以免影响大蒜质量)，待外皮干燥后清理分级上市或挂藏。

五、生产中常见问题及对策

(一)品种退化

品种退化是指大蒜植株长势逐年削弱，植株矮小，假茎变细，鳞茎变小，小瓣蒜和独蒜头增多，产量逐年降低的现象，是大蒜生产中存在的主要问题之一。

1. 退化的原因

大蒜品种退化的原因是多方面的。一是不经过有性世代的多年无性繁殖，生活力减退，这是大蒜退化的内在因素；二是繁种体系不健全，播种时选种不严格；三是生产管理不当，播种密度过大、土壤瘠薄、肥水不足，尤其是有机肥不足，均会影响植株和鳞茎的生长发育，导致种性变劣；四是病毒侵染，据研究，侵染大蒜的病毒有多种。中国大蒜病毒主要有大蒜花叶病毒(GMV)、洋葱黄矮病毒(OYKV)和韭葱黄条病毒(LYSV)等。

2. 防治对策

(1)严格选种　播种时先选头，再选瓣，用大瓣蒜播种，可获得蒜瓣较大的蒜头。

(2)加强生产管理　包括选择适地种植，合理密植，加强肥水管理等，对控制品种退化有良好作用。

(3)气生鳞茎繁殖复壮　用气生鳞茎繁殖，其本质和用大瓣蒜作种相同。用气生鳞茎播种，第 1 年一般形成独头蒜，第 2 年用独头蒜繁殖可获得壮实饱满的分瓣蒜，再用此分瓣蒜作种，产量较高。

(4)脱毒复壮　用 0.2 mm 茎尖离体培养脱毒，脱毒率可达 80%～100%，种植脱毒蒜可提高蒜头产量 23%～114%，脱毒 1～4 代大蒜的蒜薹产量较对照增产 1 倍以上。

(二)二次生长

大蒜二次生长是指大蒜初级植株内层或外层叶腋中分化的鳞芽或气生磷芽，因延迟进入休眠而继续分化和生长叶片，形成次级植株，甚至产生次级蒜薹和次级鳞茎的现象。二次生长使蒜头瓣数增多，大小不一，排列错乱，形成散瓣蒜和复瓣蒜，大大降低商品品质。

1. 发生的原因

大蒜二次生长的发生主要与品种、种瓣大小、播种期、种植密度、水肥管理、播种前蒜种低温处理等有关。不同品种二次生长类型和发生率不同，种瓣过大、过小，播种过早、过稀，或不当的过早施肥、灌水，播种前低温处理蒜种等，都会加重二次生长的发生。

2. 防治对策

首先，要选用不易发生二次生长的品种；其次，采取合理的生产技术，主要是选用适中蒜瓣、严格掌握播种期、合理密植、适时灌水施肥等，尤其在鳞芽分化前后不宜过多追肥、灌水。

(三)独头蒜

独头蒜指鳞茎不分蒜瓣，只有一个圆球状的蒜瓣。主要原因是用次生鳞茎播种；蒜种过小；播种期不适；土壤肥力不足；播种过深、过密；肥水管理不当。防治对策：采用适宜的蒜种；底肥充足；注重播种质量；加强水肥管理。

任务二　韭菜生产

韭菜是百合科葱属中以嫩叶、柔嫩花茎、花、嫩籽等供人们食用的多年生宿根草本植物，原产中国，耐寒抗热，适应性强，全国各地生产普遍。生产方式多样，可周年生产、上市，产品多样，除作蔬菜外，还可以种子和叶等入药，具健胃、提神、止汗固涩、补肾助阳等药用功效，是我国人民普遍喜欢的一种重要蔬菜。

一、生物学特性

(一)植物学特征

韭菜的根为线状须根系，主要分布在表土 20 cm 土层内，寿命长，着生于茎盘下，茎盘不断向上增长，形成根状茎，上面长叶及分蘖(图 8-4)，随年限增长，老根不断死亡，新根不断增长，使得新根位置不断上移，俗称“跳根”现象(图 8-5)，故韭菜需要培土，防治根系过浅而外露。叶由叶鞘和叶身组成，簇生，一般有 5～11 片叶，扁平实心带状，叶片宽度因品种而异，叶鞘抱合成假茎，叶和假茎为主要供食部分。茎盘上的顶芽分化后抽生花茎，花茎顶端着生伞状花序，白花。花茎和花也可食用，风味独特。果为蒴果，含 3～5 粒籽，黑色，千粒重约 4 g。

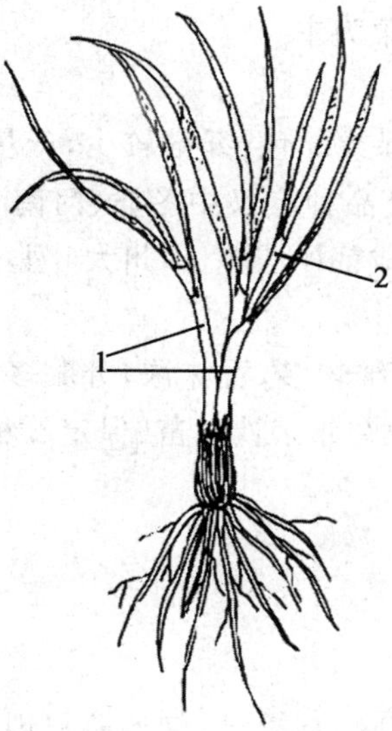

1.同一叶鞘中包被的两个分蘖　2.新分蘖

图 8-4　韭菜的分蘖

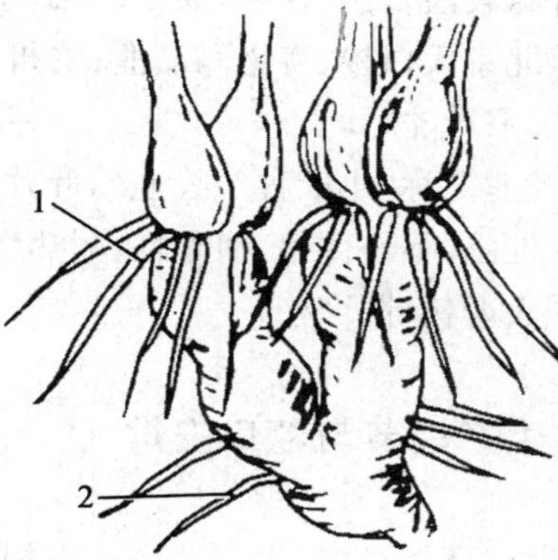

1.新根　2.前一年的老根

图 8-5　韭菜的跳根示意图

(二)生长发育周期

南方地区生产的韭菜，其生长发育周期可划分为 7 个时期。

(1)发芽期　从播种到第一片真叶展开，需 10～20 d。

(2)幼苗期　从第一片真叶展开到定植，一般品种需 40～60 d。

(3)营养生长旺期　从茎盘生长点具有分株能力到花芽分化。

(4)休眠期　当气温下降到－5℃后，地上部分枯萎，植株进入休眠期。南方地区一般不易出现休眠。

(5)抽薹期　从花芽分化到花薹长成，花序、花苞开裂。

(6)开花期　从花苞开裂到整个花序开花结果，一般需 7～10 d。

(7)种子成熟期　从开花到种子成熟，一般需 30 d。

(三)对环境条件的要求

(1)温度　韭菜耐寒而适应性广。发芽适温 15～18℃；幼苗期适温 12℃以上；生长适温 12～24℃，超过 24℃以上时，生长缓慢，品质下降。叶丛耐－5～－4℃低温。

(2)光照　韭菜为长日照植物，需中等强度光照。

(3)水分　韭菜为半喜湿植物，对水分要求较严。水分不足，生长不良，过多又易烂叶。

(4)土壤及营养　韭菜对土壤适应性很强，但以土层深厚、疏松肥沃、富含有机质的壤土为宜。韭菜喜肥，以氮肥为主，注意配合磷、钾肥。

二、类型与品种

按食用部分分为根韭、叶韭、花韭和花叶兼用四种类型，现有品种多为花叶兼用型。生产上一般以叶片宽度分为宽叶和窄叶两种类型，以宽叶韭菜为主。

(一)宽叶韭菜

宽叶韭菜又称“大叶种”“马兰韭”，叶片宽厚，叶色浅绿或绿色，纤维较少，产量高，品质好，但香味较淡，直立性差，易倒伏，适于保护地生产。优良品种有汉中冬韭、河南 791、天津大黄苗、北京大白根、寿光马蔺韭、杭州冬韭、江苏马鞭韭、成都犀浦韭、广州大叶韭等。

(二)窄叶韭

窄叶韭又称“小叶种”“线韭”，叶片细长，叶色深绿，纤维较多，香味浓，分蘖多，叶鞘细、高，直立性强，不易倒伏，耐寒性、耐热性均较强。优良品种有北京铁丝苗、保定红根、太原黑韭、诸城大金钩等。

三、生产季节与茬口安排

韭菜耐寒性极强，南方地区可以周年露地生产，生产方式较多，南方地区目前主要有露地和设施生产两种。

四、生产技术

(一)韭菜露地生产技术

1.繁殖方法

韭菜可采用种子和分株两种方式繁殖。种子繁殖的植株生长旺盛，分蘖和生活力强，寿命长，产量高，生产上大面积生产时均采用此方式繁殖，露地直播或育苗移栽均可。分株繁殖的植株生长势弱，分蘖少，只适于小面积生产用。

2.播种育苗

(1)播种期　春、秋两季均可播种，以春播生产效果较好。春播时间一般为 3—4 月份，6—7 月份定植；秋播时间一般 10—11 月份，翌年 3—4 月份定植。春播宜在地温稳定在 10～12℃时进行。

(2)苗床准备　选疏松肥沃，排灌方便，3 年未种过葱蒜类的地块。前茬收后，每 667 m^2 施入腐熟有机肥 5 000 kg，三元复合肥 50～60 kg，耕翻耙细，整成宽 1.6～2 m，长 8～10 m 的高畦。

(3)种子处理　播前晒种 2～3 d，晒后用 40℃温水浸种 24 h，捞出洗净沥干，用湿布包好放入 20～25℃环境中催芽约 3 d，80%种子露白即可播种。

(4)播种量　育苗的适宜密度为 1 600 株/m^2，用种约 10 g/m^2，每 667 m^2 需种子约 5 kg。

(5)播种方法　播前浇足底水，水渗后先薄撒一层细土，以免种子撒入苗床，播后覆细土 1.5 cm，第二天再覆细土 1 cm，然后镇压一次，以利出苗整齐。韭菜种皮坚硬，不易吸水，发芽缓慢,只有保持土壤湿润才能正常出苗。

(6)苗期管理　出苗后,保持土壤湿润,当苗高4～6 cm时,及时浇水,以后每隔5～6 d浇水一次,当苗高10 cm时,每667 m^2随水冲施尿素10 kg。苗高15～20 cm时,再冲施尿素10 kg,即应蹲苗,促地下部协调生长。注意病虫草害的防治,播后芽前除草,用33%除草通乳油、48%地乐胺乳油或50%扑草净可湿性粉剂喷雾。

3.定植

(1)定植期　当株高长到20～25 cm或发现幼苗拥挤时,需及时定植,一般在出苗后50～60 d即可定植。定植应不晚于7月下旬,否则时值南方地区7—8月份高温多雨季节,不利于小苗成活。

(2)整地、施肥、做畦　韭菜需肥大且生长时间长,定植前应重施基肥。前茬收后,每667 m^2施充分腐熟优质农家肥4 000～5 000 kg,深耕25～30 cm,耙细,理成宽1.6～2 m,长20～25 m的高畦。

(3)合理密植　按50 cm的行距开沟,丛距17～20 cm,每丛4～5苗条栽。

(4)定植方法　定植前首先对苗床浇透水,以利于起苗。起苗时抖去宿土,对过长的根,应将先端剪去,仅留2～3 cm。同时,为提高成活率,还应将叶片先端剪去一段,以减少叶面蒸发。韭苗要随起随栽,不要长时间堆放。定植深度以叶鞘埋入土中,即3～4 cm为宜,过深生长不旺,过浅跳根过快,韭丛四周用土压实,随即浇清水使根与土壤紧密接触。

4.田间管理

(1)定植后的管理　春播韭菜一般6月份定植,进入夏季。此时气温升高,韭菜生长缓慢,管理上注意不旱不浇水,注意排除积水。闷热雨后,及时浇水(快浇浅浇),降低地温,防止塌韭菜地病害发生。立秋后,天气转凉,韭菜进入快速生长期,应加强肥水管理。8月中旬每667 m^2追饼肥200 kg,随即浇水。以后5～6 d浇一次,9月中旬每667 m^2追尿素25～30 kg,硫酸钾10 kg,保持土壤见干见湿。进入10月份,天气渐冷,生长速度减慢,叶片中的营养物质逐渐贮藏于鳞茎和根系之中。此时根系吸收能力减弱,应减少灌水,保持地面不干即可。浇水过多,植株恋青,影响营养物质的积累。土壤封冻前浇足封冻水。同时,结合浇水灌施敌百虫杀虫剂,可大大减轻第二年韭蛆为害。

杂草是韭菜生产的大敌。杂草以一年生和多年生杂草为重。播后苗前用33%除草通乳油防治。苗后除草用20%拿捕净乳油进行茎叶喷雾。

韭菜一次定植多年收获,为保证以后的高产,一般当年不割韭菜,翌年才开始收割。

(2)第二年的管理　翌春待韭菜新叶发出后,苗高20～25 kg时,即可收割。收割韭菜前浇透水一次,割后新叶长出10～20 kg时再追肥一次,以后每隔20～30 d即可收割一次,一般一年收割4～5次,收割次数不宜过多,这样可持续收割4～5年。反之,每年收割7～8次的,植株老化快,一般2～3年就要更新。如果需要收获韭菜薹,在5月后即应停止收割韭菜,6—7月份可抽薹开花。

(3)病虫害防治　病害主要有霜霉病、灰霉病、疫病。可选用多菌灵、乙磷铝、甲霜灵、霜疫清、灰霉克、速克灵、克露等药剂防治。

虫害主要有韭蛆、蓟马、菜蛾、潜叶蝇等,可用晶体敌百虫、敌敌畏、吡虫啉及菊酯类药剂防治。韭菜防治虫害一般不用辛硫磷,以防产生药害。

5. 采收

(1)采收时期　春季，叶片旺盛生长，是主要的收获期；夏季高温多雨，品质变劣，多不收割；秋季叶片再次旺盛生长，又出现一次收获盛期。如实行保护地生产，冬季也可供应市场。一般露地生产的韭菜，通常入冬前50 d左右，即停止收割，使其自然凋萎，将营养转移到根中，为翌春韭菜健壮生长打好基础。

(2)采收次数　一般每年以采收4～5次为宜，管理好的，可以采收6～8次，但不宜采收过多。

(3)采收方法　当苗高35 cm左右，生长期20～25 d时即可收获。采收过早产量低，过晚则纤维多。收获时间以晴天早晨为宜。因分生组织在叶鞘基部，茬高要适度，割后的割口处呈绿色则太浅，呈白色则太深，呈黄色为宜，即一般留茬2～3 cm，过低会伤害分生组织及幼芽。收割后及时中耕，搂平畦面，韭菜萌发长有8～10 cm时，伤口已经愈合，即可追肥浇水。

(4)及时培土　因韭菜有跳根现象，故每次采收后，应及时培土3～4 cm，一般每年培土2次。每次收割应较上一次收割高出2～3 cm。入冬前宜在韭菜行间覆盖一层2～3 cm的肥土，保护韭菜根系受冻害。

(二)韭黄软化生产技术要点

软化生产是将某一生长阶段的蔬菜种植于黑暗(或弱光)和温湿度适宜的环境中，生长出叶绿素含量少，植株黄白色，组织弱嫩，风味独特，商品价值高的一种生产方法。我国生产韭黄的地区有，成都市唐元镇利用稻草篷覆盖生产干韭黄，甘肃兰州市郊利用麦草覆盖生产韭黄，陕西西安市长安区利用瓦罐覆盖生产瓦罐韭黄，以及天津地区利用草毡和风障生产三色韭等。

目前最新的韭黄生产技术是干法生产。当韭菜生长到适当长度，采用草棚覆盖的方式促使其黄化和软化而生产的韭黄，俗称“干韭黄”。与传统的韭黄生产相比，“干韭黄”具有以下优点：①省工，此法省去培土管理、水洗等技术环节，节省工时；②延长贮藏时间，不用水洗，而是用手直接撕成净菜，故耐贮运；③因芳香物积累更多，香味更浓；④质嫩无渣，口感好；⑤商品性更高。

1. 播种育苗

(1)品种选择　应选用抗病性好、分株能力适中、植株粗壮的品种，如成都犀浦韭菜、二五叶韭菜、牧马山韭菜等地方品种和平丰6号、平丰8号、黄韭1号、791雪韭王、雪韭四号等优质品种。因其生产方式与普通韭黄不同，种植“干”韭黄不能选择砂土或砂壤土，只能选择排水方便的壤土或黏壤土。

(2)苗床准备　每667 m^2大田用苗需准备70～90 m^2苗床。苗床应选择背风向阳、地势较高、土壤肥沃、排水良好、2～3年未种过葱蒜类蔬菜田块作苗床。施入腐熟有机肥100～200 kg；人畜粪尿100～200 kg、过磷酸钙3～5 kg、尿素1.5 kg、草木灰5～7 kg，将土壤与基肥混合均匀。畦面宽1.2 m，沟宽30 cm，整平苗床。

(3)种子处理　种子必须选用当年新鲜种子(贮藏时间在半年内)，每667 m^2大田用种10～1.5 kg。用40℃温水浸种12 h，除去秕籽和杂质，洗净种子上的黏液后，用湿布包好。在16～20℃的条件下催芽，每天用清水冲洗1～2次，60%种子露白尖即可播种。春播时也可用干籽直播。

(4)播种　春播时间在3—4月份，秋播时间在9—10月份。播前将苗床浇药水杀菌杀虫，药水用绿亨1号3 000～4 000倍液＋48%乐斯本1 000倍液配制，要保证浇透，保证土表10 cm土层湿润。将催芽种子(或干种子)混合2～3倍的沙子均匀地撒在苗床上，覆盖1.6～2 cm厚的过筛细土，播后及时覆盖地膜或稻草。春播宜覆盖地膜，压实，以利于保温保湿。秋播宜用遮阳网遮盖，防暴晒或雨水冲刷。

(5)苗期管理　70%幼苗顶土时，应在晴天傍晚及时揭去地膜或遮阳网等覆盖物，逐步炼苗。按照“先促后控”的原则，及时浇水。齐苗到3～4叶期时，保持土壤湿润，一般5～7 d浇一次小水；苗高15 cm后，应适当控水，2周浇一次水，防韭黄徒长。按照“勤施薄施”的原则，及时追肥。结合浇水，从齐苗至3～4叶期间，用10%腐熟人畜粪尿，或40%三元复合肥每667 m^2按5～10 kg追肥，共2～3次；苗高15 cm以后，结合浇水，每20 d左右适量使用速效氮肥追肥，共2～3次。

出齐苗后及时拔草2～3次，或采用精喹禾灵、盖草能等除草剂防除单子叶杂草，或在播种后出苗前，每667 m^2用30%除草通乳油、20%拿捕净乳油等喷洒苗床地表。

2.大田准备

选择排灌方便，2～3年未种过葱蒜类蔬菜的田块，前茬以粮油作物最好。基肥以农家肥为主，每667 m^2施腐熟农家肥2 000～3 000 kg、过磷酸钙100 kg、碳铵50 kg，用微耕机使肥土均匀混合。平整后开沟作垄，垄宽50 cm，沟宽20 cm，深20～25 cm。

3.定植

当韭苗高15～20 cm时，即可移栽。春季3—5月份，秋季9—10月份为佳。移栽前2周停止苗床浇水，开始“蹲苗”；定植沟浇足底水；剔除弱苗；剪去过长须根和部分先端叶片，减少水分蒸发，以利于缓苗。双行错位移栽，每丛2苗，株行距6 cm。移栽后，及时浇足定根水。

4.田间管理

缓苗期间注意水分补充，保持土壤湿润。韭苗成活后，结合补水，可适当勤施薄施10%人畜粪尿2～3次；当韭菜进入旺盛生长和分蘖时，每20 d左右每667 m^2施40%三元复合肥5～10 kg，共2～3次。当韭白高10 cm时，可第一次培土，培土前施一次重肥，每667 m^2可施15-15-15的硫酸钾三元复合肥40 kg。

韭菜扣棚软化前要多次培土，每生长10 cm左右就培土一次，最后一次培土要露出韭白6 cm左右，以利于采收后加工。每次培土时，可根据韭菜长势，适当追施速效氮肥，每667 m^2可撒施尿素5 kg于种植沟内。有条件的最好加施腐熟有机肥，可提高韭黄品质和抗病性。高温、干旱时，要及时补充水分；在夏、秋多雨季节，应及时排水，防止根状茎腐烂。人工及时除去田间杂草，避免病虫害滋生。

主要病害以猝倒病、枯萎病、灰霉病、菌核病、疫病、霜霉病、锈病、软腐病等为主，虫害以韭蛆、蝼蛄、潜叶蝇、蚜虫等为主，应及时防治。

5.搭棚软化

青韭菜在生长季节要培土2～3次，当韭白长到20 cm后，即可搭棚进行遮光软化生产。南方地区多用稻草或黑塑料薄膜作为遮光材料，且一年四季均可进行。根据韭黄生长及市场情况适时搭棚软化。软化最佳时间为春季3—4月份；秋冬季10月至翌年1月份。以草棚覆盖软化法为例，必须利用南方丰富的稻草资源和适宜的气候条件进行，具体方法如下。

(1)搭架扎棚　用竹竿达成“人”字架,架高 40～50 cm,两竹架距离 3 m 为宜,以利于通风,架上用一竹竿作横杆,绑牢,拉稳,支撑稻草。用稻草依竹架扎成“△”形,厚度以不透光、不漏雨、能通风透气为宜。根据需要可扎数个。

(2)去叶　扣棚时,使韭白露出土 6 cm 左右,在叶枕以上 4 cm 处割去青韭菜叶子。

6. 收获加工

韭白扣棚后,春季、秋季需 10～15 d,夏季需 5～8 d,冬季约需 25 d 遮光后便软化黄化成功,即可适时收割。韭黄收割后,可在阴凉处干撕加工,手工直接撕去与土壤接触的 1～2 片叶鞘,不可用水清洗,即所谓干韭黄。加工好的干韭黄经整理捆扎成把,即可上市。

五、生产中常见问题及对策

(一)发芽率不高或不发芽

主要原因:种子陈旧;种子生产中天气不良;种子采收中管理不善。防治措施:使用新种子;制种中加强管理,及时应对不良天气;加强采收种子后的管理。

(二)植株退化

韭菜生产几年后,植株分蘖能力下降,生长速度减缓。主要原因:品种不当;采收次数过多;肥水管理不足。防治措施:选择适宜优良品种;控制采收次数;加强肥水管理。

(三)叶尖变黄、干尖

主要原因:温湿度管理不当;土壤酸化;设施生产中通风不良;药害(用药浓度过大);肥害(施用硝态氮肥过多);品种特性。防治措施:选择适宜品种;加强温湿度管理;改良土壤;控制用药浓度;控制硝态氮肥数量;施用微肥,补充微量元素;设施生产中注意及时通风。

任务三　大葱生产

大葱为百合科葱属,二年生,耐寒、抗热、适应性强的蔬菜,以鲜嫩的葱叶、葱白为产品。

一、生物学特性

(一)植物学特征

大葱的根为白色线状须根系,着生在短缩的茎盘上,无根毛,吸收水肥的能力较弱,但新根发生能力强,故较耐移植。根系分布在培土层(地上)和地下 40 cm 的土层里,横展半径达 20～30 cm。茎营养生长期,大葱的茎为短缩茎,叶片呈同心环状,着生其上。叶由叶身和叶鞘组成。叶鞘圆管形,层层包围,环生在茎盘上,组成假茎,即葱白,是大葱贮藏营养的主要器官。每个新叶均在前片叶鞘内伸出,抱合伸长,幼叶刚伸出叶鞘时黄绿色,实心;成龄叶深绿色,管状,中空,表层披有白色蜡状物,具耐旱特征。植株完成发育阶段后,茎盘的顶芽伸长成花薹。花薹圆柱形,中空,顶端着生伞状花序。花序幼时包裹于膜状总苞内,开花时总苞破裂,花序开放。每花序有小花 400～500 朵,小花为两性花,异花授粉。大葱果实为蒴果,每果含种子 6 粒,成熟时种子易脱落。种子盾形,内侧有棱,种皮黑色、坚硬、不易透水,千粒重 2.4～3.4 g。种子寿命较短，在一般贮藏条件下仅能保存 1～2 年。

(二)生长发育周期

1. 营养生长阶段

(1)发芽期　从播种到子叶出土“直钩”，适温下需 14 d 左右。

(2)幼苗期　从幼芽“直钩”到定植。秋播葱的幼苗期约 250 d，需经过冬前苗期、越冬期、返青期，进入旺盛生长期。春播葱的幼苗期 80～90 d，出土后很快进入旺盛生长期。

(3)假茎(葱白)形成期　从定植到收获，根据其生产特点可分为 3 个时期：①缓苗越夏期，大葱定植后发生新根，恢复生长称缓苗，缓苗期约 10 d。进入炎夏高温季节后植株生长缓慢，叶片寿命较短。②假茎(葱白)形成盛期，越夏后气温降低，适合葱株生长，这时叶片寿命长，使假茎迅速伸长和加粗。③假茎(葱白)充实期，大葱遇霜冻后，旺盛生长终止，叶身和外层叶鞘的养分向内层叶鞘转移，充实假茎，使大葱的品质提高。

(4)休眠期　北方地区，大葱在低温下强迫休眠，并在此期间通过春化阶段。

2. 生殖生长阶段

(1)抽薹开花期　由花薹抽出叶鞘到破苞开花，主要是进行花器官的发育。

(2)子成熟期　同一花序各花开放时间有先后，种子成熟时间也不一致，从开花到种子成熟需 20～30 d。

(三)对环境条件的要求

(1)温度　大葱耐寒力较强，耐热性较差。种子在 2～5℃条件下能发芽，在 7～20℃范围内，随温度升高，种子萌芽出土所需的时间缩短，但温度超过 20℃时种子不萌发。在 13～25℃下叶片生长旺盛，10～20℃下葱白生长旺盛，温度超过 25℃，则生长迟缓。大葱为绿体春化型植物，3 叶以上的植株于 2～5℃下经 60～70 d 可通过春化阶段。

(2)光照　大葱为中光性植物，只要在低温下通过春化，不论在长日照或短日照下都能正常抽薹开花。大葱对光照强度要求不高，光饱和点为 25 klx，光补偿点为 1 200 lx。

(3)水分　根系耐旱不耐涝，叶片生长也要求较低的空气湿度。

(4)土壤营养　大葱对土壤适应性广，土层深厚、排水良好、富含有机质的疏松壤土便于大葱培土、软化。大葱对土壤酸碱度要求以 pH 7.0～7.4 为好。每生产 1 000 kg 鲜葱需从土壤中吸收氮 2.7 kg、磷 0.5 kg、钾 3.3 kg。

二、类型与品种

依高度和葱白长度分长葱白和短葱白两种。其中长葱白类型植株高大，葱白粗长，产量高，辣味轻，品质好，如章丘大葱、辽宁盖平大葱等；短葱白类型葱白粗短，生长健壮，葱白较紧实，辣味浓，耐贮运，如章丘鸡腿葱、河北对叶葱等。近年来我国引进的日本大葱系列品种如元藏、长宝、长悦等，获得了较好的效益。

三、生产季节与茬口安排

大葱对温度的适应性较广，可分期播种，周年供应。南方可周年生产大葱，以春、秋两季播种为主。成都地区秋季生产一般于 10 月上中旬播种，2 月中旬左右移栽，5 月份开始收获；春季生产5月上中旬播种，7—8月份移栽，10月中至翌年3月份采收。北方地区冬贮大葱多采用露地秋播育苗，翌年春季定植，秋末冬初收获葱白。

四、大葱露地生产技术

(一)品种选择

品种选择要符合当地的消费习惯，可选择适合当地气候条件的地方品种，也可选用日本大葱系列品种如元藏、长宝、长悦等。

(二)播种育苗

大葱忌连作，需精细制作育苗床。每667 m^2 大田约需66 m^2 苗床，施充分腐熟农家肥100～400 kg、过磷酸钙2 kg，按宽1～1.2 m做高畦，用种300～400 g。播前将种子在清水中浸泡搅拌10 min，去掉杂质后放入65℃温水烫种20～30 min。均匀撒种，覆盖0.5～1 cm厚的细粪土，浇透水，细粪土晾干后耧平畦面。出苗前保持土壤湿润，7～15 d后出苗，出苗后如露根，可撒细土护根。苗高3～6 cm时间苗。三叶期前控制水分，三叶期后及时浇水追肥，培育壮苗。苗期及时施肥2～3次，注意及时防治苗期病虫害。

(三)定植

做高畦，宽1.1 m，行距35 cm开沟，沟深15 cm，沟内每667 m^2 施农家肥5 000 kg，三元素复合肥50～75 kg、尿素15 kg。

苗高30 cm以上时定植，随栽随取，按株距3～8 cm分级(分小、中、大三级)定植。长葱白类型多用插葱法，左手拿葱苗，右手拿呈"Y"形的树枝，用树杈抵住葱根插入沟内；短葱白类型多用排葱法，沿定植沟壁陡的一侧，按规定株距摆好葱苗，并将葱苗基部稍按入沟底松土内，再用锄头从沟的另一侧取土，埋至葱苗外叶分叉处，踩实。

(四)田间管理

(1)肥水管理　定植后及时浇透水，缓苗期间内宁干勿涝，防止烂根。发叶盛期，视苗情浇小水，及时追施提苗肥，每667 m^2 施尿素5～10 kg。大葱旺盛生长及葱白形成时保证水肥随时充足，应结合培土追肥2～3次，每667 m^2 施优质腐熟厩肥1 000～1 500 kg、尿素15 kg，硫酸钾10 kg，也可施优质三元素复合肥20 kg。生长后期逐渐减少灌水，收获前7～10 d停止浇水。

(2)培土　培土是大葱生产上一项重要管理措施，培土可以软化假茎，增加葱白长度，提高大葱的品质。当大葱进入旺盛生长期后，及时通过行间中耕，分次2～3次培土，以"前期浅培，后期高培，不培心叶，少伤边叶"原则，使原来的垄台成垄沟，垄沟变垄台。将土培到叶鞘和叶身的分界处，勿埋住叶身，以免引起叶片腐烂。培土一般于施肥后进行，地温较低时操作。

(3)病虫害防治　大葱主要的病害有霜霉病、紫斑病、锈病、黑斑病等，主要的虫害有蓟马、葱蝇等，需及时防治。

(五)采收

大葱收获主要根据市场需求及生产季节而定，一般以叶片停止生长，边叶发黄，葱白粗壮时即可采收。

任务四　洋葱生产

洋葱俗称圆葱、团葱，为百合科葱属植物，原产中亚、西亚。由于洋葱适应性强，我国种植普遍，是许多国家调剂蔬菜淡季供应的一种重要蔬菜。洋葱营养丰富，含较多的蛋白质、维生素，尤其是含有硫、磷、铁等多种矿物质，食用价值很高。洋葱产量高，易栽培，耐贮运，近年来我国将其加工成脱水菜供出口。

一、生物学特性

(一)植物学特征

洋葱的胚根入土后不久便萎缩，因而没有主根，其根为线状须根，着生于短缩茎盘的基部，根系较弱，无根毛，根系主要密集分布在 20 cm 左右的表土层中，故耐旱性较弱，吸收肥水的能力也不强。洋葱在营养生长时期，茎短缩成扁圆锥状茎盘。茎盘上部环生圆筒形叶鞘和芽，下面着生须根。生殖生长时期，生长锥开始花芽分化，抽生花薹，顶端形成花序，能开花结实，因花器退化，在总苞中形成气生鳞茎。洋葱的叶由叶身和叶鞘组成。叶身筒状中空，表面具有腊粉。叶鞘圆筒状，叶鞘基部在生育期膨大，形成肉质鳞片，为主食部分，最外面 1～3 层叶鞘基部因贮养分内移而变成膜质鳞片，可保护内层鳞片减少蒸腾，故洋葱耐贮藏。洋葱一般在当年形成商品鳞茎，翌年抽薹开花，伞形花序，异花授粉。果为两裂蒴果，种子盾形，外皮坚硬多皱，呈黑色，千粒重 3～4 g。

(二)长发育周期

1. 营养生长期

(1)发芽期　从播种到出现第 1 片真叶，约需 15 d。

(2)幼苗期　从出现第 1 片真叶到定植为止。此期苗高约 20 cm，假茎粗 0.6～0.9 cm，真叶 3～4 片，需 50～60 d。该期应保证全苗，培育适龄壮苗。苗龄过长易造成未熟抽薹，导致产量和品质下降。

(3)叶生长期　从 3～4 片真叶到 8～9 片真叶出现，40～60 d。该期要使洋葱较早地形成一定的叶数，并促使地上部旺盛生长。

(4)鳞茎迅速膨大期　从第 9～第 10 片真叶出现到收获鳞茎为止，需 30～40 d。应加强水肥管理和病虫害防治，保证鳞茎顺利充分膨大，及时采收。

2. 鳞茎休眠期

洋葱鳞茎收获后，因气候原因，鳞茎进入自然休眠期。休眠是洋葱长期适应原产地夏季高温干旱等不良环境条件的结果，休眠期一般在 60～70 d 及以上。

3. 生殖生长期

用作采种的母鳞茎，经夏秋贮藏后，一般于秋季栽植，在翌年春季日照下抽薹开花，至夏季种子成熟，其间需 8～10 个月时间。该期应该保证种株安全越冬，促使花薹健旺，种子饱满；合理追肥，浇水，避免花薹倒伏；严格避免品种间混杂，注意采种隔离，以保证种子的纯度。

(三)对环境条件的要求

(1)温度　洋葱的种子和鳞茎可在 3～5℃的温度下缓慢萌芽,温度达到 12℃以下时发芽加速。幼苗期生长适温为 12～20℃,叶生长期以 18～20℃为宜,温度的高低和日照的长短均直接影响着鳞茎的形成。故在安排洋葱的栽培季节时必须把幼苗期及叶生长期置于短日照和较低温度下,而将鳞茎膨大期安排在长日照和较高温度下。鳞茎对温度具有极强的抗寒性与耐热性,在解除自然休眠状态后,强迫休眠的温度界限为不低于 3℃、不高于 26℃。

(2)光照　洋葱属长日照作物。高温和长日照条件可以促进鳞茎的形成。高温短日照时,只长叶,不形成鳞茎,但不同类型的品种差异较大,如南方短日照类型多为早熟品种,通常在每天光照 12～13 h 下即可形成鳞茎,而北方长日照类型多为晚熟种,需在每天光照 14～15 h 下才能形成鳞茎,故南北方引种时必须注意此情况。若将北方长日照品种引至南方种植,鳞茎形成期推迟,鳞茎小,产量低。

(3)水分　洋葱根系浅,吸水能力弱,需较高的土壤湿度。叶生长盛期及鳞茎迅速膨大期是洋葱需水量最大的时期,土壤缺水将严重影响鳞茎的肥大。鳞茎收获前,应逐步减少灌水,防止出现恋青、迟熟和腐烂,有利于鳞茎的充实和加速成熟,促进其进入休眠状态。鳞茎具有极强的抗旱能力,能在极干旱的外界条件下,长时间保持肉质鳞片中的水分,维持幼芽的生命活动。

(4)土壤及营养　洋葱根系浅,吸收能力弱,但喜肥,以疏松肥沃、保水肥能力强的壤土为宜。适宜的土壤 pH 为 6.0～6.5。洋葱对养分要求较高,营养生长期需氮肥较多,但苗期要注意不可多施,以免徒长、罹病。幼年期增施钾肥非常有利于鳞茎的膨大,增施微肥有利于提高产量。

二、类型与品种

洋葱按鳞茎形成对日照需求长短分为长日照类型和短日照类型;按鳞茎形态分为普通洋葱、分蘖洋葱和顶球洋葱。生产上栽培的为普通洋葱。根据鳞茎外皮颜色,普通洋葱又分为以下品种。

(一)红皮洋葱

红皮洋葱又叫"紫皮洋葱",多为中、晚熟品种,植株生长势强,叶直立,叶色深绿。鳞茎外皮紫红色或粉红色,鳞片肉质呈微红色,鳞茎圆球形或扁圆球形。质地脆嫩多汁,辣味浓,但鳞片肉质不如黄皮洋葱致密柔嫩,品质稍差。鳞片自然休眠期较短,萌芽较早,含水量较大,贮藏性不如黄皮洋葱。多作冷凉地区的春季栽培。耐寒性、抗病性较强。主要栽培品种一般为地方品种。

(二)黄皮洋葱

黄皮洋葱多为早、中熟品种,鳞茎外皮铜黄色至淡黄色,肉质微黄色,鳞茎扁圆形或圆球形至高桩圆球形。植株生长势强,叶片开展,叶色浅绿。产量较红皮洋葱稍低,但鳞片肉质致密细嫩,味甜而辛辣,品质佳,可用作脱水蔬菜原料。一般属短日照类型,适于南方热区冬季栽培。传统的主要栽培品种有从美国引进的太阳、手托、尼加拉,从日本引进的红叶 3 号、港葱 841、大宝、皇冠等。黄皮洋葱主要供出口。

(三)白皮洋葱

白皮洋葱多为早熟品种，鳞茎外皮白色，近假茎部分稍现微绿色，鳞片肉质也呈白色。鳞茎较小多为扁圆形，鳞片肉质柔嫩细致，品质极佳，常用作脱水蔬菜原料或罐头食品配料。产量低，抗病力弱，易未熟抽薹，生产上很少栽培。

三、栽培季节与茬口安排

南方地区栽培洋葱一般以外销为主，集中在温暖地方栽培，一般秋播春收。不过，因市场需求，某些南方热区借助冬季气温较高的气候优势，发展夏播冬收的洋葱栽培，上市早，价格高，取得了较高的经济效益。具体应根据各地实践情况而定。

四、洋葱露地栽培技术

(一)栽培时期

可分为春洋葱和冬洋葱两种，一般以前者为主。春洋葱一般 9—10 月份播种，翌年 5—7 月份采收。冬洋葱一般 7—8 月份播种，翌年 3—4 月份采收。

(二)播种育苗

1. 苗床准备

洋葱幼苗不耐盐碱，出土生长缓慢，根量少，因此育苗床应选择疏松肥沃、保水力强的壤土或砂壤土为宜。一般每 667 m^2 大田用苗约需准备 40 m^2 苗床。苗床底肥要铺撒均匀，施充分腐熟的农家肥 150 kg、过磷酸钙 4 kg、硫酸钾 7 kg(或草木灰 15 kg)，翻细耙平，开沟做高畦，畦宽 1～1.2 m，高 25 cm。为避免小地老虎等地下害虫为害，可用辛硫磷、米尔乐等拌细土均匀撒施床面并浅翻入土。

2. 适期播种

洋葱幼苗生长缓慢，为充分利用土地和适于洋葱营养生长的气候条件，一般多进行育苗移栽。因洋葱生长适温为 12～26℃，温度超过 26℃时洋葱就将结束生长并进入休眠状态，故洋葱一般在炎夏到来之前成熟收获。采用较大的幼苗栽植，可利用炎夏前的适宜温度和长日照条件，使洋葱有充分的时间进行营养生长，为高产打基础。为此，适当早播是高产栽培的重要措施之一，但过早易引起未熟抽薹。

3. 播种方法

洋葱每 667 m^2 大田用苗，播种量 2～3 kg。播前进行种子处理，将种子置于 50℃温水中浸泡 3～5 h，捞出稍晾后置于 18～20℃温度下催芽，当有 50%以上的种子胚根露出时播种。无条件催芽可浸种后稍晾，直播。播种方法是先灌透苗床底水，水浸干后薄薄撒一层细肥土，将种子拌上消过毒的细肥土均匀撒播，播种量以 200～400 粒种子/m^2 为佳，盖上细土，以盖住种子为宜，上面可加盖稻草，然后搭拱架盖膜，以保温保湿。出苗前后用喷壶浇水，保持土壤湿润。出苗后注意除草。

4. 苗期管理

洋葱种子的种皮带角质，坚硬不易裂开，故发芽缓慢。苗期必须经常保持土壤湿润，使幼苗顺利出土，健壮生长。在育苗后期，注意适当控制水分，以免幼苗徒长。同时注意病虫草害防治与排水。

(三)大田定植

1. 整地施基肥

前作采收后及时翻耕晒垡，细碎土垡，施足底肥，以有机肥为主，一般每 667 m^2 施用充分腐熟农家肥 2 500～3 000 kg 或生物有机肥 200～300 kg、三元复合肥 75 kg、中微量元素肥料适量，用微耕机等使肥料和土壤充分均匀混合，深耕 20 cm 以上，然后做畦，畦宽约 1.2 m，高畦，高约 20 cm，沟宽 25 cm。

2. 选苗

洋葱播种后 40～60 d，苗高 16～20 cm 时即可起苗定植。起苗前，苗床轻浇一次水；当床土干湿适度时，选择早晚或阴天，用苗铲起苗并抖掉宿土。不要直接拔苗，因拔苗易伤根，成活率低。将起出的苗按大小分级。一级苗株高 16～20 cm，叶鞘(假茎)直径 1 cm；二级苗株高 10～13 cm，叶鞘(假茎)直径 0.8 cm；三级苗叶鞘(假茎)直径 0.6 cm。分别栽植，方便管理，以保证鳞茎大小基本一致，有利于合理密植、提高产量。

严格剔除黄化、纤弱、徒长和病虫害等苗，对叶鞘直径大于 1 cm 的大苗，在定植前可将叶部剪掉 1/3，这对减少抽薹有一定作用。

3. 定植密度

根据种植经验和密度试验结果，定植密度以行距 13～20 cm，株距 16～25 cm，每 667 m^2 定植 12 000～20 000 株为宜。肥田、一级苗、黄皮种，宜稍稀植；瘦田、2～3 级苗、红皮种，宜稍密植。

4. 定植方法

起苗和定植同时进行，边栽边浇定根水。洋葱定植应适当浅栽，深度为 2～3 cm，以定植后覆土能埋住小鳞茎，浇水后不倒秧苗，不漂秧苗为度。过深，植株易徒长，生长旺盛而鳞茎小，多畸形，不耐贮运；过浅，植株生长弱，易倒伏，叶少而小，鳞茎膨大过早而个头小，产量低。一般采用高畦地膜覆盖栽培。

(四)田间管理

1. 追肥

分期及时追肥是洋葱高产的关键之一。秋播洋葱在返青后进行第一次追肥，春播洋葱在缓苗以后追第一次肥。结合浇水每 667 m^2 追施磷酸二氢铵 10～15 kg 和硫酸钾 8～15 kg。此后再追施一次"提苗肥"，以保证叶片生长的需要。提苗肥以氮肥为主，每 667 m^2 可追施腐熟人粪尿 1 000 kg 或硫酸铵 10～15 kg。当植株生有 8～10 叶片后，鳞茎开始肥大，此后进行 2～3 次追肥(俗称"催头肥")，一般每 667 m^2 每次追施硫酸铵 10～20 kg。催头肥应在鳞茎即将迅速膨大时及时重施。若重施追肥过晚则在鳞茎迅速膨大时缺乏充足的营养；追肥过早鳞茎尚未达到迅速生长的时期，则地上叶部易徒长，反而影响鳞茎的形成。此后应根据田间生长情况酌情追肥。每 667 m^2 可施 3～10 kg 硫酸钾，以增加产品的耐贮性。

2. 浇水和蹲苗

定植后即浇定根水，使根系和土壤紧密结合，减少洋葱萎蔫。缓苗期约 20 d，一般小水勤浇，不能漫灌，若浇水量过大，会降低土壤温度而不利于根系生长。

秋播洋葱，在早春返青以后可漫灌；春播洋葱缓苗后，地上部生长加快，也可漫灌。一般经过 40 d 左右，地上部形成具有 8～10 片叶的健壮植株。

幼苗期结束后，即进入鳞茎膨大期，此时应控制水分(蹲苗)。蹲苗约需 10 d。蹲苗后配合追肥进行浇水，每隔 5～7 d 浇一次，促使鳞茎膨大生长，可沟灌，但水不可上畦面。

3. 中耕、培土

秋播洋葱提倡地膜覆盖，如不覆盖，应进行中耕，特别是蹲苗前必须进行中耕。中耕宜浅，一般不超过 3 cm。植株临近封垄时停止中耕。结合中耕进行培土。

(五)病虫害防治

病害以霜霉病、软腐病等为主，虫害以葱蓟马、斑潜蝇等为主，应及时防治。

(六)采收

一般当洋葱基部 2～3 片叶开始枯黄、假茎变软并开始倒伏，即可进行采收。采收过早，鳞茎小，产量、质量均差；采收过晚，洋葱萌芽早，腐烂多。采收宜在晴天进行，以便进行晾晒。采收前一周停止浇水，否则降低鳞茎耐贮性。为防止洋葱贮藏期间发芽，可用 0.25% 的青鲜素(MH)在洋葱采收前叶部尚未枯萎时喷洒叶面。采用青鲜素处理后的洋葱只可食用，不可留种。采收时尽量少损伤鳞茎，以减少洋葱贮藏期间因伤口感染而导致腐烂。

五、生产中常见问题及对策

(一)先期抽薹现象

在洋葱鳞茎还未达到食用成熟期前即抽薹的现象，称为先期抽薹。先期抽薹的原因是幼苗完成一定的营养积累后(小鳞茎直径 0.8 cm 以上，5～6 片叶以上)，连续的低温使其在长日照高温条件下抽薹。主要是秋播过早；苗期水肥过多，生长过旺；后期水肥不足，花芽分化早。

主要防治对策：选择不易抽薹的品种；适期播种；幼苗分级定植；培育壮苗；加强肥水管理；苗期喷施 0.2% 的乙烯利溶液；及时摘除花薹。

(二)引种不当

因引种不当，导致洋葱产量低、质量差。主要原因：洋葱鳞茎形成期对温度和日照有严格的要求。北方的中、晚熟品种，在高温和 14 h 以上的日照时间下鳞茎方能膨大；南方的早、中熟品种，在高温和 13 h 内的日照时间下才能形成鳞茎。所以北方品种引入南方后，在短日照条件下，鳞茎不能膨大，只长叶片；而南方品种引入北方后，则鳞茎膨大太早，更早熟，但因叶片不发达，以致葱头太小，产量不高。

主要防治对策：从同纬度引种；适期播种；加强管理。

任务五　藠头生产

藠头又称薤，百合科葱属多年生宿根草本植物，原产我国，栽培历史悠久，藠头可炒食，盐渍或糖渍等。其主要食用部分为地下小鳞茎，性味辛苦，具理气、宽胸、通阳、散结的功效，有较高的药用价值。藠头适应性广，抗逆性强，常作两年生栽培。

一、生物学特性

藠头为线状须根系，盘状短缩茎，叶片稍带蜡粉，鳞茎短纺锤形，白色或稍带紫色，肉质细嫩，微辣，伞形花序，花紫色，有雌雄蕊，无籽，只能无性繁殖，一般秋栽夏收。生长发育主要分为4个阶段：从播种到具18叶子为苗期；苗期结束后，1个月内为鳞茎形成高峰期；从春末至初夏，为鳞茎膨大期；仲夏抽薹开花到谢花，为开花期。

藠头喜冷凉湿润环境，叶片生长适温为15～18℃，鳞茎膨大适温20℃左右，超过30℃即停止生长进入休眠，25℃以上或10℃以下生长缓慢，不能忍受0℃以下长时间低温；为长日照作物，对光照要求不严，较耐弱光、耐阴，要求土壤较湿润和较干燥空气，忌旱涝，以砂壤土栽培为宜，根系吸收肥力强。

二、类型与品种

藠头主要包括大叶薤(南薤)、细叶薤(紫皮薤、黑皮薤)、长柄薤(白鸡腿)、三白藠头4种类型。其中大叶薤(南薤)叶较大，分蘖力较差，鳞茎大而圆，产量高，食用鳞茎；细叶薤(紫皮薤、黑皮薤)叶细小，分蘖力强，鳞茎小，食用叶或鳞茎；长柄薤(白鸡腿)分蘖力较强，薤柄长，形似鸡腿，白而柔嫩，品质佳，叶直立，产量高；三白藠头分蘖力较弱，早熟，耐瘠薄，耐旱，不耐涝。

其余还有一些地方优良品种，如云南的开远甜薤头、湖北武昌的梁子湖畔薤头、江西新建的江西薤头。

三、栽培季节与茬口安排

藠头在南方地区可周年上市，但主要以春播秋收为主。

四、藠头露地栽培技术

(一)选种留种

常用鳞茎繁殖。采收藠头时，选择鳞茎形状整齐、大小适中、分蘖少、无腐烂变质，两个或四个粘在一起的作种，独个鳞茎不宜作种。大田定植前3～5 d，将作种的藠头苗剪去须根及芽尖，暴晒后堆阴凉处备用，堆放厚度不得超过16 cm。

(二)整地、做畦与定植

藠头忌连作，前作采收后及时深翻晒垡3～5 d，每667 m^2施充分腐熟农家肥2 000～3 000 kg，复合肥40～60 kg，深耕20 cm以上，做高畦，宽约80 cm，沟宽25～30 cm。

南方地区一般于8月中旬至9月上旬栽植。过早易腐烂，过迟则产量低。按行距25 cm开沟，沟深8～10 cm。栽植时，如每穴1个种，则穴距8 cm；如每穴2～3个种，则穴距16 cm。将种球斜种在种植沟里，栽后覆土，以稍露顶为宜。每667 m^2用种量110～130 kg。

(三)田间管理

播种后及时浇定根水，保持土壤湿润，7～10 d 即可发芽出土。生长期经常保持土壤湿润，雨后注意排水。出苗后开始追施提苗肥，每 667 m^2 每次追施复合肥 15～20 kg；年前施一次越冬肥，每 667 m^2 行间铺施有机肥 1 500 kg；早春每 667 m^2 追施尿素 10～15 kg，4 月份每 667 m^2 追施三元复合肥 15 kg，5 月中旬每 667 m^2 重施尿素 7.5～10 kg，配施三元复合肥 25 kg。翌年夏季，生长势渐弱，可在收获前半个月进行束叶，促进鳞茎肥大。出苗后及时进行中耕除草，生长期进行 2～3 次。在鳞茎膨大期结合中耕适当培土，保证藠头洁白。藠头的病害主要有霜霉病、紫斑病和炭疽病，虫害以葱蓟马、种蝇地蛆为主，需及时防治。

(四)采收、留种

以嫩叶和鳞茎供食用的，种植翌年的 1—4 月份上市，以收嫩茎为主的，可在 5—9 月份上市，作种的延迟到 7 月份收获。

复习思考题

1. 葱蒜类蔬菜在生物学特性和生产习性上有哪些共同特点？
2. 大蒜生产时如何进行水肥管理？大蒜生产上常见问题有哪些？如何解决？
3. 大葱如何进行培土？
4. 韭菜如何进行播种繁殖？如何进行韭菜的黄化生产？
4. 如何防止洋葱先期抽薹？

Project 9

项目九

绿叶菜类蔬菜生产

任务一 莴笋生产
任务二 芹菜生产
任务三 蕹菜生产
任务四 苋菜生产
任务五 菠菜生产
任务六 其他绿叶蔬菜生产

学习目标

一、知识目标

1.绿叶菜类蔬菜(莴笋、芹菜、蕹菜、苋菜、菠菜及其他绿叶蔬菜)的生物学特性;

2.品种的选择;

3.育苗知识;

4.整地、做畦、定植等知识;

5.肥水管理知识;

6.病虫害识别与防治知识;

7.采收及采后处理知识;

8.绿叶菜类蔬菜生产过程中常见问题发生的原因及解决措施。

二、技能目标

通过理论教学及实践操作,让学生全程参与完成绿叶菜类蔬菜(莴笋、芹菜、蕹菜、苋菜、菠菜及其他绿叶蔬菜)的产前计划、产中管理、产后营销等整个生产过程,使学生能根据季节特点、地域特征及市场需求制订绿叶菜类蔬菜生产计划,熟悉绿叶菜类蔬菜的生产流程,掌握相应生产管理技术及产后销售及效益评估,能独立或协作分析并解决绿叶菜类蔬菜生产过程中常见问题。

三、工作任务

1.制订绿叶菜类蔬菜(莴笋、芹菜、蕹菜、苋菜、菠菜及其他绿叶蔬菜)生产技术方案;

2.完成绿叶菜类蔬菜田间生产管理;

3.完成绿叶菜类蔬菜采收与采后处理;

4.分析绿叶菜类蔬菜生产过程中常见问题发生的原因并提出解决措施。

绿叶蔬菜包括莴笋、芹菜、菠菜、蕹菜、苋菜、茼蒿、芫荽、冬寒菜、茴香、落葵、豆瓣菜、菜苜蓿等。主要以嫩叶、嫩茎或嫩梢供食用,也有主要以叶柄供食的(如芹菜),或主要以茎部供食的(如莴笋)。绿叶蔬菜富含人体所需的维生素、无机盐及食用纤维,如绿叶菜中的小白菜、油菜、菠菜、荠菜、苋菜等,每 500 g 中含维生素 C 约 200 mg。绿叶蔬菜种类较多,多数生长期短,没有明显的采收标准,从小植株到成熟植株都可以供食,因此可因地制宜,分期收获,在蔬菜均衡供应上起着较重要的作用。因绿叶蔬菜生长期短,植株较小,适合密植,是间套作、增加土地复种指数的良好材料。

多数绿叶蔬菜根系较浅,生长迅速,在单位面积上种植的植株较多,因此对土壤水分及氮肥要求较高,需保水保肥能力强的土壤,施肥需勤施薄施。多数绿叶蔬菜的播种材料为果实,或者种皮较厚,需在一定的适宜条件下才能发芽,故常需在播种前对种子进行处理。

根据绿叶蔬菜对温度的要求可分为两类:一类是喜温暖而不耐寒的,如蕹菜、苋菜、落葵等,生长适温 20～25℃,或更高一些,其中蕹菜的耐热性最强。另一类是喜冷凉而不耐炎热的,如莴苣、芹菜、菠菜、茼蒿、芫荽等,生长适温为 15～20℃,能耐短期的霜冻,其中以菠菜的耐寒力最强。喜欢冷凉的绿叶蔬菜是低温长日照植物,如莴苣、菠菜等;喜欢温暖的绿叶蔬菜是高温短日照植物,如蕹菜、苋菜、落葵等。因此,在绿叶蔬菜种植过程中,要把握好季节,防止过早进入生殖生长而影响产量和品质。

任务一　莴笋生产

莴笋别名茎用莴苣、莴苣笋、青笋、香莴笋,属于菊科莴苣属,一、二年生草本植物,高 25～100 cm。原产于地中海沿岸,在我国南北各地普遍生产,主要食用其膨大的茎。莴笋为秋冬季及春季的主要蔬菜之一,在南方各地利用不同的品种排开播种,分期收获,几乎可以周年供应。莴笋肉质嫩,茎、叶可凉拌、炒煮、干制或腌渍。

一、生物学特性

(一)植物学特征

莴笋为直根系,经移栽以后的根系浅而密集,主要分布在 20～30 cm 的土层中。莴笋在植株莲座叶形成后,茎肥大伸长为笋状。茎有绿白、绿、紫绿等色,茎部肉质有绿白、绿、黄绿等色。叶着生茎上,叶披针形、长卵圆形、近圆形等,叶互生,色淡绿、绿、深绿或紫红,叶面平展或有皱褶,全缘或有缺刻。花为黄色的头状花序,自花授粉,有时可通过昆虫而异花授粉。种子在植物学上称为瘦果,有灰黑、黄褐色等,成熟后顶端有伞状冠毛,易随风飘扬,应在冠毛散开前采种,以免损失,种子千粒重在 0.8～1.2 g。

(二)生长发育周期

莴笋的整个生育过程包括营养生长期(发芽期、幼苗期、莲座期、肉质茎形成期)和生殖生长期(开花结实期)。

(1)发芽期　播种至真叶显露,此时期需 8～10 d。

(2)幼苗期　真叶显露至第一叶序 5 或 8 枚叶片展开,俗称“团棵”,直播需 17～27 d;育苗时冬春播种需 50 d，秋播需 30 d 以上，生长适温 12～20℃，可耐－6～－5℃的低温。

(3)莲座期　“团棵”至第三叶序全部展开，心叶与外叶齐平为莲座期，需 20～30 d，此时期叶面积迅速扩大，嫩茎开始伸长和加粗。

(4)肉质茎形成期　莲座期以后茎迅速膨大，叶面积迅速扩大，这段时期为肉质茎形成期，需 30 d 左右。此期苗端分化花芽，花茎开始伸长和加粗，成为肉质茎的一部分，生长适温白天 18～22℃，夜间 12～15℃，若 0℃以下易发生冻害。

(5)开花结实期　抽薹至瘦果成熟，莴笋属高温感应型，茎较粗大的植株对高温的感应性比茎较细小的植株强。花芽分化受日平均温度的影响大，日平均气温在 23℃以上，花芽分化迅速。长日照促进抽薹开花，在 24 h 日照下，不论 15℃或 35℃都能提早抽薹开花。相同情况下，高温长日照比低温长日照更有利于抽薹开花。

(三)对环境条件的要求

1.温度

莴笋喜冷凉气候，较耐寒，忌高温。种子发芽最低温度为 4℃，适温为 15～20℃，超过 30℃发芽受抑制或不能发芽，因此在高温季节播种应进行低温处理。幼苗能耐－6～－5℃的低温和较高的温度，但高温烈日容易灼伤幼苗，茎叶生长的最适温度为 11～18℃，较大的植株在 0℃以下会受冻害而死亡，23℃以上则容易引起先期抽薹，品质变劣或肉质茎膨大受阻。开花结实要求 20℃以上的温度，低于 15℃开花结实受影响。

2.光照

莴笋比较耐弱光，茎叶在较弱的光照条件下也能正常生长。莴笋是长日照植物，对日照反应比较敏感，较低的温度和较短日照有利于莴笋茎叶的形成；较高的温度和长日照则有利于抽薹开花，长日照条件是导致早抽薹的主要原因，因此在温度较高的夏秋季节种植莴苣常出现抽薹现象。

3.水分

莴笋对土壤水分要求较高，不同生长期对水分要求有所差异。幼苗期湿度要适宜，以免形成老僵苗和徒长苗；莲座期应适当控制水分，促进莲座叶的形成；茎膨大期要保证充足的水分，满足茎膨大对水分的需要，后期要控制水分，防止因水分过多出现裂茎现象。

4.土壤及营养

莴笋对土壤酸碱度反应敏感，适合微酸性土壤(pH 6.0～7.0)。要求土壤结构疏松，有机质含量高，保水保肥力强的土壤，以砂壤土栽植最好。莴笋各个生长期对氮肥的要求较高，任何时期缺氮肥都会抑制叶片的分化和生长，使叶数减少，叶片变小，影响茎的膨大。莴笋肉质茎膨大期对钾肥的需求较多，因此这个时期应增加钾肥的施入量，并要求氮、磷、钾的平衡供应。

二、类型与品种

莴笋品种很多，常根据叶形、叶色、茎色、熟性或生产季节来分类。如根据莴笋叶片形状可分为尖叶和圆叶两个类型；根据茎的色泽又有白笋、青笋和紫皮笋之分；根据品种特性及生产季节可分为春莴笋、夏莴笋、秋莴笋、冬莴笋；根据生长周期可分为早熟品种、中熟种、晚熟品种。

(一)根据生长周期分类

(1)早熟品种　生育期175 d以内,植株小,直立性强,抽薹早,茎生长快,细小,横茎生长停止也快,主要用于早春供应的春莴苣,一般比较耐寒,如上海细尖叶、杭州尖叶、南京白皮香、武汉孝感莴苣、重庆万年椿、成都青麻叶、江西白叶和尖叶等。

(2)中熟品种　生育期175～190 d,如江西胭脂尖叶、成都青尖叶、南京青皮香、洋莴苣、武汉鸭蛋青等。

(3)晚熟品种　生育期190 d以上,茎生长较慢,横径较粗,一般用于晚春供应的春莴苣,应选不易抽薹的晚熟品种,如上海圆叶种、杭州杆子种、南京紫皮香、武汉花叶莴苣、贵州罗汉莴苣等。

(二)根据叶片形态分类

根据莴笋叶片的形态分为尖叶莴笋和圆叶莴笋(图9-1)。

(1)尖叶莴笋　叶片先端呈披针形,叶簇较小,叶面多光滑,节间较稀,肉质茎棒状,呈下粗上细,叶面平滑或略有皱缩,色绿或紫。较晚熟,苗期较耐热,可作秋季或越冬生产。主要品种有:柳叶莴笋,北京紫叶莴笋,陕西尖叶白笋,成都尖叶子,重庆万年桩,上海尖叶,南京白皮香早种等。

(2)圆叶莴笋　叶片顶部较圆,叶片长倒卵形,微皱,叶面皱缩较多,叶簇较大,节间较密,肉质茎的中下部较粗,上下两端渐细,节间密,茎粗大(中、下部较粗,两端渐细),成熟期早,耐寒性较强,不耐热,多作越冬春莴笋生产。主要品种有:成都挂丝红、二白皮、二青皮;上海小圆叶、大圆叶以及南亦紫皮香、湖北孝感莴笋、湖南锣锤莴笋、北京鲫瓜笋、济南白莴笋、陕西圆叶白笋等。

各类型中依茎的色泽又有白笋、青笋和紫皮笋之分。

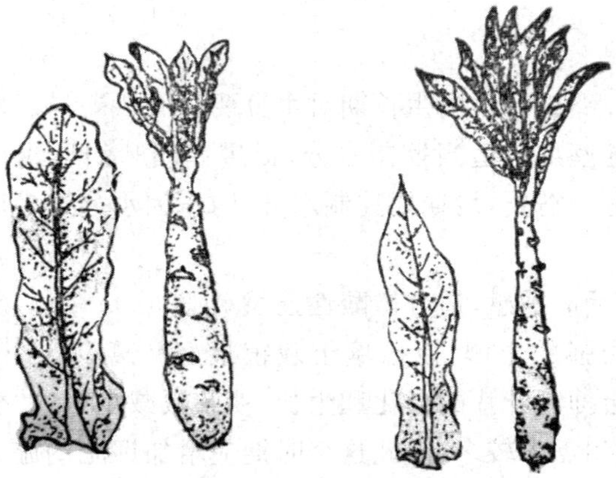

a. 圆叶莴笋　　b. 尖叶莴笋

图9-1　根据莴笋的叶片形态分类

(三)根据品种特性及生产季节可分为4种类型

(1)春莴笋　杭州尖叶、杭州圆叶、青莴笋、南京白皮香、南京紫皮香、上海细尖叶、上海大圆叶、成都二白皮等早熟耐寒的品种。

(2)夏莴笋　广汉特耐热二白皮、杭州柳叶莴笋等耐热、抽薹较晚的品种。

(3)秋莴笋　竹叶青、南京紫香皮、杭州圆叶、成都二白皮、成都挂丝红、圆叶香莴笋等。

(4)冬莴笋　极品青、成都挂丝红、上海大尖叶等。

三、生产季节与茬口安排

莴笋要求冷凉的气候条件，最有利的茎叶生长温度是 11～18℃，不耐严寒，在长日照和高温条件下容易抽薹，在长江中下游地区，由于冬季较冷，较大的植株越冬易受冻害，因此在冬季较冷的地区莴笋主要是春秋生产，而在长江流域的部分地区冬季比较暖和，较大的植株能够生长和越冬，可进行冬莴笋生产。此外，选用对日照适应性较强的品种可生产早秋莴笋，选用耐热性较强的品种可进行夏莴笋的生产。生产上根据收获期不同一般将莴笋分为春、夏、秋、冬莴笋。生产季节品种选择及茬口安排如表 9-1 所示。

表 9-1　长江流域露地莴笋的生产季节

名称	播种期	定植期	收获期	主要品种
春莴笋	9 月下旬至 10 月中旬	10 月下旬至 11 月下旬	翌年 3—5 月份	选用耐寒性较强，茎部肥大的中晚熟品种，如杭州尖叶，杭州圆叶，成都二白皮，上海大圆叶，青莴笋等
夏莴笋	3—5 月份	4—6 月份	6—8 月份	应选用耐热、抽薹较晚的品种，如广汉特耐热二白皮、杭州柳叶莴笋、成都的二白皮密节巴莴笋、武汉的花叶莴笋、长沙的白叶莴笋、贵州的双尖莴笋和重庆的万年椿等
秋莴笋	6 月下旬至 7 月下旬	7 月下旬至 8 月中旬	9 月中旬至 11 月上旬	应选用耐热性强，耐抽薹的早熟品种，如杭州圆叶、成都挂丝红、成都二白皮、圆叶香莴笋等
冬莴笋	8 月上中旬至 9 月中旬	9 月下旬至 10 月中旬	11 月下旬至翌年 1 月	选用丰产和在低温条件下生长较快的品种，如上海大圆叶、上海大尖叶、成都水白条、重庆白甲、成都挂丝红，竹筒青等

四、生产技术

(一)品种选择

应根据生产季节的不同气候特点，和生产上的要求选用不同的品种。如春莴笋须选用耐寒性强的品种，夏、秋季宜选用耐热性较强而不易抽薹的品种，冬莴笋则宜选用在低温下生长较快且丰产的品种。

成都地区主要生产的品种有：四川种都高科种业有限公司选育的种都高科三号、种都青极品红等系列品种；四川广汉龙盛种业有限公司选育的新翠竹、红翠 2 号等系列品种；绵阳科兴种业有限公司选育的二白皮莴笋、挂丝红莴笋等；成都市新农业武侯种苗研究所选育的大白尖叶莴笋、新武二号莴笋、竹叶青莴笋、水白条莴笋、挂丝红莴笋等；攀枝花市农林科学研究院选育的水白条莴笋、竹青棒莴笋、攀青一号莴笋等；彭州地区种植户选育的竹筒青、黑牛皮等。

(二)播种育苗

(1)种子处理　莴笋种子发芽要求较低的温度,当温度高于20℃时,播种前需对种子进行低温处理以促进发芽。即先将种子在清水中浸泡3～5 h,捞起后用清水冲洗,然后用纱布包好,放入冰箱的冷藏室,也可置于井内水面上20～30 cm处或置于山洞中,每天用清水冲洗一次,2～3 d后有80%种子开始露白时即可播种。在温度适宜时不必进行低温处理。

(2)播种　莴笋生产多采用先育苗后移栽的方式,要培育壮苗,应选用品质优良的种子,选择疏松肥沃、排灌方便的土壤作苗床,苗床要深沟高畦,畦面平整,播种前要浇湿苗床。注意播种密度,适当稀播,一般每20 g种子播10～15 m^2,可将种子与适量细土拌匀后播种,播种后撒上0.5 cm厚的营养土,然后覆盖草帘或遮阳网等保温保湿或降温保湿。

(3)苗期管理　一般播后4～5 d出苗,出苗后及时揭去覆盖物。出真叶时可用800倍多菌灵药液喷洒1次;2～3片真叶时,结合间苗追施10%稀薄人粪尿。莴笋在不同生产季节苗龄不一样,当具有4～5片真叶时即可定植。

(三)整地定植

(1)整地、做畦、施基肥　莴笋的根群不深,应选用有机质丰富和保水保肥力强的土壤生产。在定植前10 d左右,结合整地,施入基肥,一般每667 m^2施腐熟人畜粪尿2 000～3 000 kg或微生物有机肥200 kg、三元素复合肥50～75 kg,适当补充中微量元素肥料,然后翻耕做畦。一般可做成宽畦,畦宽2.3 m,定植5～6行。

(2)定植　莴笋定植密度较高,定植的株行距因品种和季节而异,一般为(25～40) cm×(30～40) cm,早熟种密度较小,中晚熟种密度较大。在气温较高不适于莴笋生长的季节可适当增加密度,在适于莴笋生长的季节可适当减小密度。定植时尽可能带土移栽,不要伤到根系,选择土壤湿度适宜或阴天进行,定植后及时浇定根水。

(四)田间管理

(1)肥水管理　定植后3～5 d,检查苗情,及时补苗。缓苗后轻施"提苗肥",结合浇水每667 m^2追施尿素10 kg,此期应促控结合、以控为主。当莴笋长到8片叶,开始"团棵"时,浇1次透水并顺水追一次"开盘肥",每667 m^2追施三元复合肥15 kg。植株长到16～17片叶,莲座叶片充分开展,心叶与莲座叶平头,茎部开始肥大时,结束蹲苗。及时浇透水1次,结合浇水重施"膨茎肥",每667 m^2追施三元复合肥25 kg或冲施肥一次。此次施肥水一定要掌握好时机,早了易徒长,茎部蹿高,影响加粗生长,商品性差。晚了影响茎横向生长,表皮发硬变老,以后再增加肥水时易裂茎。半个月后顺水再追一次"送嫁肥",每667 m^2追施三元复合肥15 kg,此后不再追肥,经常保持地面"见湿见干",直至采收前7 d停止浇水,以防裂茎。

(2)中耕除草　缓苗浇水后及时中耕,中耕时要细致周到,不要伤根散坨,茎部开始肥大前再深中耕。如遇下雨,则雨后随即中耕,放墒增温蹲苗,严防徒长,结合中耕及时清除田间杂草,封行后不再中耕。采用地膜覆盖生产能有效防止杂草生长,同时能保温保墒,有效防止莴笋"水蹿"和"旱蹿",并能控制田间空气湿度,减轻霜霉病等病害的发生。

(3)化学调控　在夏秋莴笋的生产过程中,由于气温较高,较易发生先期抽薹的现象,可在莲座期及茎开始膨大时,用15～20 mg/L的矮壮素或萘乙酸,或二者的混合液,5～7 d喷1次,共2～3次,能防止先期抽薹。

(4)病虫害防治　莴笋的病害主要有病毒病、霜霉病、软腐病、菌核病、灰霉病等;病毒病可用2%宁南霉素、2%菌克毒克、20%康润Ⅰ号等防治;霜霉病可用25%雷多米尔、72%霜克、50%甲米多等防治;软腐病可用3%克菌康、消菌灵、新植霉素等防治;菌核病可用70%甲基硫菌灵、50%速克灵、50%扑海因等轮换防治;灰霉病可用50%农利灵、40%施佳乐悬浮剂、50%扑海因等防治。主要虫害是蚜虫,可用10%烟碱、10%吡虫啉、25%阿克泰、10%烯啶虫胺、20%啶虫脒等防治。

(五)采收

当莴笋的茎顶端与最高外叶的顶端齐平时,肉质茎已充分膨大,这时为采收适期。若采收过早,则产量降低;采收过晚,易抽薹开花,使肉质茎空心,降低商品性。

五、生产中常见问题及对策

(一)"蹿"

生长中期肉质茎细长,叶片节间拉长,叶片薄而小,外皮厚而肉少,食用价值不高,易抽薹开花,这种现象俗称为"蹿"。引起"蹿"的原因大致有以下4种:一是土壤贫瘠干旱,水分供应不足;二是肥料供应不足,营养生长不良,特别是在嫩茎伸长膨大时,肥料不足,使茎部迅速向上生长,而形成瘦长的茎;三是温度过高,呼吸强度大,消耗养分多,干物质向食用部分的分配率低;四是浇水过多。防治办法:选用肥沃、有机质丰富的土壤,选择合适的品种和适宜的生产季节,加强水肥管理,保持土壤湿润但不能积水,在嫩茎伸长膨大时,必须保证充足的肥料。

(二)裂口

在莴笋肉质茎膨大后期,肉质茎纵向裂开,深达茎的中部,裂开部分是黄褐色,易腐烂,食用价值降低。引起裂口的原因:一是与品种有关,二是水肥供应不均、忽旱忽涝造成,特别是在肉质茎成熟时,外皮已木质化,此时大量浇水,肉质茎突然膨大,表皮不能随之膨大而裂口。

(三)未熟抽薹

莴笋在生产过程中,肉质茎未膨大或未充分膨大,就分化出花芽而抽薹开花的现象,也叫先期抽薹。发生未熟抽薹的原因有:品种选择不当、播种时期选择不当、苗期管理不当而形成老僵苗或徒长苗;生产密度过大、肥水管理不当(高温干旱缺水、氮肥过多,钾肥不足)、病虫为害等。防治办法:选择适宜的品种适期播种,加强苗期管理,培育壮苗,生产密度适当,加强肥水管理和病虫害防治,在莲座期及茎开始膨大时,叶面喷洒15~20 mg/L的矮壮素或萘乙酸。

任务二　芹菜生产

芹菜属伞形花科旱芹属的二年生蔬菜,原产地中海沿岸沼泽地区。其在我国生产历史悠久,生产面积大、分布广,是我国主要蔬菜之一。利用简单的生产设施,在我国南方地区基本能做到周年生产、周年供应。芹菜富含丰富的维生素、矿物质和挥发性芳香油,有特殊风味,可增进食欲、降低血压等。

一、生物学特性

(一)植物学特征

芹菜为浅根性蔬菜，直播的主根较发达，移栽后主要根系分布在 20 cm 左右的土层内，多数根系密布土表。主根切断可诱发较多侧根生成，适于育苗移栽。营养生长期间芹菜的茎短缩，叶片均着生于短缩茎上，当植株通过春化后短缩茎才伸长形成花茎。单子叶，真叶为奇数二回羽状复叶，叶柄肥硕细长、营养丰富，是主要食用部位，有空心实心两种。叶柄上有纵棱，叶柄颜色有绿色、黄色、白色之分。伞形花序，花小，黄白色，虫媒花，通常为异花授粉作物，自交也能结实。双悬果，成熟时开裂为二，半果扁圆球形，暗褐色，千粒重 0.4 g。当年收获种子不经处理不易发芽，生产上多选用 3 年左右的种子。

(二)生长发育周期

(1)发芽期　从种子萌动到第一片真叶出现，在适宜的温度条件下，芹菜种子需 7～10 d 才能出芽。

(2)幼苗期　从第一真叶显现到 4～5 片真叶形成，需 50～60 d，此期秧苗细弱，易受杂草为害。

(3)营养生长期　从 5 片叶到 9 片叶为营养生长前期，植株生长缓慢，大量分化出新叶和根，短缩茎逐渐增粗，条件适宜需 35 d 左右。后期从第 9 片叶开始，叶柄迅速伸长、叶面积迅速扩大，是芹菜产量形成的关键时期，需 50 d 左右。

(4)生殖生长期　芹菜是长日照蔬菜，在 3～4 片真叶、10℃以下低温的条件下，经 10～15 d 的时间即可通过春化阶段，短缩茎伸长，植株开花、结实，失去食用价值。

(三)对环境条件要求

(1)温度　芹菜属耐寒性蔬菜，植株生长需要冷凉温和的气候，适宜的生长温度为 15～20℃。芹菜不耐热，26℃以上的温度会抑制生长，叶片衰老，品质变劣。芹菜植株不同品种耐寒能力也有差异，一般情况下能耐－5～－4℃的低温。芹菜属于绿体春化作物，在生产上要防止共抽薹开花。

(2)光照　芹菜是长日照植物，即芹菜通过春化阶段后，在长日照条件下才能抽薹开花。同时，芹菜是比较耐弱光的蔬菜，在夏秋季光照强度太高时需要适当遮阴降温。

(3)水分　芹菜喜欢湿润环境，耐涝性好，根部浸泡 1～2 昼夜植株也不会死亡。由于生产上芹菜根系浅，生产密度大，需要充足的水分供应，特别是营养生长旺盛期更要充足的水分供应。在生产管理中，应保持土壤湿润和较高的空气湿度。

(4)土壤及营养　芹菜要求土质肥沃、保肥力强的壤土或黏壤土。芹菜是喜肥作物，对氮素要求较高，磷、钾要求合理配合施用。芹菜对硼敏感，缺硼容易引起叶柄基部开裂，维管束变褐，在生产中要适当补硼肥。

二、类型与品种

芹菜分本芹和西芹两种，我国生产的多为本芹，西芹的生产也逐渐普及(图 9-2)。本芹按叶柄充实程度分空心芹菜和实心芹菜两种类型，空心芹菜叶柄中空，生长速度快，纤维多，品质差，不耐贮存；实心芹菜叶柄充实，产量高，耐寒但不耐热，生长较缓慢，纤维少，品质好。按叶柄的颜色分为白色种和青色种，白色种叶较细小，淡绿色，叶柄黄白色，植株较矮小而柔弱，香味淡，品质好，易软化；青色种叶片较大，绿色，叶柄粗，植株高大而强健，香味浓，丰产，软化后品质较差。不同类型中又根据叶片形状、植株高矮、成熟早晚分为不同品种。

我国南方地区主要生产的品种有：上海地方品种黄心芹，四川地方品种雪白芹菜，四川双流二黄芹菜，津南黄心芹、金黄芹菜，天津地方品种津南实芹一号，杭州地方品种杭州青芹等。此外，生产中常用的还有玻璃脆芹、北京春丰芹菜、天津白庙芹、长沙青梗芹、武汉青梗芹、四川春不老芹菜、白秀实心芹、四季白秆实心芹菜等。

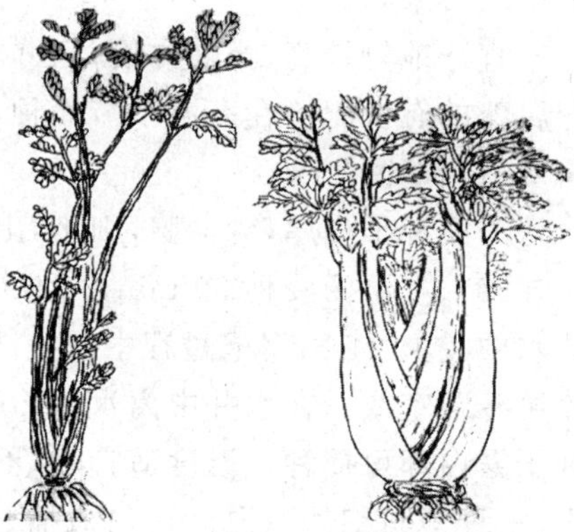

a. 本芹　　b. 西芹

图 9-2　本芹和西芹

三、生产季节与茬口安排

芹菜的适应性较强，幼苗能耐较高温度和较低温度，要使芹菜获得高产优质，应把它的旺盛生长时期安排在冷凉的季节里，故在自然条件下多以秋播为主，也可安排在春季生产。由于苗期能耐较高温和较低温，秋季生产可适当提早播期，以适应 9 月份淡季的市场需要，也可适当晚播，于冬季及翌年春季收获。但春播不宜过早，以防止春化提前抽薹。在我国南方地区只要品种选择得当，掌握好播种时期，可实现芹菜的周年生产，四川地区芹菜露地生产季节与茬口安排如表 9-2 所示。

表 9-2　四川地区芹菜周年茬口安排

生产季节	播种时期	收获时期	主要品种
春芹菜	9 月份至 10 月上旬	翌年 2—4 月份	草白芹菜、津南实芹、玻璃脆芹、春丰芹菜等
夏芹菜	2 月下旬至 4 月下旬	5—8 月份	杭州青芹、上海黄心芹、雪白芹菜等
秋芹菜	6 月下旬至 7 月份	9 月中旬至 11 月中旬	上海黄心芹、早青芹、上农玉芹、草白芹等
冬芹菜	7 月下旬至 8 月上旬	11 月份至翌年 1 月份	二黄芹、津南实芹、玻璃脆芹、春丰芹菜等

四、生产技术

（一）播种育苗

芹菜可直播，但在生产中多采用育苗移栽与直播相结合。芹菜种子小，出苗慢，苗期较长，所以播种育苗是芹菜生产中的一个关键。宜根据各地气候条件选择适宜的品种，确定适宜的播期。如成都双流早秋芹菜，为增进抗旱能力和争取淡季节供应，常提前播种且采用直播法，一般在 8 月中下旬水稻采收前 10 d 撒入芹菜籽，每 667 m^2 用种量 500 g。彭州地区春芹菜，11 月初播种，12 月中下旬定植于大棚，清明前后采收；11 月中旬播种，正月露地定植，谷雨前后采收。

宜选地势较高，排灌方便，土壤肥沃，保水保肥性好的地块，要求土壤细碎平整，施入充分腐熟的有机肥。在高温季节播种，苗床需用遮阳网，避免强光暴晒并能防雨降温，出苗后需要适当遮阴。

芹菜种子皮厚，含油腺，细小，出芽慢。在高温季节播种需对种子进行处理，方法是先在50～55℃下温汤浸种30 min，并不断搅拌，以杀死种子表面所带病毒，待水温自然冷却再在清水中浸泡24 h，浸泡过程中需搓洗数遍，以利于吸水。然后将种子捞出用纱布包裹，放在冰箱冷藏室或吊在水井中离水面20～30 cm处，每天冲洗一次，经5～7 d，当有30%～50%种子露白即可播种。温度适宜时，不必进行浸种催芽。苗床浇透底水，水渗下后覆上一层细土，把种子与细沙土混合均匀撒播。播完后立即盖一层细土，大约0.3 cm厚，盖住种子即可，覆盖遮阳网、稻草等材料保湿。

芹菜苗期较长，管理较繁杂。苗期要保持土壤湿润，在高温季节育苗，幼苗出土后要及时去除苗床上稻草等覆盖物，预防暴雨天气。待幼苗1～2片真叶及时间苗，间苗后适当浇水，及时除草。苗期可叶面喷施0.1%磷酸二氢钾与0.1%尿素混合液，促进幼苗生长。定植前7 d左右控制浇水，炼苗壮根，5～6片真叶时可定植，直播的按10 cm见方定苗。

（二）整地定植

定植前整地施底肥，做到土细肥足，每667 m^2施优质腐熟有机肥2 000～4 000 kg或者微生物有机肥200 kg，三元复合肥50～75 kg，中微量元素肥料适量。翻耕土壤，整细耙平做畦，畦宽1.8～2 m（包沟）。选择在晴天傍晚或阴天定植，定植时选用健壮的、大小一致的苗，尽量带土护根，对细弱的小苗应剔除或单独分开定植，以利于管理。定植密度视季节和品种而定，一般本芹行距20 cm，株距5～6 cm，每穴栽1株。西芹行距为15～25 cm，株距10～15 cm，单株栽植，定植的深度以不埋心叶为宜，定植后浇定根水，加快植株缓苗。

（三）田间管理

密植或培土软化是芹菜高产优质的关键，在南方地区，多采用密植生产，一般不再软化。芹菜是属于浅根系，耐旱力弱而蒸发量又大的作物，需要湿润的土壤和空气条件。因此，整个生育过程要及时灌水、追肥，生长中后期最好进行沟灌，以满足其生长需要。

定植成活后浇一次稀薄人粪尿，促苗生长。追肥分2～3次进行，以尿素为主，30～40 kg/667 m^2，后期适当增施磷、钾肥。缺硼易导致叶柄开裂，可在定植后每667 m^2施0.5～0.75 kg的硼砂或生长中后期用0.2%～0.3%硼肥叶面喷雾1～2次。为了增加芹菜的产量，提高品质，在收获前15～20 d，可用10～20 mg/L的赤霉素喷雾后再施肥，可促进芹菜生长，效果显著。

芹菜前期生长较慢，常有杂草为害，因此应及时中耕除草，一般在每次追肥前结合除草进行中耕。由于芹菜根系较浅（特别是分过苗的），中耕也宜浅，只要达到除草、松土的目的即可，不能太深，以免伤及根系，反而影响芹菜生长。

芹菜病害主要有叶斑病、斑枯病、心腐病、病毒病等。叶斑病发病初期喷洒50%的多菌灵可湿性粉剂800倍液，或50%的甲基硫菌灵可湿性粉剂500倍液，或77%的可杀得可湿性粉剂500倍液喷雾防治；斑枯病可喷洒75%百菌清湿性粉剂600倍液，60%琥·乙膦铝可湿性粉剂500倍液、64%杀毒矾可湿性粉剂500倍液、40%多·硫悬浮剂500倍液喷雾防治；心腐病是生理性病害，增施硼肥即可预防。

(四)采收

芹菜以叶丛(叶柄)为食用器官,无统一的采收标准,植株在 25 cm 以上时,可根据市场行情及时采收。

五、生产中常见问题及对策

(一)播种后出苗不齐和缺苗

在正常发芽情况下缺苗和出苗不齐,主要是苗床水分管理不当,床面忽干忽湿引起的。可通过播种前对种子浸种催芽处理,苗床浇足底水,保持土壤湿润等途径解决。

(二)芹菜空心

芹菜空心是一种生理老化现象,产生的主要原因是土壤贫瘠干旱、茎肥不足或后期施肥不足、芹菜受冻害、收获过迟等。因此,在种植过程中应注意选用种性纯、品质好的实秆品种,栽培土壤以富含有机质,保水肥强,排灌条件好的沙性土壤为宜,加强旺盛生长期的肥水管理,保持土壤湿润,以速效氮肥为主,配施钾肥和硼肥、钙肥,冬季注意保温,适时收获。

(三)未熟抽薹

未熟抽薹即芹菜未达到收获标准,甚至还在幼苗期就抽薹开花,失去其商品性的现象。主要原因是品种选择不当,春播太早或秋播太晚,可根据气候条件选择优良品种和播种时期,从而解决未熟抽薹这类问题。

任务三　蕹菜生产

蕹菜俗称空心菜,又名藤藤菜,为旋花科牵牛属一年生或多年生蔬菜。原产于我国热带多雨地区,南方各地普遍栽培。以嫩茎叶为食用器官,含有丰富的维生素和无机盐,是夏秋高温季节极为重要的绿叶蔬菜。

一、生物学特性

(一)植物学特征

蕹菜根系发达,节部易发生不定根,可用种子繁殖,也可采用无性繁殖。茎蔓生,圆形中空,绿色。叶长卵圆形或披针形,互生,叶柄较长。花漏斗状,腋生,白色或微带紫色,果为蒴果,内有种子 2~4 粒,种皮厚,坚硬,黑褐色。

(二)对环境条件的要求

蕹菜喜高温潮湿,不耐寒冷,属短日照植物。其种子萌发需 15℃以上的温度,蔓叶生长的适宜温度为 25~30℃。蕹菜对土壤和肥料要求不严,适应性很强,栽培容易。

二、类型与品种

蕹菜依其结实与否和繁殖方式分为籽蕹和藤蕹两种类型,按其对水分的适应性和栽培方式分为旱蕹和水蕹。籽蕹用种子繁殖,也可用无性繁殖,而藤蕹不结实,只能用无性繁殖。各地的蕹菜品种很多,籽蕹品种如广州的大骨青、大鸡青、大鸡黄、大鸡白、剑叶,湖北及湖南的白花蕹菜和紫花蕹菜,江西的吉安大叶蕹菜、赣蕹1号,四川的小蕹菜等;藤蕹品种如广州的细通菜、丝蕹,四川的大蕹菜,广西的博白小叶尖等。

三、栽培季节与茬口安排

长江中下游露地生产一般于4月份开始播种或扦插,塑料大棚生产可提前到2月份播种,广州播期可提早到1—2月份。通常播后或扦插后40~50 d开始收获,可收获到10—11月份。

四、栽培技术

(一)早春大棚籽蕹菜栽培

1. 品种选择

选择适合当地气候和消费习惯的优良品种,成都地区可选择四川广汉、双流地区的籽蕹菜,也可选择泰国籽蕹菜。

2. 整地、做畦、施底肥

选择地势平坦、肥沃疏松、排灌方便的砂壤土。前茬作物收获后及时清洁田园,耕深20 cm以上,结合整地每667 m^2施腐熟有机肥5 000 kg、三元复合肥50 kg作为基肥,或施用生物有机无机复混肥150 kg。8 m宽大棚做2~3个畦,畦宽2~2.5 m,畦高15 cm,1月上旬提前扣棚增温。

3. 及时播种

蕹菜种子的种皮厚而硬,直接播种发芽较慢,如遇长时间低温阴雨天气易烂种,因此播种前最好进行催芽处理。即用50℃左右的温水浸种24 h,然后用纱布包好置于30℃催芽箱内催芽,当有50%~60%种子露白时即可播种。早春大棚栽培播期可在1月下旬至2月上旬,可采用撒播、条播或穴播,每667 m^2用种量7.5 kg。撒播,将种子均匀地撒在畦面上,浇少量水,再覆盖细土2 cm;条播,在畦面上划2~3 cm深的浅沟,沟距15 cm,将种子均匀地撒施在沟内,再覆盖细土2 cm;穴播,行距和穴距均为20 cm,每穴播4~5粒种子,播后浇适量水后覆土2 cm。

4. 田间管理

早春棚内气温低,湿度大,且持续的低温阴雨天气时间长,不利于蕹菜的生长发育。播种后及时覆盖地膜,有条件的可加盖小拱棚,密闭大棚薄膜保温,出苗前至少保证棚内温度高于10℃。出苗后及时撤掉地膜,保持棚温20~25℃,4~5叶后保持棚温25~35℃,棚内温度高于35℃时要适当通风降温排湿,夜间最低气温保持在15℃以上。

蕹菜是多次采收的作物,对水肥需求量很大,除施足基肥外,必须进行多次分期追肥才能取得高产。苗期每667 m^2淋施10%~15%的稀人粪尿1 000~1 500 kg,幼苗有3~4片真叶时,每667 m^2施复合肥15~20 kg和尿素5 kg,采收期每次采后撒施复合肥10 kg。蕹菜需水量较大,应经常浇水以保持土面湿润。生长期间要及时中耕除草,封垄后可不必除草中耕。

蕹菜病害主要有苗期猝倒病、褐斑病和白锈病，应及时防治。

5. 蕹菜采收

当株高 33 cm 时开始第 1 次采摘，茎基部留两个茎节，第 2 次采摘将茎基部留下的第 2 个茎节采下，第 3 次采摘将茎基部留下的第 1 个茎节采下，以达到茎基部重新萌芽。若出现分枝过多，过密、过细，则要疏剪。采摘时用手掐摘为宜，若用刀等铁器收割易出现刀口部锈死。在初收期及生长后期，每隔 7～10 d 采收 1 次，生长盛期 5～7 d 采收 1 次。

(二)露地藤蕹菜栽培

藤蕹为无性繁殖，可将上一年窖藏的藤蔓先在温床中催芽，待苗长到一定长度时扦插到大田。也可直接植于大田，幼苗长出后压蔓。旱地栽培宜选用湿润而肥沃的低洼地，水田栽培要选择水源充足、土质较肥的田块，翻耕施基肥。定植的株行距为 15 cm×30 cm。蕹菜喜肥，肥料以氮肥为主，一般采收后及时追施氮肥一次。旱地应经常保持土壤湿润，水田栽培要掌握好水的深度。当蔓长 30 cm 左右时开始第一次采摘，采摘时茎基部留 2 个节；第二次采摘，将茎基部留下的第二个节采下；第三次采摘将茎基部留下的第一个节采下，以达到茎基部重新萌芽，这样以后采摘的茎蔓可保持粗壮。老藤蔓在越夏后割掉，加强水肥管理，很快萌发出多个分枝后再多次采收。蕹菜病害较少，虫害主要有卷叶虫、斜纹夜蛾及蚱蜢等，应及时防治。

任务四　苋菜生产

苋菜又名米苋，是苋科苋属一年生草本植物。原产我国，南方普遍栽培，是夏季主要叶菜类蔬菜之一。苋菜的食用部位为茎尖和嫩叶，苋菜含有丰富的钙、铁等矿物质以及胡萝卜素、抗坏血酸等维生素。

一、生物学特性

(一)植物学特征

苋菜直根发达，茎直立，较粗，绿色或红色。叶互生全缘，卵状椭圆形至披针形，平滑或皱缩，叶色有绿、黄绿、紫红或杂色。花腋生，单性或杂性。种子圆形，细小，黑色具光泽，千粒重 0.7 g 左右。

(二)对环境条件的要求

苋菜耐热不耐寒，10℃以下种子发芽困难，最适生长温度为 23～27℃。苋菜是高温短日照植物，但不同品种的抽薹开花期差异较大。苋菜对土壤要求不严，较耐旱，但土壤肥沃、水分充足则生长快、产量高、品质好。

二、类型与品种

苋菜品种很多，依叶形可分为圆叶种和尖叶种。圆叶种生长较慢，较晚熟，产量高，品质好，抽薹晚；尖叶种生长快，较早熟，产量较低，品质较差，易抽薹。根据叶片的色泽可分为红苋、绿苋、彩色苋。在生产中常用苋菜品种有杭州的尖叶绿米苋、白米苋、一点红；南京的木耳苋、秋不老；湖南、湖北的马蹄苋、圆叶红苋、猪耳朵红苋；四川的青苋、大红袍、蝴蝶苋等；广州的尖叶花红、圆叶花红等。

三、栽培季节与茬口安排

苋菜选择适宜品种从春到秋可分期播种，长江中下游播种期为3月下旬至8月下旬，广州2—10月份，四川2—8月份均可陆续播种，一般播后30～50 d即可收获。苋菜多直播，常与其他作物间套作。

四、早春塑料大棚栽培技术

(一)品种选择

选择耐寒、抗逆性强、产量高的适合早春栽培的早熟品种。根据成都地区地消费习惯，多选用大红圆叶型的"圆叶红苋""大红袍""武苋圆叶"等品种。

(二)整地做畦

选择地势平坦、土壤肥沃疏松、排灌方便的砂壤土。前茬作物收获后及时清洁田园，耕深20 cm以上，整细耙平，做2 m宽畦，畦高15 cm。苋菜生育期短，具有极强的吸肥能力，结合整地每667 m^2施腐熟有机肥5 000 kg、三元复合肥50 kg作为基肥，或施用生物有机无机复混肥150 kg。

(三)及时播种

为了提早上市，播种可于立春前1周进行，如果再加盖小拱棚，则可适当提前。播种前一天浇透底水，第2天用细耙疏松畦面，使其上虚下实，均匀撒播种子，立即覆盖地膜，密闭中棚薄膜。播种一般可采取间播间收播种法，即第一次的播量每667 m^2为1.5 kg，先采收两次，以后每采收一次后立即进行补种，补种量0.5 kg，补种次数根据市场的行情和苗情而定，如果行情好可多次补种，如果老苗过多可一次性采收，然后重新播种。

(四)田间管理

从播种到采收，棚内温度一般要保持在20～25℃，晚上地温要保证5℃以上。播种后覆盖地膜，闭棚增温，促进出苗，一般播种后15 d左右即可出苗，此时可揭去地膜，使幼苗充分见光。苋菜生长前期以保温增温为主，后期则应避免温度过高，棚内温度高于30℃时应适当通风降温。

播种时浇足底水，出苗前一般不再浇水。出苗后如遇低温切忌浇水，以免引起死苗。结合浇水进行追肥，幼苗3片真叶时追第1次肥，以后则每次采收后的1～2 d进行追肥，每667 m^2用尿素型三元复合肥15 kg或尿素10 kg、硫酸钾5 kg交替施用。追肥时将肥料均匀撒入，用喷头将水均匀浇在畦面上，间或用沼液、稀粪水等浇灌更佳。苋菜生长过程中适当喷施尿素、磷酸二氢钾或专用叶面肥有利于促进生长，提高产量和质量。

早春大棚苋菜虫害较少，主要病害是苗期猝倒病和白锈病。猝倒病可用多菌灵等做好床土消毒处理，发病初期可用72.2%普力克水剂800～1 000倍液，或53%金雷多米尔·锰锌水分散粒剂500倍液喷雾。白锈病发病初期可用50%甲霜铜可湿性粉剂600～700液，或50%多菌灵可湿性粉剂600～800倍液，或75%百菌清1 000倍喷雾防治。

(五)采收

3月中下旬，苋菜苗高10～12 cm，具5～6片叶时，陆续间拔采收。将拔出的苋菜洗净，捆成小把后装筐上市。采收后，根据情况及时补播并追肥灌水，以后逐次采收至5月下旬，一般根据市场价格和套作的蔬菜长势决定采收结束时间。

任务五　菠菜生产

菠菜，为藜科菠菜属一、二年生草本植物。原产于亚洲西部的伊朗，我国已有1 000多年的栽培历史。菠菜耐寒性、适应性强，生长期短，全国普遍栽培，是主要的叶菜之一。菠菜营养价值较高，富含蛋白质、B族维生素、维生素C、维生素D和钙、磷、铁等矿物质。

一、生物学特性

(一)植物学特征

菠菜主根发达、较粗，上部呈紫红色，可食用。叶着生在短缩茎上，可发生较多分蘖。叶片戟形或卵圆形，浓绿色，叶柄较长，是主要食用部分。抽薹后形成花茎，中空，开花前的嫩茎也可食用。菠菜春天开花，雌雄异株，间有同株的，有时也有两性花，雄株中又分为植株较小的纯雄株和较大的营养雄株。雌花簇生于叶腋，雄花是穗状花序，花为黄绿色，风媒花。果实为聚合果，也称胞果，每个果内含种子1粒。种子圆形，外有革质的种皮，有刺或无刺，种子千粒重8～10 g。

(二)对环境条件的要求

菠菜耐寒不耐热，种子发芽的最低温度为4℃，20℃以上发芽率降低，最适发芽温度和最适生长发育温度为15～20℃。菠菜是长日照植物，在12 h以上的日照条件并伴随着较高的温度，易抽薹开花。一般情况下，菠菜在天气凉爽，日照较短的条件下植株生长旺盛，产量高，品质好。

菠菜播种密度大，生长量大，生长期间需要较多的水分，要求土壤湿度为70%～80%，空气相对湿度是80%～90%。菠菜适宜在疏松肥沃、保水保肥力强的砂壤土或黏壤土中生长，pH 5.5～7.0。菠菜对氮肥有特别的要求，氮肥足，则叶厚、产量高、品质好。菠菜对硼敏感，要注意增施硼肥。

二、类型与品种

菠菜按种子外形可分为有刺种和无刺种，有刺种叶戟形或箭形，先端尖，又称为尖叶菠菜，该品种类型叶片小而薄，叶柄长，较耐热，成熟较早，越冬栽培易抽薹，适作早秋或春季栽培。无刺种叶片卵圆形或椭圆形，又称为圆叶菠菜，其叶柄短，叶片肥厚，多皱褶，品质好，成熟晚，对日照不很敏感，不易抽薹，适宜春秋栽培。生产上常用的尖叶菠菜品种有浙江的火冬菠，广州的大叶乌、铁线梗，福建的福清白，湖北沙洋菠菜，杭州塌地菠菜，四川的尖叶菠菜等；圆叶菠菜品种有华菠1号，上海圆叶，南京大叶菠菜，广州的迟乌叶，四川的二圆叶、大圆叶，以及从日本引进的急先锋菠菜等。大多数地区都以耐热性较强的早熟的尖叶种作早秋栽培，以特喜冷凉的晚熟不易抽薹的圆叶种作越冬栽培。

三、栽培季节与茬口安排

菠菜一般除夏季外都能播种，但以秋播为主，7—12月份均可播种；也有少量春播或夏播的。秋播宜选用耐热早熟的品种在7月下旬至9月中下旬早秋播种，播后30～40 d开始分次收获；选用晚熟和不易抽薹的品种在10—12月份晚秋播种，可收获到翌春抽薹前。春播选用耐热和不易抽薹的品种，3月中旬为播种适期，播后30～50 d采收。

四、栽培技术

（一）播种

菠菜以撒播为主，也可条播或穴播。菠菜种子在高温条件下发芽缓慢，发芽率较低，所以在早秋播种时，常先进行种子处理，即将种子用清水浸泡12 h后，放在4℃低温的冰箱中处理24 h，然后在15～25℃条件下催芽，经3～5 d出芽后播种。由于早秋气候炎热、干旱，常出现暴雨，因此要增加播种量，每667 m^2 用种10 kg左右，播后覆盖稻草、瓜藤等，有条件的可搭荫棚。晚秋播种的不必催芽，播种量可减少，每667 m^2 用种6 kg左右。

（二）田间管理

菠菜的田间管理主要是肥水管理。播种前应施入基肥，以有机肥为主。菠菜追肥以氮肥为主，前期生长慢，需肥量不大，但需要湿润的土壤条件，结合灌溉进行追肥，以勤施薄施为好。植株较大时，追肥的浓度可适当提高。越冬的菠菜在春暖前施足肥料，以免早期抽薹。菠菜一般是分次采收，每采收一次进行一次追肥。同时，在菠菜的发芽期和生长初期要及时除去杂草。

菠菜主要的病虫害有霜霉病、炭疽病、病毒病以及蚜虫等，要注意防治。

（三）采收

菠菜是以叶丛为产品的蔬菜，大小均可食用，一般当植株长到6～7片叶时，即可根据市场行情陆续采收上市。秋播菠菜叶长15 cm以上，植株间较拥挤时开始间拔收获，一般每隔20 d收获一次，春播的一次收完。

任务六　其他绿叶蔬菜生产

一、芫荽

芫荽又叫香菜、胡荽，属伞形科芫荽属一、二年生蔬菜，原产于地中海沿岸，我国南北皆有栽培。芫荽具有特殊的香味，以其叶和短缩茎供调味、凉拌。芫荽主根粗壮，侧根多；茎直立，有条纹；羽状复叶，互生，叶柄长；花小，白色，果实为双悬果，近球形，内有种子两粒。果实有香味，可作调味的香料。芫荽依种子的大小可分大果型和小果型两类，大果型的果实直径 7～8 mm，植株较高，叶片大，缺刻少而浅，产量较高；小果型直径仅 3 mm 左右，植株较低，叶片小，缺刻深，香味浓，耐寒，适应性强，产量稍低。中国栽培的属小粒种，主要为各地地方品种。

芫荽性喜冷凉，苗期对温度适应性较强，能耐零下 1～12℃的低温，不耐热，生长适温 15～20℃，属长日照作物。在长江中下游地区春、秋均可播种，以秋播为主，每 667 m^2 用种量 1.5 kg。秋播从 8 月下旬至 11 月份均可播种，出苗后 30 d 左右可采收上市直至翌年 3 月份。春播在 3 月上旬至 4 月上旬，如果采用遮阴等抗高温栽培措施，可以进行伏芫荽栽培，即 5—7 月份直播，播后 30 d 左右开始采收。

芫荽的种子为植物学上的果实，播种前先把种果搓开，芫荽种子出芽缓慢，一般需进行浸种催芽。种子多进行直播（撒播或条播），播前要施足基肥，播后要覆盖稻草、遮阳网等。在播种后及苗期要保持土壤湿润，不板结，要注意间苗、除草和松土。苗高 3.3 cm 时间苗，苗距约 3 cm，结合进行人工除草。5～6 片真叶时定苗，苗距约 8 cm，每次间苗后施肥浇水，芫荽施肥原则是薄肥多施。出苗后要及早浇水追肥，当苗高 2 cm 时随水冲施速效氮肥，每隔 5～7 d 结合浇水进行施肥。幼苗出土 30～50 d，苗高 15～20 cm 左右时即可间拔采收，每采收一次追薄肥一次，采收前 7～10 d 用 20 mg/L 的赤霉素喷施，可提高产量。

二、茼蒿

茼蒿又名菊花菜，为菊科菊属一、二年生草本植物。原产我国，南北皆有栽培。茼蒿富含维生素且具特殊香味，以幼苗或嫩茎叶供生炒、凉拌、做汤食用。茼蒿属浅根性蔬菜，根系分布在土壤表层。茎柔嫩直立，分枝性强。叶长形，叶缘波状或深裂，肥厚。春季抽薹开花，头状花序，花黄色。瘦果，褐色，有棱角，平均千粒重 1.85 g。茼蒿根据叶的大小分为大叶茼蒿和小叶茼蒿，大叶茼蒿又称板叶茼蒿或圆叶茼蒿，叶宽大肥厚，缺刻少而浅，产量高，品质佳，但生长慢，较晚熟。小叶茼蒿又称细叶茼蒿或花叶茼蒿，叶小而薄，缺刻多而深，生长快，品质较差，产量低，较耐寒，成熟稍早。

茼蒿喜冷凉，不耐高温，生长适温 20℃左右，12℃以下生长缓慢，超过 29℃以上生长不良。茼蒿对光照要求不严，一般以较弱光照为好。茼蒿属长日照蔬菜，春秋两季均可栽培，以秋季播种为主。南方地区秋播多安排在 8—10 月份，春播于 2 月下旬至 4 月上旬。

茼蒿除极少数地区进行育苗移栽外，绝大部分地区都进行直播，每 667 m^2 用种量 1.5～2 kg。茼蒿植株小，生长期短，有些地方与其他蔬菜间、套作。茼蒿与其他蔬菜间、套作，其管理依附于主作，茼蒿的生长以不影响主作为原则。茼蒿的播种方法可采用撒播或条播，为了出苗整齐，播种前可对种子进行浸种催芽处理。待种子露白时播种，播后覆土约 1 cm 厚。茼蒿在播后 7 d 左右即可出苗，当幼苗长到 2～3 片真叶，应进行间苗，并拔除田间杂草。茼蒿在生长期间应保持土壤湿润，但不能积水。茼蒿除播种前施入基肥外，在苗高 10～12 cm 时追肥，追肥以速效氮肥为主。一般生长 30～50 d，植株高 20 cm 左右时即可间拔收获，每采收一次，追肥一次。如果要进行多次收获，则利用其分枝性强的特点改为留基部 1～2 节摘茎收获。栽培时间长，收获次数多，则产量高。

复习思考题

1.绿叶蔬菜有哪些种类？生产上的共性都有哪些？

2.简述菠菜高效生产的技术要点。

3.简述莴笋在生产过程中出现未熟抽薹的原因，并提出解决办法。

4.简述芫荽的生物学特性及生产要点。

Project 10

项目十

薯芋类蔬菜生产

学习目标

一、知识目标

1. 薯芋类蔬菜(马铃薯、生姜、芋头、山药)的生物学特性;
2. 品种的选择;
3. 育苗知识;
4. 整地、做畦、定植知识;
5. 肥水管理知识;
6. 病虫害识别与防治知识;
7. 采收及采后处理知识;
8. 薯芋类蔬菜生产过程中常见问题、发生的原因及解决措施。

二、技能目标

通过理论教学与实践操作的结合,让学生全程参与并且完成薯芋类蔬菜(马铃薯、生姜、芋头、山药)的产前计划、产中管理、产后营销等整个生产过程,使学生能根据品种特性、季节特点、地域特征及市场需求制订薯芋类蔬菜生产计划,熟悉薯芋类蔬菜的工厂化生产流程,掌握相应生产管理技术及产后销售及效益评估,能对蔬菜生产过程中常见问题进行分析并解决。

三、工作任务

1. 会制订薯芋类蔬菜(马铃薯、生姜、芋头、山药)生产技术方案;
2. 会根据市场需要及地域特点合理选择品种;
3. 能掌握薯芋类蔬菜播种育苗技术;
4. 能掌握整地、做畦、定植与移栽技术;
5. 掌握薯芋类蔬菜田间肥水管理和病虫害防治技术;
6. 掌握薯芋类蔬菜采收与采后处理技术;
7. 能分析薯芋类蔬菜生产过程中常见问题发生的原因并提出解决措施。

常见的薯芋类蔬菜包括马铃薯、山药、生姜、芋头等，它们在生物学分类上属于不同的植物科属，产品器官也有所不同，可以是块茎、块根、根茎或球茎，耐贮藏、运输，可以周年均衡供应。薯芋类蔬菜生产具有以下特性：①均采用无性繁殖，生产过程中用种量大，繁殖系数低；②发根条件严格，时间也较长；③要求土壤富含有机质、疏松、透气，并需要培土造成黑暗条件；④在产品器官形成盛期，要求有强光和较大的昼夜温差条件。

任务一　马铃薯生产

马铃薯，又称土豆、地蛋、洋芋、山药蛋等，为茄科茄属植物，是能形成地下块茎的一年生草本蔬菜。以块茎供人们食用，是目前很重要的粮菜兼用作物，用途广泛，可用于酿酒，还可用于制造洋芋粉条，此种做法在甘肃定西较为常见。生长期较短，能与玉米、棉花等作物进行间作和套作，被人们誉为“不占地的庄稼”。产品器官耐贮运，在蔬菜周年供应上有堵淡补缺的作用，且在世界各地都有普遍种植。

一、生物学特性

(一)植物学特征

马铃薯的根包括最初长出的初生根和匍匐根，初生根由芽基部萌发生长而来，开始在水平方向横向生长，一般长到 30 cm 左右再垂直生长。匍匐根是在地下茎叶节处的匍匐茎周围的根，此部分根大多分布在土壤的浅层。马铃薯的茎包括地上茎、地下茎、匍匐茎和块茎。地上茎形态多直立，断面菱形。块茎发芽出苗后形成植株，土壤内的茎称为地下茎。其节间较短，在分节处长出根和匍匐茎(枝)。匍匐茎实际上是茎在土壤中的分枝，属于变态茎。块茎则是由匍匐茎的先端膨大而形成的，它的作用是贮存养分和繁殖后代，形状多为圆形或椭圆形(图 10-1)。马铃薯幼苗期的叶基本上都是单叶，全缘，且颜色较深；生长发育到后期时成为奇数羽状复叶。花序为伞形花序或分枝聚伞形花序，主要着生在茎的顶端，一般认为早熟品种第一花序开放、中晚熟品种第二花序开放时为地下块茎开始膨大的时间。花较小且有五瓣，两性花，属自花授粉植物。果实为浆果，圆形，颜色呈青绿色。种子多为扁平近圆形或卵圆形，颜色呈浅褐色，千粒重 0.5～0.6 g，有 5～6 个月的休眠期。

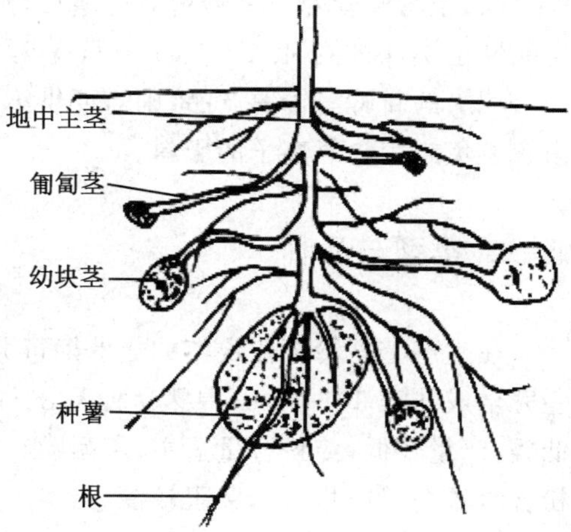

图 10-1　马铃薯根系与地下茎形态

(引自练华山等，2013)

(二)生长发育周期

马铃薯生产上多用块茎繁殖，此种繁殖法为无性繁殖。该过程可分为 5 个时期。

(1)发芽期　种薯开始萌发幼芽直到幼芽出土。进行主茎第一段生长，春季需要 25～

35 d,秋季需要 10～20 d。

(2)幼苗期　从幼苗破土出苗到第 6 或第 8 片叶展开这段时期称为幼苗期,形成一个叶序环(即“团棵”)。进行主茎的第二段生长,仅需 15～20 d。

(3)发棵期　从“团棵”开始到主茎的顶叶(第 12 或第 16 片叶)完全展开、第一个花序开始开花(早熟品种)或第二个花序开始开花(晚熟品种)时为发棵期。此阶段完成主茎的第三段生长,需 25～30 d。

(4)结薯期　块茎膨大增重、主茎顶叶变黄蔫萎、块茎基本稳定,这段时期称为结薯期。第三阶段生长结束后,马铃薯的生长主要以块茎膨大增重为主,80%左右的产品组织是在此期形成的,需 30～50 d。

(5)休眠期　习惯上把茎叶衰落、块茎收获后到块茎萌发这段时期称为休眠期。休眠期的长短因品种而异,一般持续 1～3 个月。

(三)对环境条件的要求

(1)温度　马铃薯块茎生长发育的最适温度为 17～19℃,当低于 2℃或高于 29℃时,块茎停止生长。块茎在 7～8℃时,幼芽也可生长,10～12℃时幼芽形态健壮并能够很快出土。21℃为植株生长发育的最适温度。

(2)光照　马铃薯是喜光作物,需有充足光照才能满足其生长发育。块茎的形成则需要较短的日照。

(3)水分　马铃薯生长过程中必须要有足够的水分供给,这样才能获得高产优质的产品。尤其在开花前后,块茎增长速度很快,植株对水分的需要量也较大,土壤湿度保持在 60%～80%为宜。

(4)土壤及营养　马铃薯对土壤环境的适应范围比较广,但以轻质壤土为最好。马铃薯喜酸性土壤,pH 在 4.8～7.0 便可正常生长。马铃薯属高产作物,需肥量较大。每生产 1 000 kg 的新鲜马铃薯产品,则需要供给氮肥 5～6 kg、磷肥 1～3 kg、钾肥 12～13 kg。生产中应避免施用含氯离子的肥料。

二、类型与品种

在生产上马铃薯依块茎的成熟期可分为早、中、晚 3 种类型。早熟品种从萌发出苗到块茎完全成熟需 50～70 d,中熟品种需 80～90 d,晚熟品种则需 100 d 以上。早熟品种的植株低矮,产量较低,淀粉含量适中,不耐贮存,芽眼较浅。中晚熟品种的植株高大,产量较高,淀粉含量较高,且耐贮运,芽眼较深。

三、生产季节与茬口安排

马铃薯生产茬口安排的总原则是控制结薯期在最适宜生长的季节,即土壤温度为 17～19℃,白天气温 24～28℃和夜间气温 16～18℃的时期。西南单双季混作区可分为春秋两茬生产。春薯的播种适期为土温稳定在 5～7℃时;秋薯播种时间的确定是以当地杀死马铃薯的枯霜日为准,向前推 50～70 d 为临界出苗期,再按照种薯播种后出苗所需的天数,确定播种时期。此外,也可利用地膜、小拱棚等设施进行春提早田间生产。

四、生产技术

(一)春季露地生产

1. 品种选择

西南单双季混作区,以选择对日照长短要求不严的早熟高产品种为宜,选择休眠期短或易于解除休眠的块茎,对病毒性退化和细菌性病害也要有较强的抗性,如川芋系列(川芋早、川芋 4 号、川芋 5 号、川芋 6 号等)、凉薯系列(凉薯 97、凉薯 14 等)、中薯 2 号、中薯 3 号、克星系列、脱毒种薯米拉系列。

2. 整地施肥

选择地势平坦、土层肥厚、微酸性的壤土,不宜与茄子和番茄等茄科作物连作。前茬作物采收后应及时犁耕灭茬,翻土晒垡。马铃薯是喜肥作物,因此需施足基肥,施肥时与翻地结合每 667 m^2 施入腐熟的农家肥 5 000 kg、过磷酸钙 25 kg、硫酸钾 15 kg,土地整平,做畦或开沟。马铃薯的栽植方式主要有 3 种,即垄作、畦作和平作。垄作适用于生育期内需水量较多或是需要灌溉的地区,如东北、华北地区;在华南和西南地区主要采用畦作进行生产,并且多是高畦;平作多在气温较高,干旱的地区采用,如内蒙古、甘肃等地。

3. 种薯处理

选择适合本地区气候条件、大小适中、薯皮光滑、颜色鲜正的薯块作为种薯,每 667 m^2 用种量为 100～125 kg。播种前 30～40 d 应进行暖种或太阳晒种,时间不宜过长,避免造成芽的衰老,引起植株早衰。此外,也可用稀释一定倍数的赤霉素浸种来打破休眠。为节省种薯可将整薯切成小块进行播种,切块要成立体三角形,薯肉越多越好,每块大约重 25 g,其切立块里面至少应有一个芽眼(图 10-2)。

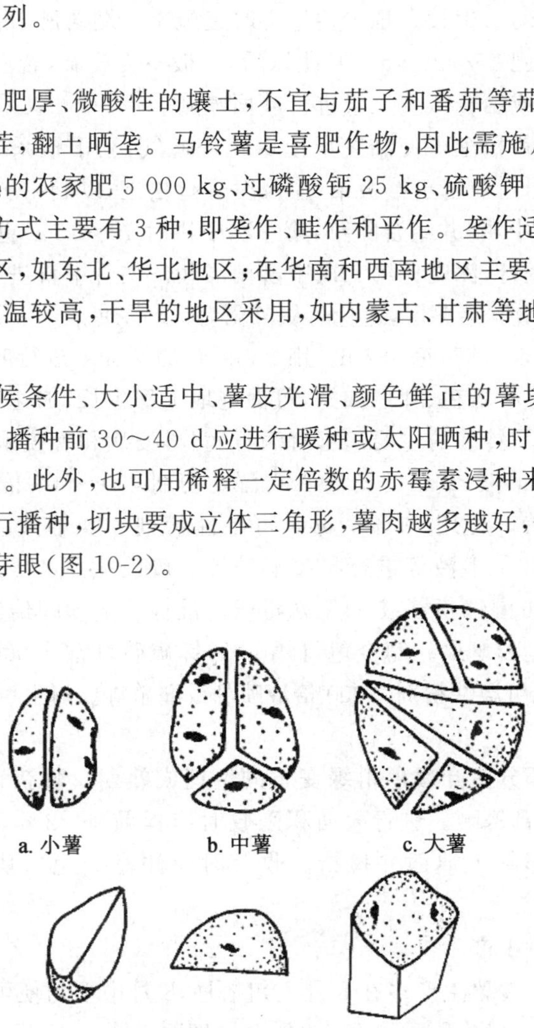

图 10-2　种薯切块

(引自练华山等,2013)

由于切块时易染病和缺苗,有时也可采用整薯播种,因为整薯营养多,生命力旺盛,且有利于机械化播种,保证出苗率。

4. 播种

春播马铃薯应适时提早播种。一般来说，应当以当地终霜日期为界，并向前推 30～40 d 为适宜，成都地区一般在 12 月下旬地膜覆盖播种。播种时按 60～80 cm 行距开沟，沟深 10 cm，施拌有农药的种肥防治地下害虫，然后按株距 15～25 cm 播种薯于沟内，播后覆土。每 667 m^2 栽植 5 000 株左右。若播前土壤墒情不足时，应在播前浇水造地熵。播后喷施乙草胺以便有效防止杂草生长。

5. 田间管理

(1)肥水管理　马铃薯从播种到出苗期间所用时间较长，出苗后应及时追施清粪水同时施加少量尿素，以促进幼苗生长。现蕾期培土时追施 1 次结薯肥，视植株长势再施以钾肥和氮肥，也可施三元复合肥 15～20 kg。开花以后，一般不再施肥，若后期脱肥而表现出早衰现象，可选用磷酸二氢钾或结合微量元素进行叶面喷施。

(2)中耕培土　中耕松土可使结薯层土壤疏松通气，利于根系的延伸和生长、匍匐茎的伸长和块茎的膨大。出苗前若土壤板结，应及时进行松土，以利出苗。齐苗后及时进行深度为 8～10 cm 的第一次中耕，并结合除草，第一次中耕后 10～15 d，进行第二次中耕，宜稍浅。第三次中耕在现蕾时进行，深度比第二次中耕稍浅些。结合中耕进行培土，培土厚度一般不超过 10 cm，目的是为增厚结薯层，避免薯块外露，降低品质。

(3)化学调控　在现蕾期，每 667 m^2 用 2 mg/L 的矮壮素进行叶面喷施，可防止徒长，使植株矮化、叶片增厚、茎秆增粗、叶色加深，可促进地下部生长，加速块茎膨大，提高产量。

(4)病虫害防治　马铃薯的主要病害有病毒病、早疫病和晚疫病。在农业生产中病毒病用 5%植病灵水剂 300 倍液、20%的病毒 A 可湿性粉剂 400～500 倍液、NS-83 增抗剂 100 倍液等化学药剂进行防治。可用 64%杀毒矾可湿性粉剂 500 倍液、75%百菌清可湿性粉剂 600 倍液、1∶1∶200 波尔多液等进行早疫病防治。晚疫病用 40%三乙膦酸铝可湿性粉剂 200 倍液、80%的大生可湿性粉剂或 64%杀毒矾可湿性粉剂 500 倍液等防治。

主要虫害有鳃金龟和蚜虫。鳃金龟可用 50%锌硫磷乳油 1 000 倍液、80%敌敌畏乳油 1 000 倍液、80%敌百虫可溶性粉剂 1 000 倍液喷洒或灌杀等。蚜虫可用抗蚜威等药剂防治。

6. 采收

适宜收获期是大部分茎叶颜色由绿变黄的生理成熟期。收获宜选择在晴天，土壤适当干爽时进行，需防止烈日暴晒。进行大面积采收时应提前 1～2 d 割去地上茎叶，然后将垄或畦犁平，将块茎全部翻出地面并捡拾。收获时应注意避免薯块损伤，收获后忌雨淋和受冻。

(二)秋季露地免耕生产

南方两季作区的马铃薯生产多在 8 月上旬播种，8 月中下旬便可出苗，到早霜期来临前，有 50～70 d 的生长期，在 10 月下旬至 11 月上旬即可收获。目前，种薯大多来自当年的春薯，播种时尚处于休眠期，而且，播种期在高温多雨季节，播后易发生烂种和死苗现象。为解决这些问题，保证秋种成功，除注意做好春薯早收、贮藏种薯的环境应通风透气、选取健壮薯作种、加强田间管理外，还应做好催芽保苗技术，确保出苗率，为丰产打下可靠的基础。

四川地区在水稻产区推广的稻田免耕、稻草全程覆盖秋季马铃薯生产是秸秆还田、免耕和轻型生产三者优化组合而形成的配套实用技术，与常规马铃薯种植方法相比，有省工省力、成本低、商品性好的优点。一般在水稻收割后，9 月中旬即可播种，适宜的品种有川芋 4

号、川芋5号，川芋56号，11月下旬降霜后收获。

1. 整地做厢

马铃薯喜肥、耐旱、怕渍，应选用土壤肥沃、排灌方便的稻田种植，以砂土或砂壤土为佳。稻田免耕，一般的小草和稻茬不会影响种植，若有大草则可锄去，不宜使用除草剂。水稻散籽后开沟排水，成熟后及时采收稻谷，浅留稻桩，并立即在稻田依排水方向开沟做厢。一般厢面宽1.8～2 m，沟宽30 cm，沟深30 cm，在距田埂四周1 m处开设边沟以利于排水。将开沟所产生的泥土碎细均匀后铺盖在厢面之上，厢面呈微弓形。

2. 种薯处理

当秋薯播种出苗期处于高温高湿的气候条件下时，切薯时易造成腐烂，不利于培育全苗壮苗，因此应尽量选用大小为20～30 g的小整薯播种。播种前15 d，对未醒芽的种薯，先用0.1%～0.2%高锰酸钾液浸种3～5 min，并用浓度为5～10 mg/L赤霉素溶液浸泡10～15 min，然后堆放在室内阴凉处，上下铺垫湿润稻草，中间放置种薯，芽长出后再经散射光照射1～3 d，幼芽变绿变壮后即可播种。

3. 定植

秋马铃薯播种期以平均气温稳定至25℃左右时为宜，四川海拔500 m以下的平坝丘陵区，适播期为8月下旬至9月上旬；海拔500～1 000 m的平坝丘陵区，适播期为8月中下旬。秋马铃薯生育期短，可适当增加种植密度以提高产量。一般每畦开沟4～5行，行距30～40 cm，株距25 cm，畦边各留20 cm，每667 m^2播6 000～8 000株。在稻茬上播种马铃薯时，不需要打窝，只需将种薯摆放在田面稻桩上，种薯眼应斜向接近土面，种薯与土壤紧密接触。

4. 施肥覆草

秋马铃薯生育期短，且覆盖后追肥困难，可每667 m^2一次施足腐熟厩肥1 500 kg或高效复合肥50 kg作基肥。若以完全腐熟的厩肥作基肥，可以适当混入园土，在播种时直接分放在种薯上；若使用化肥，一般选择复合颗粒肥，可将肥料放在两个种薯的中间，也可放在种薯旁边，但需保持5 cm以上距离，以防烧种。在播种施肥后应及时用事先准备好的稻草均匀覆盖在整个厢面上，并轻轻压实或压上少量细土，盖草须均匀无漏光，不露土，避免出现"卡苗"和绿薯现象。要求每667 m^2马铃薯用面积是其2～3倍稻田的稻草覆盖，盖草厚度8～10 cm。

5. 田间管理

自然降水量一般就能满足秋马铃薯生长发育的需求。若遇高温干旱天气，可适时适量灌水，水层宜浅且不使稻草漂移为宜，并及时排水落干以防积水。相反，若遇阴雨天要及时排水。另外，生长发育过程中一般不需要追肥，而且用稻草覆盖就能抑制杂草生长，冬春季病虫害较轻，可以做到基本不使用农药。在秋马铃薯生育期的前期气温较高时，则会导致地上部徒长，后期结薯少，薯块小等现象的产生，因此须控苗防徒长。在苗高20 cm时，用15%多效唑喷施叶片1次。

6. 采收

稻田免耕稻草覆盖生产，生长大的马铃薯块茎在土面以上，匍匐茎大多沿土面延伸，只有少数遇到土壤裂缝或孔隙时则钻入地下，因此，70%以上的薯块在土面上，拨开稻草即可拣收，少数生长在裂缝或孔隙中的薯块入土也不深，挖掘起来也较为容易。一般可进行分批采收，即在11月初至12月底，轻拔稻草，分批收获，在霜冻来临地上部分全部枯死后全部收挖。

五、生产中常见问题及防止对策

种性退化是马铃薯生产中经常遇到的问题。主要原因是马铃薯长期采用营养繁殖，种薯中病毒会逐渐积累，致使植株生长势变弱、株形变矮，叶面皱缩，叶片上出现黄绿相间的嵌斑，严重时会导致叶脉坏死，复叶脱落等，严重影响产量。

利用茎尖脱毒苗的培育可解决马铃薯退化的现象。茎尖脱毒是利用病毒在植物顶端分生组织中分布的不均匀性和病毒越靠近根、茎顶端越少的原理，而切取很小的茎尖进行组织培养实现的。脱毒检测发现马铃薯只有不带病毒才能繁殖茎尖苗，生产无毒种薯。未经过病毒检测的，不宜繁殖推广。另外，马铃薯在高山冷凉的环境中生长可恢复种性。

任务二　生姜生产

生姜，又称姜、黄姜。为姜科姜属能形成地下肉质茎的生产种，为多年生草本植物，原产于中国及东南亚热带地区，生产中多作一年生蔬菜进行生产。生姜中除含有糖类、蛋白质外，还含有特殊的姜辣素，具有特殊香辣味，可做调料或加工成多种食品，有健胃和去寒等药效。

一、生物学特性

（一）植物学特征

生姜根属浅根系，且不发达。根系可分为纤维根和肉质根两种。纤维根是在种姜播种发芽后，从幼芽基部发生数条线状不定根，且沿水平方向生长形成的，也叫初生根。肉质根是植株从姜母和子姜上长出的不定根。叶片形状呈披针形，平行脉，互生，有蜡质，在茎上排成两列。生姜的茎包括地下茎和地上茎两部分。地上茎直立生长，姜芽破土时茎端生长点由叶鞘包围，称为假茎；地下茎也称为根茎，由姜母及其两侧腋芽不断分枝形成的子姜、孙姜、曾孙姜等组成的(图10-3)，其上着生着肉质根纤维根/芽和地上茎。在我国南方地区，生姜能开花，在高于北纬25°时则不会开花。穗状花序，颜色呈橙黄色或紫红色。单个花下部有绿色苞片着生，层层包被。苞片卵形，先端具硬尖。

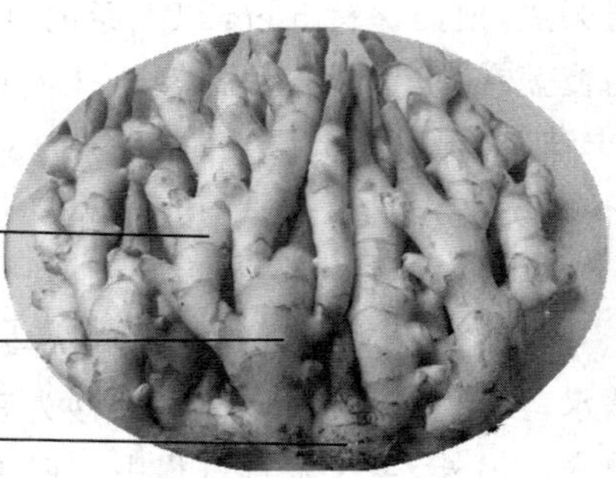

图10-3　生姜根茎的形态与组成

(引自练华山等，2013)

（二）生长发育周期

根据生姜的生长形态及生长适应季节，将其划分为以下4个时期：

(1)发芽期　从种姜完成休眠幼芽萌动到第一片姜叶完全展开为发芽期，包括催芽和出苗的整个生长过程，需 50 d 左右。这一时期主要靠种姜中贮藏的养分生长。

(2)幼苗期　从出现第一片展叶至具有两个较大的一级分枝，即“三股杈”时为幼苗期，需 70 d 左右的发育时间。这一时期地上茎长出 3～4 片叶，主茎基部膨大，形成姜母。

(3)旺盛生长期　从“三股杈”直至收获，这一阶段需要约 80 d 的时间。地上茎叶与地下根茎同时旺盛生长，是产品器官形成的主要阶段。在此阶段有大量分枝发生，姜球数量增多，根茎迅速膨大，生长量占总生长量的 90%以上。

(4)根茎休眠期　收获后入窖贮存，迫使根茎处于休眠状态的时期。

(三)对环境条件的要求

(1)温度　生姜喜温但不耐寒。幼芽萌发的适宜温度为 22～25℃，若温度超过 28℃，发芽速度会变快，但往往会导致幼芽细弱，生姜茎叶生长时期的温度以 25～30℃为宜，温度过高或者过低均影响光合作用，减少养分吸收量。在根茎旺盛生长期，需要有一定的昼夜温差，以日温 25℃左右，夜温 17～18℃为宜。

(2)光照　生姜为耐阴作物，发芽时要求黑暗，幼苗期要求中强光，不耐强光，生长发育过程中需要遮阴。旺盛生长期也不耐强光，但此时植株自身可互相遮阴，不需人为设置遮阴物。

(3)水分　要求土壤湿润，不耐干旱，土壤湿度为 70%～80%时有利于生长发育。土壤干旱会导致茎叶枯黄，根茎不能正常膨大；土壤过湿则导致茎叶徒长，根茎易腐烂。

(4)土壤及营养　选择土层深厚，疏松透气，有机质丰富，排灌良好，pH 为 5.0～7.0 的肥沃壤土作为生姜的种植床。生姜为喜肥耐肥作物，据测定，每生产 1 000 kg 鲜姜约吸收氮 6.34 kg、磷 0.57 kg、钾 9.27 kg、钙 1.30 kg、镁 1.36 kg。

二、类型与品种

根据植株形态和生长习性，可将其分为疏苗型和密苗型两种类型。

(1)疏苗型　植株高大，茎秆粗壮，分枝少，叶深绿色，根茎节少而疏，姜块肥大，多单层排列。常种品种有山东莱芜大姜、广东疏轮大肉姜、四川竹根姜等。

(2)密苗型　长势中等，分枝多，叶色绿，根茎节多且密，姜球数量多，常双层或多层排列。常种品种有山东莱芜片姜、浙江红爪姜、四川小黄姜等。

三、生产季节与茬口安排

适宜生姜生产的气候条件：土层 5 cm 范围内的地温稳定在 15℃以上，从出苗至采收，要保证适宜生长天数达 140 d 以上，有效积温达 1 200℃以上。生产中应尽量把根茎形成期安排在昼夜温差大、气候条件适宜的时段。目前，可采用日光温室或塑料大棚进行设施生产，可提前或延迟收获，但必须保证小环境的条件是适于生姜生长的。全年无霜、气候温暖的广东、广西、云南等地，不用任何覆盖措施便可进行生姜生产，在 1—4 月份都可以播种生姜；长江流域各省露地生产生姜时，多在谷雨至立夏这段时间进行播种，分为春季播种和初夏播种。

四、生产技术

(一)整地施肥

前茬作物收获以后，便是进行秋耕(北方)或冬耕(南方)的时间，于第二年春季土壤解冻后，再细耙1～2遍，并结合耙地，每667 m^2 施入优质豆饼肥料75～100 kg或硫酸铵15 kg、硫酸钾10 kg作为基肥，之后将地面整平、整细。南方地区常采用高畦播种的方式，畦宽1.2～1.3 m，北方多采用沟种方式，沟距50～55 cm。

(二)培育壮芽

(1)选种　选择适合当地消费习惯和气候条件的优良品种。选用姜块肥大、丰满、皮色光亮、肉质新鲜，未受冻，质地硬，不干缩，不腐烂，无病虫害的健康姜块做种，淘汰掉瘦弱干瘪，肉质变褐及发软的种姜。

(2)晒姜与困姜　播种前20～30 d，从贮藏窖内取出种姜，用清水洗去根茎上的泥土及杂物，然后排在背风向阳的平地上或草席上晾晒1～2 d，傍晚收进室内以防夜间温度降低受冻。晒姜要注意光照强度温和，不可暴晒。种姜晾晒1～2 d后，再将其置于室内堆放2～3 d，并在姜堆上覆盖草帘以促进养分分解，这个步骤称作“困姜”。一般经2～3次晒姜和困姜，便可以进行催芽了。

(3)催芽　南方叫“熏姜”或“催青”，时间多在清明前后进行，北方称催芽过程为“炕姜芽”，多在谷雨前后进行。催芽可在室内进行，也可在室外筑的催芽池内进行，各地催芽的方法有所不相同，温度保持在22～25℃为宜，最高不要超过28℃。温度太高时应注意及时通风降温，但最低不要低于20℃。当芽长到长为0.5～2.0 cm、粗为0.5～1.0 cm时即可播种。

(三)适时播种

(1)掰姜种　将大块的种姜掰开，每块姜上只保留1个短壮芽，其余幼芽去除，剔除基部发黑或断面褐变的姜芽，一般种姜块重量在50～75 g为宜。

(2)浸种　播种前可用1%波尔多液或草木灰浸泡液浸种20 min左右，其后进行种姜消毒处理。取出晾干备播。用250～500 mg/L的乙烯利浸泡15 min，能促进生姜分枝，增加产量。

(3)播种　按50 cm行距开沟，浇透底水，把种姜按特定的距离排放在沟中。播种密度视环境条件而定，肥力及肥水条件好的地块，种姜60～75 g，株距18 cm，每667 m^2 栽6 500～7 000株；肥力及肥水条件中等的地块，大小选择60～75 g的种姜进行播种，株距宜16～17 cm，每667 m^2 栽7 800～8 300株；肥力及肥水条件差的，种姜质量小于50 g时，株距15 cm，每667 m^2 栽9 000～9 500株。播种时注意使幼芽方向保持一致，若东西向沟，则幼芽方向朝南；南北向沟则幼芽朝西。放好后用手轻轻按入泥中，使姜芽与土面相平即可。而后用细土盖住姜芽，种姜播好后覆4～5 cm厚的细土。

(四)田间管理

1.遮阴

南方多采用草帘或遮阳网搭建遮阳棚，棚高为1.3～1.7 m，三分阳、七分阴，在处暑至白露时拆除姜棚，也可与苦瓜、冬瓜等蔓性蔬菜作物套作以增加土地的利用率；北方多采用插姜草措施，即用稻谷草插成稀疏的花篱，为姜苗遮阴，通常花篱的高度以 60 cm 为宜，透光率可达 50%左右。8 月上旬立秋之后，可拔除姜草。

2. 合理浇水

待幼芽 70%出土后浇第 1 次水，第 2 次浇水是在出土后 2～3 d，然后中耕松土。后面以浇小水为主，且应保持地面半干半湿。浇水后进行浅中耕，雨后及时排水。在旺盛生长期，土壤应始终保持湿润状态，并每隔 4～5 d 浇 1 次水。收获前 3～4 d 浇最后 1 次水。

3. 追肥与培土

在苗子长到高 30 cm 左右时，且长出 1～2 个分枝时追 1 次小肥，此次施肥以氮肥为主，同时每 667 m^2 施用硫酸铵或磷酸二铵 20 kg。8 月上中旬时拔除遮阴草，且每 667 m^2 施饼肥 75 kg、三元复合肥 15 kg，或磷酸二铵 15 kg、硫酸钾 5 kg。追肥后即可进行第 1 次培土。到 9 月上中旬时，追施速效化肥，尤其是在土壤肥力低且保水保肥力差的土壤中，一般每 667 m^2 施用硫酸铵 15 kg、硫酸钾 10 kg，施肥后应立即进行浇水，视生姜苗的生长状况进行培土，此后把畦面逐渐加厚加宽。

4. 病虫害防治

农业生产中影响生姜的病害主要是姜瘟病。该病是由黄极毛杆菌侵染所致的细菌性病害。病原菌会在土壤及姜种内寄生，通过雨水、流水和地下害虫传播。夏季气候高温多雨，当气温在 20℃以上时容易发生此种病害，在多阵雨天气，土壤黏重，多年连作，排灌条件差等情况下易传播。其主要侵害部位是地下茎和根部，在根茎上初呈黄褐色水浸斑，随后渐渐扩大，组织软化腐烂，流出带有恶臭的污白色汁液，最后仅剩下空壳；根部组织变黄褐色后腐烂，茎呈暗紫色。防治方法为：

(1)播种时选择无病害的姜种，浸种催芽定植时应及时剔除带病种块。播种之前在切口处蘸草木灰。

(2)农业生产上应实行轮作，高畦深沟生产，及时排水和拔除病株，也可在病穴撒石灰以减轻病害。

(3)进行播种前处理，可用 78%姜瘟宁可湿性粉剂溶液浸种 30 min、之后再闷种 6 h，或用 40%福尔马林 100 倍液浸、闷种 6 h；齐苗期用 78%姜瘟宁可湿性粉剂 300 倍溶进行灌窝处理，或用 1 000 单位农用硫酸链霉素可湿性粉剂溶液灌窝，或 1 000 单位新植霉素 3 000 倍液灌窝，或用 90%三乙膦酸铝可溶性粉剂 300 倍液灌窝。每 10～15 d 灌窝 1 次，连续 2～3 次便可减除病害。

(五)采收

生姜的收获按照成熟度可分为收种姜、收嫩姜、收鲜姜 3 种。种姜与鲜姜在生长结束时一并收获，也可以提前于幼苗后期收获，但应注意幼苗不能受到损伤。收嫩姜是在根茎旺盛生长期进行，趁姜块鲜嫩时进行采收，可加工成多种食品供人们食用。收鲜姜的时间一般在初霜到来之前进行，在收获前 3～4 d 浇 1 次水，收获时可将生姜整株拔出土壤，去除泥土，保留 2 cm 的地上茎组织后用手折下或用刀削去，摘去根，趁湿入窖贮存，无须晾晒。

五、生产中常见问题及对策

生姜在进行农业生产中常见的问题是烂姜死苗。导致此现象产生的主要原因有两个：

一是姜瘟病，二是过量施肥或施肥方法不当造成的肥害。防治对策：一是对姜瘟病应及时进行防治。二是确保合理施肥。一般在整地时每 667 m^2 施腐熟猪牛粪 3 000 kg、过磷酸钙 30 kg、钾肥 15 kg 作为基肥；当幼苗高度达到 30 cm 左右时施 1 次肥，且每 667 m^2 施人畜粪水 750～1 000 kg；当夏至前后姜苗长到 3～4 根苗时，则每 667 m^2 用腐熟枯饼 50～100 kg 且拌灰 300～500 kg 进行“点蔸”，或施人畜粪水 1 000～1 500 kg，施肥后应盖一层细土或土渣肥。在大暑前后每 667 m^2 施猪粪 1 000～1 500 kg、尿素 4～5 kg。

任务三　芋头生产

芋头，又称芋、芋艿、毛芋等，原产地在亚洲南部的热带沼泽地区，是天南星科芋属的多年生草本湿生植物，在我国农业生产中常作一年生栽培。食用器官为地下球茎组织，因富含糖类，又被人们视为菜粮兼用作物。产品较耐贮运，供应时间长，可实现周年供应。

一、生物学特性

(一)植物学特征

芋头的根为白色肉质纤维根。初生根着生在种芋顶端，幼根均匀着生在幼茎的基部。芋头根长一般在 1 m 以上，多均匀分布在 40 cm 耕作层内，根毛较少。茎短缩为地下球茎，形状有圆、椭圆、卵圆或圆筒形等。球茎节上均有腋芽，有的品种也可以发育成匍匐茎，在其顶端膨大成球茎。叶互生，叶片面积宽阔、形状呈盾形或卵圆形，先端渐尖，略成箭头形。叶柄长 40～180 cm，颜色有绿色、红色、紫色、黑紫色，常以此作为品种命名的依据。叶柄长而中空，因此易倒伏。芋头在温带很少开花。果实为浆果。

(二)生长发育周期

根据芋头的生长形态及生长适应季节，将其生长发育周期分为以下 5 个时期。

(1)发芽期　从种芋播种到第 1 片叶露出地面 2 cm 左右。此阶段生长时间约需 30 d。种芋可分化出 4～8 条根，4～5 片幼叶，属自养阶段。

(2)幼苗期　从出苗到第 5 片叶伸出。茎基部开始膨大，逐渐形成母芋，幼苗期结束时，母芋可达其最终质量的 1/3 左右，并分化出 4～6 个子芋。

(3)叶和球茎并长期　从第 5 片叶伸出到植株生长 7～8 片叶。在此阶段母芋和子芋迅速膨大，孙芋、曾孙芋数量已定，需要 40～50 d 的时间生长。此期球茎分化、膨大与叶片生长同时进行，是整个生长发育过程中生长最旺盛的阶段。

(4)球茎生长盛期　叶片全部伸出到收获。母芋、子芋等球茎继续膨大，组织内含水量下降，叶片内的同化物质向球茎转移速度加快，需 60 d 左右。

(5)休眠期　收获后到下一次萌芽。此阶段的特点是球茎顶芽处于休眠状态。

(三)对环境条件的要求

(1)温度　温度达到 10℃以上时球茎开始发芽，发芽适温为 20℃。生长发育适温为 25～30℃，温度低于 20℃或高于 35℃时会影响其生长发育。球茎发育温度以 27～30℃为宜，气温降至 10℃时植株基本停止生长。对温度的要求和适应范围因类型和品种而异，多子芋能适应较低温度，而魁芋要求较高的温度和较长的生长季节球茎才能健壮生长。冬季贮藏期间，多子芋只要窖温不低于6℃就不会出现冻害和冷害现象。

（2）水分　芋头性喜温但不耐旱，生长期要求有充足的水分供应。除水芋栽于水田或低洼地外，旱芋也应选潮湿地栽培。干旱会导致生长不良，叶片不能充分生长。

（3）光照　芋头较耐阴，日照过强和高温常导致叶片枯焦。较短的日照更有利于球茎的形成，但有的种类对日照长短不敏感。

（4）土壤及营养　应选择疏松、透气性好的土壤栽种，这样才能促进根部发育和球茎的形成与膨大。栽培上需要深翻土层，做好排水，创造一个疏松通气的环境，为高产优质栽培打下良好的基础。生长发育过程中需肥量较大，每形成1 000 kg产品会吸收氮5～6 kg、磷4～4.2 kg、钾8～8.4 kg。

二、类型与品种

芋头按照母芋、子芋的发达程度及子芋着生习性分为魁芋、多子芋和多头芋3种类型（图10-4）。

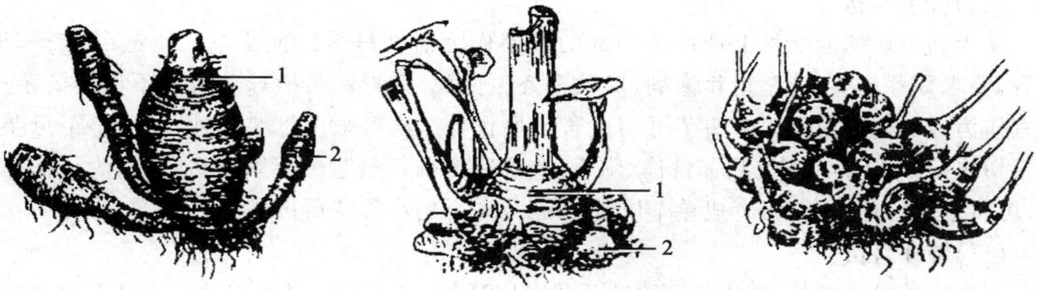

a. 魁芋　　b. 多子芋　　c. 多头芋

1. 母芋　2. 子芋

图10-4　芋头的不同类型

（引自练华山等，2013）

（一）魁芋类型

魁芋植株高大，且母芋大，子芋较小而少。以食用母芋为主，母芋质量可达1.5～2 kg，占球茎总质量的1/2以上，品质优于子芋。组织内淀粉含量高，香味浓，肉质细软，品质好。

（二）多子芋类型

多子芋的子芋大而多，无柄，易分离，产量和品质超过母芋，一般为黏质，母芋质量小于子芋总质量。

（三）多头芋类型

多头芋的球茎丛生，母芋、子芋和孙芋无明显区别，相互密接重叠，质地介于粉质和黏质之间，一般为早熟芋。

三、栽培季节和茬口安排

芋头的生长发育需高温条件，且生长期长，故多为露地栽培。因纬度和海拔的差别，导致栽培季节差别较大。广西、广东的播种期一般在2—3月份，四川、闽南地区在3月上旬，长江流域在4月上旬，山东沿海地区在4月上旬，华北地区在4月下旬。当10 cm范围内的土温稳定在8～10℃时便可播种，在不受冻的情况下，适当早播种将有利于提高产量。

四、栽培技术

(一)整地施肥

选择有机质含量丰富、土层深厚、保水保肥能力强的壤土或黏土。水芋选水田或低洼地段，旱芋选潮湿地。芋头忌连作，需进行3年以上轮作。种植地块应秋季深翻晒垡，结合整地进行施基肥。旱芋一般每667 m^2施腐熟有机肥3 000 kg和复合肥25 kg，水芋可用厩肥、河塘泥和绿肥作为基肥。

(二)种芋准备

从无病田块的健壮株上选母芋中部的子芋作为播种材料。种芋单个质量以25～75 g为宜，要求顶芽充实，球茎粗壮饱满，形状整齐。白头、露青和长柄球茎组织不充实的芋头，不宜作为播种材料使用。多头芋可切成若干块作种。也可采用母芋作种，利用整个母芋或母芋切块(1/2母芋)，切开后需洗净、晾干，愈合后再种。魁芋母芋繁殖系数低，为了提高产量，可将子芋假植1年，培育成单个质量150～200 g的小母芋后再播种。

(三)催芽育苗

芋头生长发育期长，使用催芽育苗手段可以延长供应时间，提高产量。通常在早春生产时，一般提前20～30 d在冷床育苗，床土10～15 cm以限制根系深入，便于移植成活。在苗床内密排种芋后覆土10 cm左右，之后应保持20～25℃床温和适宜的湿度，当种芋芽长4～5 cm时，露地无霜冻时即可栽植。

(四)定植

芋头较耐阴，可根据品种和土壤肥力不同进行适当密植。一般魁芋类植株开展度大，生长期长，宜稀植，反之宜密植。多子芋栽植时行距以80 cm为宜，株距以20 cm为宜，每667 m^2栽4 000～5 000株。为提高叶面积系数，可采用大垄双行栽植，小行距为30 cm，大行距为50 cm，株距为30～35 cm，每667 m^2可栽苗4 500～5 000株。

芋头宜深栽，便于球茎生长。可按行距开长度为12～14 cm的沟，将已发芽的种芋按株距摆于沟内，覆土盖住种芋，以微露顶芽为宜。霜后应覆地膜以便增温保墒。水芋栽种前应施基肥、耙田、灌浅水3～5 cm，按一定株行距插入泥中即可。

(五)田间管理

1. 肥水管理

芋头需肥量较大，除施基肥外，应采取分次追肥措施以促进植株生长和球茎发育。在苗期轻施肥，发棵和结芋时则应重追肥。每667 m^2施肥标准为：1叶期施尿素10 kg；3～4叶期施饼肥50 kg加复合肥25 kg；株高1 m封行前施复合肥25 kg，并加施钾肥以促进糖分积累，提高产量和品质。生长前期气温较低，生长量较小，土壤水分不宜过大，应保证土壤见干见湿。中后期生长旺盛及球茎形成时（南方梅雨过后）须大量供水，保持土壤湿润。温度较高时忌中午灌水，立秋后灌水量应减少，以土壤不干不湿为度。

水芋移栽成活后，可先放水晒田以提高地温，促进生长。培土时将水放干，培土结束后保持 4～7 cm 水深。7—8 月份需降低地温，水深保持在 13～17 cm 范围内，并经常换水。处暑后放浅水，白露后放干以便采收。

2. 中耕除草

出苗前后应进行多次中耕、除草、疏松土层以提高地温，促进生根及发苗。在进行地膜覆盖栽培时，当幼芽出土时应及时破膜，防止高温灼伤，并覆土压实膜口。

3. 培土

幼苗期结束时，要进行中耕使栽培沟变平。通常于 6 月份在子芋和孙芋开始形成时培土，一般进行 2～3 次，厚达以 20 cm 为宜。培土的目的在于抑制子芋、孙芋顶芽的萌发和生长，减少养分的消耗，促进球茎膨大和不定根的发生，增加抗旱能力。同时，球茎会随着叶片的增加而逐渐向上生长，不进行培土就会露出地面，从而影响球茎的膨大。有的在大暑期间只进行一次培土，效果也不差，省时省力，减少多次培土造成的伤根影响。地膜覆盖栽培的不须培土。

4. 病虫害防治

芋疫病主要侵染芋头的叶片和球茎组织。植株感病后，叶面有不规则形轮纹斑，湿度大时斑上有白色粉状物，严重时会导致叶柄腐烂倒杆、叶片全萎；地下球茎组织变褐乃至腐烂。底洼积水，过度密植，偏施氮肥会加重病害。防治方法：①选用抗病品种，在无污染地块留种。②实行水旱轮作。旱芋采用高畦栽培，注意清沟排渍。及时铲除田间零星芋苗。③施足底肥，增施磷、钾肥。④可用 90％三乙膦酸铝可湿性粉剂 400 倍液，或 72.2％普力克水剂 600～800 倍液，或 70％乙膦锰锌可湿性粉剂 500 倍液喷雾防治。

芋软腐病病原菌为胡萝卜软腐欧文氏菌。由种芋或其他寄主植物病残体中传播，栽植后通过水从伤口侵入。其主要为害植株叶柄基部和球茎组织。叶柄基部感病，出现暗绿色水浸状病斑，内部组织逐渐变褐直至腐烂，叶片变黄。球茎染病后逐渐腐烂。发病重时病部迅速软化腐败终致全株枯萎倒伏，并散发出恶臭味。在高温条件下更容易此种病害的发生。防治方法：①选用抗病品种，合理轮作。②加强田间管理，施用腐熟有机肥，及时排水晒田。③药剂防治一般用 1：1：100 波尔多液每亩施 75～100 kg，也可用 72％硫酸链霉素可溶性粉剂 3 000 倍液或 30％氧氯化铜悬浮剂 600 倍液喷洒。

芋头的主要害虫是单线天蛾。其幼虫咬食植株叶片，咬成缺刻或穿孔，严重时仅剩叶脉。成熟幼虫颜色呈草绿色和灰褐色。以蛹在杂草丛中越冬。重庆地区在 7—8 月份发生较多。可采用人工捕捉幼虫或灯光、糖浆诱杀成虫的方法进行物理防治，用 5％卡死克悬浮剂 4 000 倍液，或 5％抑太保 1 500～2 000 倍液喷洒叶片的方法进行化学防治。

（六）收获

叶片变黄衰败是球茎成熟的象征，此时组织内淀粉含量高，品质好，产量高。为调节供应期也可提前或延后采收。采前 6～7 d 在叶柄 6～10 cm 处割去地上部，伤口愈合后在晴天挖掘，切勿造成机械损伤。收获后去掉败叶，不要摘下子芋，晾晒 1～2 d 便可入窖贮藏。

五、栽培中常见问题及对策

头部露青，即露出地表面的球茎由于受到外部光照，组织进行光合作用产生了叶绿素导致颜色发青的现象。

在栽培上，当有露出地表面的球茎时，就要及时进行培土。经 2～3 次培土后一般不会出现青头芋。

任务四　山药生产

山药，又称薯蓣、山薯、大薯等，原产地在我国，是薯蓣科薯蓣属多年生藤本植物。以地下块茎作为食用器官，组织内富含淀粉、蛋白质、糖类及副肾皮素、皂苷、黏液质等营养成分，既可作为营养丰富的粮菜兼用作物，又可作为滋补功能较强的中药材。

一、生物学特性

(一)植物学特征

山药的根系有主根和须根之分，主根着生于茎的基部，且根系水平分布，长可达 1 m 左右，主要分布在 20～30 cm 范围内的土层中，起吸收作用。块茎上的根为须根。茎蔓长达 3 m 以上，以右旋方式生长，颜色一般呈紫色。块茎为地下肥大的营养器官，有长圆柱形、纺锤形、掌状或团块状，薯表面为淡褐色、深褐色、紫红色、肉白色、淡紫色。单叶基部互生，至中部以上对生。叶腋间发生侧枝或形成气生导体茎，称"零余子"(花籽山药不结零余子)。花单生，雌雄异花异株，总状花序呈穗状，有 2～4 对。较小且颜色呈白色或黄色，花期 6—7 月份。果实为蒴果且具 3 翅，扁卵圆形，栽培种极少结实。

(二)生长发育周期

根据山药的生长形态及生长适应季节，将其生长发育时期分为以下 4 个时期。

(1)发芽期　从发芽到出苗为发芽期，生长时间约 35 d。如用块茎作为繁殖材料，则需 50 d。在发芽过程中，顶芽向上生长抽生出幼芽，芽基部向下生长发育为块茎和形成吸收根。

(2)甩条发棵期　从出苗到现蕾，并开始发生气生块茎为止，需 60 d。此阶段芽条生长迅速，10 d 可达 10 cm 左右。吸收根逐渐向土层深处伸展，块茎周围不断发生侧根，而块茎生长极微。

(3)块茎膨大期　从现蕾到块茎收获为止，需 60 d。此阶段茎叶及块茎的生长发育最为旺盛，生长中心是块茎。块茎 85%以上的组织在此期间形成。

(4)休眠期　茎叶因霜冻导致衰落，块茎进入休眠状态。

(三)对环境条件的要求

山药性喜温但畏霜，生长最适温度以 25～28℃为宜，块茎膨大适温为 20～24℃。块茎能耐－15℃低温。土壤温度达 15℃时开始发芽，发芽适温为 25℃。山药较耐阴，但茎叶生长阶段和块茎膨大期仍需要较强的光照。山药耐旱不耐涝，应选择地势较高、排水良好的土地栽培。发芽时保证土壤要有底墒，以保证出苗。块茎生长盛期不可缺水。对土壤适应性较强，以砂壤土最适，块茎皮光形正。黏土栽培时须根多，根痕大，易发生扁、分叉现象。山药喜有机肥，但要尽可能避免块茎与肥料直接接触，否则影响块茎正常生长。生长前期宜供给速效氮肥，以促进茎叶生长；生长中后期除适当供给氮肥以保持茎叶不衰外，还需增施磷、钾肥以诱导块茎膨大，每生产 1 000 kg 山药，需氮 4.32 kg、磷 1.07 kg、钾 5.38 kg。

二、类型与品种

我国栽培的山药有两种，即田薯和普通山药。

(1)田薯　别名大薯、柱薯。茎多角形而棱翼，叶柄较短，块茎较大。根据块茎形状可将其分为扁块种、圆筒种和长柱种。其主要分布于中国的台湾、广东、广西、福建、江西等地。

(2)普通山药　别名家山药，茎圆无棱翼。主要有分布于江西、湖南、四川、贵州和浙江等地的扁块种，分布于浙江、台湾等地的圆筒种，分布于陕西、河南、山东和河北等地的长柱种。

三、栽培季节与茬口安排

山药以露地栽培为主。春种秋收，生长期长达 180 d 以上。播种时土温稳定在 10℃才可种植，终霜后出土，适当提早栽植将有利于提早发育，增加产量。华南地区一般在 3 月份栽植，四川地区在 3 月下旬至 4 月上旬栽植，长江流域在 4 月上中旬栽植，华北大部分地区在 4 月中下旬栽植，辽宁在 5 月上旬栽植，霜降后生长结束。山药前期生长缓慢，间套作应用普遍。

四、栽培技术

(一)繁殖方法

(1)零余子(山药豆)繁殖　第一年秋季，选大型零余子过冬储藏，翌年春天晚霜前半个月条播于田间，秋后便可挖取整个块茎(长 13～16 cm，质量 200～250 g)，供来年做种。用零余子繁殖的种薯生活力旺盛，可用来更换老山药栽子，3～4 年更新一次。

(2)山药栽子繁殖　长柱种的块茎顶端有一隐芽，可用刀切下 20～30 cm 作为繁殖材料，称山药栽子或山药嘴子。用山药栽子进行直播，可连续繁殖 3～4 年。长势衰退后用零余子更新。

(3)茎段繁殖　山药块茎易生不定芽，可以将不定芽切块繁殖。扁块种只在块茎顶端发芽，切块时要采取纵切法，切块以重量为 100 g 为宜。长柱种块茎的任何部位都能发芽，可按 7～10 cm 的长切段。切后伤口处蘸草木灰，并在阴凉处放置 2～3 d 后，在温度为 25℃的条件下催芽，经 15～20 d 发芽后即可播种。尽量不用茎段繁殖，因其易退化，产量低。

(二)整地施肥

山药(特别是长柱种)对土壤环境的要求比较严格，须进行 3 年轮作。选择土层深厚、疏松肥沃的砂壤土或沙质土将有利于块茎生长，且提高块茎产量，优化品质。冬前深翻土地，按 1 m 沟距，挖宽 25～30 cm，深 0.8～1.2m 的深沟，进行冻土或晒土。第二年春解冻时，把翻出的土与充分腐熟的有机肥掺匀，每 667 m^2 施用量为 5 000 kg。再将其回填于沟内，每填土厚为 30 cm 左右时，踩压一次。要拾净所有瓦砾杂物。回填完毕，做成宽 50 cm 的高畦。为减轻挖沟栽培的劳动强度，可采用打洞栽培的生产技术。于秋末冬初施肥翻耙，冬季按行距 70 cm 放线，沿线挖 5～8 cm 深的浅沟，然后用 6～8 cm 粗的钢筋棍在沟内按 25～30 cm 株距打深为 150 cm 的洞，洞口要求光滑结实。

(三)播种

种植前要在栽植地周围挖 1 m 深，60～80 cm 宽的围沟，并与外沟相通。栽植地超过 20 m 时还需加开腰沟，以保证多雨季节迅速排水。

挖沟栽培时，于畦面开宽 10～15 cm，深 30～40 cm 的沟，每 667 m^2 施磷酸二铵 5～7.5 kg、尿素 2.5～5 kg、过磷酸钙 5 kg 作为基肥，之后覆土 20～30 cm，将山药栽子或山药段子按株距 15～20 cm 的距离顺垄平放在沟内，之后覆土 8～10 cm。零余子生产时按 1 m 畦条播 2 行，行距 50 cm，株距 8～10 cm 为准。打洞栽培时，先用宽 20 cm 的地膜覆盖在洞口(不必破膜，块茎可自动钻破)，把山药栽子顺沟的走向横放在洞口上方，将芽对准洞口，以引导新生的块茎向下生长，生长粗细均匀。排放好一沟后，随即覆土起宽为 40 cm、高为 20 cm 的垄。

(四)田间管理

1. 水肥管理

播前应浇足底水，生育前期即使缺水，一般也不浇水，以促使块茎向下生长。如果过于干旱，也只能浇 1 次小水。块茎迅速膨大期，土壤应保持湿润。山药怕涝，雨季时应及时排涝。山药施肥要掌握重施基肥，磷、钾肥配合的原则。支架前可铺施粪肥等有机肥，以陆续供应养分。发棵期阶段宜追肥 1～2 次，保证发棵需要。现蕾时，茎叶和块茎开始进入旺盛生长阶段，要重施富含氮、磷、钾的人畜粪肥 1 次。

2. 植株调整

山药出苗后甩蔓，藤条细长脆嫩，应及时支架扶蔓以防倒伏，常采用“人”字架、三脚架或四脚架，架子高度以 2.0～2.5 m 为宜。支架要插牢固以防止被风吹倒。一般一个种茎出一个苗，如有数苗，应于苗高达 7～8 cm 时，选留 1 个生长健壮的蔓，其余的都去除。多数不整枝，但除去基部 2～3 个侧枝，能防止养分的流失，增加块茎产量。如不利用零余子，应尽早摘除，节约养分。

3. 中耕培土

生长前期应多次中耕除草，直到茎蔓上架为止，以后拔除田间杂草。要将架外的行间土壤挖起一部分填到架内行间，使架内形成高畦，架外行间制造深为 20 cm、宽为 30 cm 的畦沟，以便雨季排水。

4. 病虫害防治

山药主要病害有炭疽病、褐斑病、锈病、根腐病等。

(1)炭疽病　主要为害部位在茎和叶。常在 6 月中旬发生，直至收获期，造成茎枯、落叶。防治方法：清园，烧毁病残株，减少菌源；栽种时可用 1∶1∶150 倍波尔多液浸泡 4 min，以消灭病菌；生长期发病时可喷 65%代森锌可湿性粉剂 500 倍液或 50%退菌特可湿性粉剂

800～1 000 倍液进行防治。

(2)褐斑病　也叫叶斑病，为害叶片，发病时间常在 7 月下旬。防治方法：清洁田园，处理残株病叶；进行轮作；发病期可用 58％瑞毒霉代森锰锌可湿性粉剂 1 000 倍液喷雾防治。

(3)锈病　为害叶片，6—8 月份发病，秋季严重。可用 500 倍 50％多菌灵可湿性粉剂喷施防治，每隔 7 d 喷 1 次药，连续用药 3～4 次便可防治。

(4)根腐病　为细菌性病害，主要为害二年生以上的成株，5 月份开始发病，7—8 月份最盛，可采用轮作，或用 65％代森锌可湿性粉剂 500 倍液喷洒或灌根进行防治。

山药主要的虫害有山药叶蜂等。山药叶蜂是一种为害山药的专食性害虫。可用 1 000 倍液 90％敌百虫原药防治。

(五)采收

秋季早霜后，到茎叶发黄时便可采收。南方冬季土壤不冻结，可留在地里，也可随时采收。收获时，先清除支架和茎蔓，在山药沟的一侧挖深坑，用铲铲断侧根和贴地层的根系，将整个块茎一起取出。打洞栽培的山药在采收时可用铁锹把培土的垄挖去，露出山药栽子，清除洞口上面的土，注意不要让土进洞内，之后用手轻轻把山药从洞内取出，然后把洞口封好，以备下年再用。挖掘时应注意要保持块茎的完整性。收获零余子时，须提前 1 个月采收。

五、栽培中常见问题及对策

(一)畸形

山药在栽培生产过程中，因受不良环境条件、栽培措施、管理方法等方面的影响，常会造成内部组织结构发生改变，从而导致畸形，如山药块茎上端分杈、下端分杈、蛇形、扁头形、脚掌形、葫芦形、麻脸形等畸形山药。

防治方法：一是除去沟内异物。人工挖山药沟时应在入冬降温前进行，填沟时剔除土壤中的石块、砖块、沙砾等硬物，注意不要将大土块填入沟内。二是种植时按规范的技术流程操作。种植山药时不能在种植沟内施用种肥，为防止地下害虫的滋生而施用毒土、毒饵时，不能盲目加大剂量，推荐方法是将豆饼炒香，用 90％敌百虫晶体 30 倍拌湿或每 667 m^2 用 3～4.5 kg 克线丹拌细土 30 kg 后均匀撒于播种沟内，用镢头搂划一遍以便充分混合均匀，能有效防治蝼蛄、蛴螬、金针虫、线虫等地下害虫的发生。然后顺沟浇一遍小水，水渗干后摆放栽子，覆土成垄。三是施用腐熟有机肥。要利用夏秋季节气温高、易发酵腐熟的有利时机提前进行堆制，避免施入土壤后出现烧根现象。将有机肥和部分化肥在种植完山药后施入山药行间，把腐熟的有机肥铺施于 2 行山药之间的畦面上，然后楼划翻土 15 cm 左右，使土、肥充分混合，然后将畦面的肥土覆于山药垄的两侧。

(二)烂种死苗

主要原因：一是种块质量差，选择受伤或未晾晒的栽子作种，容易导致出苗慢、弱苗等现象的发生，严重时会引起烂种和死苗。二是多雨高温或寡照低温。三是播种过深。四是没有选择适合本地区的优良品种。不同山药品种的烂种死苗程度有差异，在主要栽培品种中，菜山药烂种死苗明显重于米山药。

防治方法：一是选择适合本区域的优质栽子，确保栽子质量。二是晒好山药种。晒种不仅能加快伤口愈合，防止病菌侵入，而且还能促进山药种块的内部生命活动，使其更易长出健壮幼芽。三是早打沟、早晒田。山药开沟起垄应在播种前 10 d 完成，这样可以提高土壤内部的温度，有利于出苗完全和减少烂种死苗。四是适期播种。当地温稳定在 10℃以上，且在播种前 7～10d 无连续阴雨天气时，为山药播种的最佳时期。五是控制播种深度。实践证明，最适宜山药生长发育的深度为 8～10 cm。播种过浅，如遇天气干旱，土壤墒情不足，则不利于发芽；播种过深，同时遇低温寡照或连续阴雨天气，容易导致烂种死苗现象的发生。

(三)种性退化

主要原因：一是山药栽子多年使用导致生活力衰退，品质下降，商品性差，抗逆性能降低。二是山药地块连作，造成线虫及有害物质在土壤中大量积累，使山药的茎上端红斑病逐年加重，产量下降。

防治方法：一方面对山药栽子进行更新，每 3～4 年重新繁育栽子或用山药段子对山药栽子更新一次，可有效防止山药种性的退化；另一方面可采用轮作换茬的栽培措施进行防治，可减少线虫在土壤中的积累，以降低种性退化的速度。

复习思考题

1. 简述马铃薯春季露地栽培技术要点。
2. 马铃薯种性退化的原因及防治措施是什么？
3. 生姜种姜怎样培育壮芽？栽植后怎样管理才能获得高产？
4. 简述生姜的生长发育周期。
5. 如何获得种芋？简述芋头栽培技术要点。
6. 山药田间管理时的注意事项有哪些？
7. 山药有哪些繁殖方式？

Elective 1

选学项目一

杂类蔬菜生产

任务一　折耳根生产

任务二　甜玉米生产

任务三　黄秋葵生产

学习目标

一、知识目标

1. 杂类蔬菜(折耳根、甜玉米、黄秋葵)的生物学特性;
2. 品种的选择;
3. 育苗知识;
4. 整地、做畦、定植知识;
5. 田间肥水管理的知识;
6. 病虫害的识别及防治措施;
7. 采收及采后处理知识。

二、技能目标

通过理论教学及实践操作,让学生全程参与完成杂类蔬菜(折耳根、甜玉米、黄秋葵)的产前计划、产中管理、产后营销等整个生产过程,使学生能根据季节特点、地域特征及市场需求制订杂类蔬菜生产计划,熟悉杂类蔬菜的生产流程,掌握相应生产管理技术及产后销售及效益评估。

三、工作任务

1. 制订杂类蔬菜(折耳根、甜玉米、黄秋葵)生产技术方案;
2. 掌握杂类蔬菜播种育苗技术;
3. 掌握整地、做畦与定植技术;
4. 掌握杂菜类蔬菜田间管理技术;
5. 掌握杂类蔬菜采收与采后处理技术。

任务一　折耳根生产

折耳根，别名鱼腥草、蕺菜、猪鼻孔，是药菜两用的多年生草本植物。可凉拌生食、炒食或加工成开袋即食的休闲食品。折耳根又是常用的中草药，可经提炼成药用针剂如“鱼腥草针剂”等，具有抗菌、消炎、镇痛、止血的功能。折耳根栽培多是采用无性繁殖技术，即用折耳根地下部的根茎作为“种子”进行栽培的方法。

一、生物学特性

(一)植物学特征

折耳根植株矮生，高 30～50 cm，地下茎细长匍匐，白色，粗 0.4～0.6 cm，节间长 3.5～4.5 cm。每节上着生须根，节上腋芽向上能抽生地上茎，水平抽生则为地上侧茎。地上茎直立，高 30～60 cm，常带紫色。叶互生，叶卵形或阔卵形，长 3～8 cm，宽 4～6 cm。叶面绿色，背面常紫红色，花小，无花被，排成与叶对生、长约 2 cm 的穗状花序，总苞片 4 片，生于总花梗之顶，白色，花瓣状，长 1～2 cm，雄蕊 3 枚，雌蕊由 3 个合生心皮所组成。蒴果近球形，直径 0.2～0.3 cm，顶端开裂，具宿存花柱，种子多数，卵形。

(二)对环境条件的要求

(1)温度　喜温和气候，对温度的适应范围较广。地上茎叶生长适温为 13～18℃，地下根茎成熟期适温为 20～25℃。

(2)光照　喜湿润环境，忌干旱，不耐涝。土壤湿度以田间最大持水量的 75%～80%为宜。

(3)水分　对光照要求不严格，喜弱光照，较耐阴。

(4)土壤及营养　适应性广，以砂壤土最佳，pH 以 6.5～7 为好。对氮、磷、钾吸收量之比约为 1∶1∶5，增施钾肥有利于提高地下根茎的产量和质量。

二、栽培季节与茬口安排

折耳根春、秋都可栽种，长江流域春栽在 2—3 月份，可以和玉米及茄果类、豆类蔬菜间作，秋栽多在 9—10 月份进行。在无霜期可分批栽种，分批采收上市。

三、栽培技术

(一)土壤选择

折耳根大多生长在肥沃疏松、湿润的土壤，耐肥、耐湿，适应性很强，在多数土壤中都能生长，荒坡、贫瘠瘦土上也可以栽培。以土层较深厚，保水较好，透气性强，略带沙质的土壤进行栽培，才能产量高、质量好。

(二)整地、做畦、施基肥

栽种前,要先将土壤翻整平,除去杂草和残根后,将土开成厢,厢宽 1.3～1.6 m,厢面上横开宽 13～15 cm,深 10～15 cm 的播种沟,两播种沟间距离 20 cm,厢面上开四五个横沟,厢长依地块而定,两厢之间距离为 33 cm 左右。

折耳根主要以春节前后长出的嫩芽作为商品,生长期较长。底肥等有机肥的质量好坏,直接影响折耳根产量。因此,整平地块后,要在播种沟内施足有机底肥和磷、钾肥。每 667 m^2 施腐熟的有机质肥料(圈肥、堆肥)2 500～3 000 m^2,将磷、钾肥和有机质肥料拌合后均匀施入播种沟内,与土壤混合整平后便可播种。

(三)选择种茎

作为折耳根的种茎要求新鲜、粗壮。不能搓洗,伤根破皮,以带土的老茎为好。应在播种前早做准备,最好是当天取种、当天播种。栽植前需选种,即将纤细、弱小的根茎拣出,把枯萎、腐烂的根茎去掉。选择粗壮、成熟的老茎作种茎,以利于发出的芽粗壮,出苗和成活率高,产量高。

(四)适时播种

折耳根的播种期可达 8 个月之久,从头年 10 月份到第二年 3 月份均可播种,尤以清明节前后播种最好。此时播种的折耳根种茎发芽快,出芽整齐,是传统的栽培期。播种方法有两种。

(1)短茎播种　为节约用种量,播种前要将选好的种茎从节间切断,每小段长 4～6 cm,每段保留两三个节,切好的折耳根种茎均匀撒播在播种沟内。播种后盖土,可用开第 2 条播种沟的细土覆盖在第 1 播种沟上,此法每 667 m^2 用种量 70～100 kg。

(2)长茎播种　即不切断折耳根,选用粗壮整条折耳根均匀撒在播种沟内的方法。其优点是种茎发芽多,生长周期短,当年就可以取得比较好的产量,缺点是用种量大,每 667 m^2 用种量 170 kg。播种后,也可在种茎表面盖 1 层腐熟肥,起到保湿作用。播种时如遇干旱,为保证出苗整齐,采用坐水播种。就是在撒好种茎后,直接将种茎浇透水,再盖上细土。盖好土后再浇 1 次水,使泥土和种茎紧密相连,利于发芽生根。

(五)田间管理

1.合理追肥

基肥充足,生长发育良好的,前期可不追肥或少追肥,但土壤肥力较差,生长不良时,应追施腐熟的清粪水或稀释的沼液提苗。5—6 月份是折耳根地上部分生长旺盛时期,要追施 1～3 次,每 667 m^2 施 500 kg 以上的清粪水或沼液。在高温来临前,每 667 m^2 增施尿素 8～10 kg,以促进早封行。9—10 月份需肥量大,要适当增加肥料数量,并配施磷、钾肥。每 7 d 叶面喷施 1 次 0.2%～0.3%磷酸二氢钾溶液,共 2～3 次,可提高产量和品质。

2.水分管理

栽种后要保持土壤湿润,土壤含水量以田间最大持水量的 70%～80%为宜,出苗后也要保持土壤湿润。生长盛期保持不缺水,雨季要注意排水,畦面一定不能积水,以防涝害。

3.除草

杂草消耗养分和遮阴,影响折耳根的正常生长,特别是在生长前期,折耳根幼小,必须除草 1～2 次。因折耳根长大封行后,杂草的生长就会受到抑制,影响较小。折耳根生长成厢成垄,中耕拔除杂草时,还要注意理好厢沟和铲除地边杂草,保持田园清洁。

4.摘心去蕾

为避免折耳根因地上部分猛长和开花消耗养分，从而抑制地下根茎的生长，导致减产，在折耳根生长中期，刚出现花蕾时要进行摘心和去花蕾。注意掌握摘心时间，若摘心过早，影响植物生长，使制造养分的叶面积减少，也会使产量降低，摘心、取蕾时间过晚则作用不明显。去蕾可采取用竹竿拍打折耳根茎尖的方法，省工、省时。

5.病虫害防治

(1)白绢病　发病地上茎、叶变黄，地下茎遍生白色绢丝状菌丝体，并逐渐软腐，在布满菌丝的茎及其附近地表上，产生大量油菜籽状菌核，初为白色，后变褐色，高温、高湿，尤以雨过天晴后易流行。防治措施：实行轮作、苗种消毒、增施有机肥，发病初期及时拔除病株，喷洒 40%多硫悬浮剂 500 倍液，或 50%扑海因可湿性粉剂 1 000 倍液，或 15%三唑酮可湿性粉剂 400 倍液，或 50%甲基硫菌灵 500 倍液等，7～10 d 喷洒 1 次，防治 2～3 次。

(2)细菌性青枯病　防治措施：发现中心病株后，应及时拔除，已发病的地区采取轮作；采用农用链霉素 800～1 000 倍液喷施，防治效果较好。

(六)采收

(1)销售嫩芽　10 月中旬，及时收割折耳根的地上茎叶，晒干作为中药出售。除尽杂草，加施一次追肥，盖上 10～15 cm 晒干的稻草，稻草上盖上黑薄膜保温。到春节前后，折耳根的嫩芽长出土到 8～12 cm 就可以出售了。每收割一次就要施一次清粪水，盖上稻草和薄膜，一般一年可以收割 3 次。第三次收割后，不再盖草和薄膜，施肥后让其自由生长到秋天收割。

(2)销售茎叶　茎叶采下后，捆把鲜销，可凉拌、煮汤。

(3)销售地下根　采收前先用镰刀将地上部割去，晒干打捆，作为药材出售。割去老茎叶后，用板锄将地表层 2～3 cm 厚的老根茎铲去，再用钉耙边挖松土壤边挖掘。收获的地下茎要用草或其他遮蔽物盖上，避免透光和失水。折耳根清洗后经整理挑出杂草、老根茎后，根据外观及老嫩不同进行分级，分为 1 级、2 级和 3 级，上市出售。

任务二　甜玉米生产

甜玉米又名菜玉米，为禾本科玉米属中的 1 个栽培亚种，以未熟果穗胚乳甜质籽粒或幼嫩小果穗为产品的一年生草本植物。甜玉米原产美洲热带地区，主要分布在欧美各国。近年来，我国各大城市周边地区甜玉米栽培发展迅速，成为市场上的特色蔬菜之一。甜玉米富含可溶性碳水化合物(糊精)、脂肪、蛋白质、维生素 A 和维生素 C，可生吃、煮食或制成罐头。

一、生物学特性

(一)植物学特征

甜玉米为须根系，根系强大，基部茎节处易发生不定根。茎秆直立，高 1～3 m，节间长。雌雄同株异花，雄花着生茎轴顶端，分散圆锥花序，雌花侧生于叶腋间，肉穗花序，花序上成行着生子房，外裹绿色苞叶，风媒花。

(二)对环境条件的要求

甜玉米喜温暖,不耐霜冻。种子发芽适温 21～27℃,秧苗生长适温 21～30℃,开花结穗期适温 25℃左右。短日照作物,生长发育期需充足光照。喜水怕涝,苗期较耐旱,开花结果期要求水分充足。对土壤要求不严格,但以土层深厚,有机质含量高的土壤为宜。

二、类型与品种

甜玉米按含糖量可分为普通甜玉米、超甜玉米和加强甜玉米 3 种类型。普通甜玉米主要用来加工各种类型的罐头,也可作为青嫩玉米上市销售,主要品种有黄甜 104,甜单 1 号,梅农 1 号,普甜 8914、8701、2005、8609 等;超甜玉米主要作为青嫩玉米上市,并用来加工速冻玉米,主要品种有甜玉 2 号、华甜 01 号、特甜 1 号、超甜 3 号、超甜 20 号、超甜 43 号、华珍、世珍等;加强甜玉米既可加工各类甜玉米罐头,又可作青嫩玉米食用或速冻加工,主要品种有中甜 2 号、甜玉 4 号、6 号、加甜 16、甜单 5、7、8、9、10 号等。

三、栽培季节与茬口安排

甜玉米多为露地栽培,春、夏、秋季均可播种,春播以当地 5 cm 地温稳定在 12℃以上时为宜。长江流域可从 3 月下旬至 8 月上旬分批播种,可直播也可育苗移栽。利用塑料拱棚育苗移栽或地膜覆盖进行早春栽培,可提早上市。

四、栽培技术

(一)整地做畦

选择土质肥沃、疏松、排灌方便的地块。耕地前每 667 m^2 施腐熟有机肥 3 000～4 000 kg、过磷酸钙 20 kg、草木灰 100 kg,结合整地做宽 1～1.2 m 的高畦。为防止杂交,应与其他普通玉米田块相隔 400 m 以上,也可与普通玉米播期间隔 15 d 以上的时间隔离。

(二)播种育苗

根据生产目的和当地消费习惯选择适宜的品种,甜玉米播种可条播或穴播,也可用营养杯或营养土块育苗移栽。播前浇足底水,春播深度 3 cm,秋播稍深。栽培密度因品种而异,一般每 667 m^2 栽培 3 500～4 000 株。

(三)田间管理

(1)定苗、中耕　出苗后及时补苗,分期间苗,适期定苗,保证苗全苗壮。一般 2～3 叶时进行第 1 次间苗,4～5 叶时进行第 2 次间苗,5～6 叶时定苗,每穴留 1 株壮苗。植株封垄前中耕 3～4 次,中耕深度应掌握"浅、深、浅"的原则。苗期浅中耕,以增温保墒;中期深中耕,结合培土,促使发生不定根,以防倒伏;后期浅中耕,防止伤根。

(2)水肥管理　出苗前保持土壤湿润,促进发芽,苗期不干不浇水,抽穗期至乳熟期加大浇水量,雨季注意排水防涝。定苗后每 667 m^2 施腐熟粪肥 2 000 kg 或尿素 150 kg,拔节期至抽穗前每 667 m^2 施尿素 15 kg,以促进生长和雄穗分化,增加籽粒数。灌浆期每 667 m^2 增施三元复合肥 30 kg,以促进籽粒饱满。

(3)植株调整　甜玉米分蘖能力较强，应及时除去基部分蘖。掰除植株下部细弱的雌穗，1株只保留1个最上部饱满的雌穗。当雄穗露尖、顶叶尚未散粉时，及时隔行或隔株去雄。为了不影响授粉，去雄的株数一般为总株数的1/3～1/2。遇阴雨天气，可通过人工授粉增加产量。

(4)病虫害防治　栽培过程中，要及时防治蝼蛄、小地老虎、玉米螟、蚜虫等害虫以及大斑病、小斑病、黑粉病，纹枯病等病害。

(四)适时采收

甜玉米采收要适时，过早采收影响产量，过晚采收影响品质。采收期主要根据籽粒外观形态、计算授粉后天数、品尝等方法来确定。一般春、夏播甜玉米授粉后17～21 d采收，秋播甜玉米授粉后25 d左右采收最好。

任务三　黄秋葵生产

黄秋葵又名秋葵、羊角豆、咖啡黄葵，为锦葵科秋葵属一年生草本植物。原产非洲，现世界各地均有分布，在非洲、美洲及东南亚等地区广泛栽培。我国从印度引进，现各城市周边均有少量栽培。以嫩果为食，嫩荚肉质柔嫩、黏质，风味独特，营养价值高，可炒食、煮食、凉拌、腌渍、罐藏等。嫩荚含有由果胶及多糖组成的黏滑汁液，经常食用有健胃、润肠、保肝强肾的功效。花期长，大而艳丽，可观赏和食用。种子具有特殊的香味，可作为咖啡的代用品。花、种子、根均可入药，对恶疮、痈疖有疗效。

一、生物学特性

(一)植物学特征

黄秋葵为直根系，根系发达，主茎直立，高1～2.5 m，圆柱形，绿色或暗紫红色。基部节间较短，有侧枝，自着花节位起不发生侧枝。叶互生，掌状3～5裂，叶身有茸毛或刚毛，叶柄细长中空。花单生，两性，大而黄，着生于叶腋；果为蒴果，形似羊角，果长10～25 cm，横径1.9～3.6 cm，嫩果绿色或紫红色，老熟果呈黄褐色。种子近球形，被细毛，千粒重60 g左右。

(二)生长发育周期

从播种到子叶展平为发芽期，需10～15 d；从子叶展平到始花开放为幼苗期，需40～45 d；从始花开放到采收结束为开花结果期，需85～120 d，通常播种后70 d左右可第一次采收。

(三)对环境条件的要求

(1)温度　喜温耐热，不耐霜冻，种子发芽适温为25～30℃，生长发育适温为25～28℃。

(2)光照　喜光，要求光照时间长。

(3)水分　耐旱、耐湿、不耐涝，结果期要求水分充足。

(4)土壤及营养　对土壤适应性广，但以土层深厚、肥沃疏松、保水保肥力强的壤土或砂壤土为宜。生长前期以氮肥为主，中后期以磷、钾肥为主。

二、类型与品种

黄秋葵分类方法较多，按果实外形可分为圆果种和棱角种；按果实长短可分为长果种和短果种；按嫩果色泽有乳黄品种、绿色品种和紫色品种。目前，我国主栽品种是日本的五角、绿星，美国的妇人指、长果绿，我国台湾农友种苗公司推出的五福、永福、清福等品种。

三、栽培季节与茬口安排

黄秋葵多露地栽培，在长江流域和华南地区，春、夏、秋季均可栽培，但以春播为主。采用塑料大棚等设施育苗，可以提早到3月上旬播种。

四、栽培技术

目前，黄秋葵在江西、浙江等地有规模化种植，云南、贵州、广西也有栽培，四川省彭州市磁峰镇、新津县等地也有少量栽培。

(一)整地做畦

前茬作物收获后深翻晒垡，每667 m^2 施入腐熟有机肥5 000 kg，三元复合肥20 kg，均匀混合后耙平做畦。露地栽培多用2种方式：一是大小行种植，大行70 cm，小行45 cm，株距40 cm，每畦种四行；二是窄垄双行种植，垄宽1 m，行距70 cm，株距40 cm；也可利用田边、沟边、河边或菜园内沿篱笆行单行种植。大棚栽培行距60 cm，株距20～25 cm；小棚栽培行距70～90 cm，株距15～18 cm。

(二)播种育苗

春露地栽培常于断霜后直播，播前浸种12～24 h，每隔5～6 h清洗换水1次，后置于25～30℃的环境条件下催芽，待60%～70%种子"破嘴"时播种。播种以穴播为宜，穴深2～3 cm，每穴播3～4粒，先浇水后播种，覆土2～3 cm。早春保护地栽培可采用营养钵或穴盘育苗，苗龄30～40 d，小苗移栽。直播每667 m^2 用种10 kg，育苗移栽每667 m^2 用种3 kg左右。

(三)田间管理

(1)间苗、定苗　出苗后要及时间苗，破心时进行第1次间苗，间去弱苗、残苗和病苗。2～3片真叶时进行第2次间苗。3～4叶时定苗，每穴留壮苗2～3株。

(2)中耕、培土　幼苗定植后应连续中耕2次，提高地温，促进缓苗。第1朵雌花开放前应加强中耕，适当蹲苗，促进根系发育。开花结果后，每次浇水追肥后应中耕。封垄前中耕培土，防止植株倒伏。夏季暴雨多风地区，可用1 m左右竹竿或树枝插于植株附近，防止倒伏。

(3)水肥管理　生育期间要经常浇水以保持较高的空气和土壤湿度，雨季注意排水防涝。出苗后施齐苗肥，每667 m^2 施尿素6～8 kg；定苗或定植后1周施提苗肥，每667 m^2 施复合肥15～20 kg或腐熟人畜粪水1 000 kg、尿素5 kg；开花结果期重施坐果肥，每667 m^2 施复合肥20～30 kg或腐熟人粪尿2 000～3 000 kg、氯化钾8～10 kg；生长中后期，根据植株长势酌情多次少量追肥，防止植株早衰。

(4)整枝、摘心　黄秋葵植株生长旺盛，主侧枝粗壮，叶片肥大，往往延迟开花结果，可采取扭枝法，即将叶柄扭成弯曲状下垂，以控制营养生长。生长中后期，及时摘除已采收嫩果以下的各节老叶以为了改善通风透光条件，减少养分消耗，防止病虫蔓延。当主枝长到50～60 cm后摘心，可促进侧枝结果，提高前期产量。

(5)病虫害防治　黄秋葵抗病力很强，一般病虫害较少。病害主要是病毒病，虫害主要有蚜虫，偶有蚂蚁和地老虎为害。

(四)采收

黄秋葵从播种到第1嫩果形成约需60 d，采收期长达60～70 d。通常花谢后4 d采收嫩果，当嫩果长8～10 cm，重15 g左右时及时采收。一般第1果采收后，初期每隔2～4 d采收一次；盛果期，每天或隔天采收一次。采收后期，3～4 d采收一次。采收时宜用剪刀，并戴上手套，以免刚毛或刺瘤刺伤皮肤，一般每667 m^2可采收1 000～2 000 kg。

复习思考题

1. 简述折耳根的生物学特性。
2. 简述甜玉米高效栽培技术要点。
3. 简述黄秋葵的高效栽培技术要点。

Elective 2

选学项目二

芽苗菜生产

任务一　芽菜类生产

任务二　苗菜类生产

学习目标

一、知识目标

1. 芽苗菜(绿豆芽、黄豆芽、花生芽、豌豆苗、苜蓿苗)的生物学特性;

2. 芽苗菜的定义、分类、栽培特性、生产条件和生产程序。

二、技能目标

通过理论教学及实践操作,让学生全程参与完成芽苗蔬菜(绿豆芽、黄豆芽、花生芽、豌豆苗、苜蓿苗)的产前计划、产中管理、产后营销等整个生产过程,使学生能根据季节特点、地域特征及市场需求制订杂类蔬菜生产计划,熟悉芽苗菜的生产流程,掌握相应生产管理技术及产后销售及效益评估。

三、工作任务

1. 制订芽苗菜(绿豆芽、黄豆芽、花生芽、豌豆苗、苜蓿苗)生产技术方案;

2. 正确识别芽苗菜的类别,能根据生产目标规划芽苗菜生产场地,拟定生产设备购置清单;

3. 掌握绿豆芽、黄豆芽、花生芽、豌豆苗、苜蓿苗生产过程中的催芽,温、光、水调控,收获等管理技术;

4. 分析绿豆芽、黄豆芽生产过程中常见问题的发生原因,并进行有效防治。

凡利用植物种子或其他营养贮存器官，在黑暗或光照条件下直接生长出可供食用的嫩芽、芽苗、芽球、幼梢或幼茎均称为芽苗类蔬菜，简称芽苗菜或芽菜。

根据食用的部位可将芽苗类蔬菜分为芽菜和苗菜两类，芽菜一般是由种子发芽，胚根和胚轴伸长，以胚轴为主要食用部分，如黄豆芽、绿豆芽、花生芽、菊苣芽等。苗菜是由胚芽生长形成幼嫩的茎和真叶，或由其他营养器官形成的茎、叶为主要食用部位，如豌豆苗、苜蓿苗、萝卜芽苗、蚕豆苗、花椒芽等。

根据芽苗类蔬菜产品形成所利用营养的不同来源，又可将芽苗类蔬菜分为“种芽菜”和“体芽菜”两类。种芽菜指利用种子中贮存的养分直接培育成幼嫩的芽或芽苗（多数子叶展开，真叶露心），如黄豆、绿豆、赤豆、蚕虫等，以及香椿、豌豆、萝卜、荞麦、蕹菜、苜蓿芽苗等；体芽菜多指利用二年生或多年生作物的宿根、肉质直根、根茎或枝条中累积的养分，培育成芽球、嫩芽、幼茎或幼梢。如由肉质直根在黑暗条件下培育的芽球菊苣，由宿根培育的菊花脑、苦菜芽等（均为幼芽或幼梢），由根茎培育成的姜芽、薄芽（均为幼茎）以及由植株、枝条培育的树芽香椿、枸杞头、花椒脑（均为嫩芽）和豌豆尖、辣椒尖、佛手瓜尖（均为幼梢）等。

任务一　芽菜类生产

一、绿豆芽

绿豆芽作为一种蔬菜是指利用绿豆种子在黑暗或弱光条件下，采用无土栽培的方法，直接生长出来可供食用的幼茎，俗称银芽。绿豆种子萌发至子叶未展开时的萌芽为产品的芽菜，其食用部分主要是胚轴，其未展开的子叶亦可食用。绿豆芽在我国有悠久的栽培和食用历史，各地有广泛的食用习惯。由于绿豆芽生产方便，需要的设施很少，所以一年四季可以生产，是全年均衡供应的主要蔬菜。

(一)品种选择

选用籽粒饱满的专用型品种，要求发芽率在95%以上，纯度、净度高，生长势强，产量高，纤维形成慢，品质优良的当年种子。

(二)种子处理

(1)清选　为提高种子的发芽率和吸水能力，种子应提前进行晒种(1～2 d)和清选。要剔去虫蛀、破残、畸形种子、杂质和其他品种种子。

(2)浸种　经清选后的种子，淘洗1～2次，洗去尘土等使之洁净后即可进行浸种。浸种时加入与豆粒等量的温水，并上下翻动数次使之均匀，浸种时间为4～6 h，以绿豆种皮已充分吸胀为准。或将豆子倒入90℃的热水中，搅拌2 min，立即加入冷水，降温至50℃，再浸泡4 h即可。这样浸种不仅能达到消毒的目的，还能缩短出芽时间，而且豆芽长得又白又嫩又粗壮。

(三)装入容器催芽和培育

(1)木桶、瓷缸生产　浸种后将余水淋去，装入桶内催芽。在25℃左右，经12 h，芽长1 cm时，转入豆芽桶内淋水培育。季节性生产多用木桶，长年生产多用瓷缸或水泥槽。容器底部需设置适当大小的排水孔。每千克绿豆需 20 L 容积的容器，装桶时豆粒厚度以 13～16 cm 为宜。桶面用清洁麻布遮光，有利于保温、保湿和调节气体。整个培育过程，夏季需 4～5 d，秋冬季 6～7 d。

(2)塑料育苗盘生产　育苗盘底部预先垫上一层纸张或白棉布，浸种后可立即播种于塑料育苗盘，在种子上面加盖两层白棉布，在 20～25℃下进行催芽；也可浸种后待幼芽“露白”后再进行播种催芽。塑料育苗盘播种密度为 3～4 kg/m^2，催芽天数为 5～7 d。

(四)生产管理

(1)光照管理　绿豆芽生产过程要求在黑暗或弱光条件下进行，在有光照的情况下，绿豆芽的幼茎表面具有刺毛、纤维多、色绿，口感较差。为达到黑暗或弱光条件，栽培容器上面必须加盖或播种后在种子上面覆盖两层白棉布。

(2)温度管理　绿豆芽对温度的要求较低，一般来说，20～25℃为最适温度。但低于 20℃时生长缓慢，易烂种、烂根，不利于产品的形成。高于 25℃时生长迅速，纤维化程度高，易倒伏、“烂脖”、根系生长明显，产品质量差。在生产过程中，温度的控制可以通过水温调节来进行。如气温高时可多浇井水或自来水，气温低时可用温水进行浇灌，水要做到勤淋细洒，亦可通过透气或强制通风等方式进行温度调节。

(3)水分管理　由于绿豆芽栽培所采用的基质是纸张或白棉布，其保水能力不同于一般无土栽培的其他基质(如沙)，加之绿豆芽本身鲜嫩多汁，在温度较高的情况下容易脱水而形成“烂脖”，或产生酒精味。因此必须进行频繁的补水工作。一般每天应进行 4～5 次喷淋，以保持较高的空气相对湿度，相对湿度在 90%为宜。

(4)防病管理　绿豆芽很少发生病虫害，但是为了保证产品达到绿色食品标准，仍应进行严格的预防。针对发病原因，可采用控制温湿度和通风等生态防病方法。可用开水烫洗、石灰水浸洗或 0.1% 漂白粉消毒栽培容器；也可用 2%～5%的高锰酸钾溶液对生产用具浸泡 1～2 h 消毒，洗涤晒干后使用。避免使用化学农药防治。一旦发现烂根、“烂脖”或有异味产生，应丢弃食用。

(五)采收标准及上市形式

绿豆芽以幼嫩的茎叶为产品，组织柔嫩，水分高，较易萎蔫脱水，同时又要求保持较高的产品品质，因此必须及时采收上市，通常采取整桶或整盘集装运输进行活体销售。绿豆芽的产品收获上市标准为：芽苗色白，苗高 8～10 cm，整齐，子叶未展或始展，无烂根、“烂脖”，无异味，茎柔嫩未纤维化。

(六)生产周期及投入产出比

绿豆芽的生产周期一般较短，从播种到收获，在正常条件下，周期 4～7 d。一般播种 1 kg 干种子，可收获绿豆芽产品 10～12 kg，投入产出比按重量计为(1∶10)～(1∶12)。

二、黄豆芽

在我国，黄豆芽的加工制作已有相当长的历史，早在北宋时就有培育黄豆芽的记载，宋代孟元老撰《东京梦华录》中有将黄豆置于瓷皿中，以水浸生芽食用的记载。随着新技术的不断应用，市场上黄豆芽的质量逐渐提高，黄豆芽是一种可周年供应的蔬菜，不受任何季节影响，具有广阔的市场前景。

(一)选种

制作黄豆芽最常用的品种为黑龙江产的小金黄(特小粒黄豆),也可用小黄豆或中黄豆,以特小粒黄豆产量最高。选择颗粒饱满的发芽率高、发芽势好的新黄豆,在浸种前精心剔除病子、瘪子、嫩子、破子。

(二)种子处理

先加入与豆粒等量的温水(27~30℃)浸种,并上下翻动数次使之均匀,4~5 h后将余水淋尽,转入3%的石灰水溶液中浸泡2 min。然后用清水冲洗干净,转入预芽容器中预生,保持室温在25~30℃,经过12 h后当芽长1 cm时转入豆芽容器中淋水培育。

(三)装容器培育

1 kg豆需20 L的容器,装桶时豆粒厚度以13~16 cm为宜。生产豆芽的容器可采用传统的木桶、瓷缸;塑料桶,形状为圆柱形,可装水65 L、100 L、135 L、150 L、200 L等多种规格;泡沫箱(规格约为58 cm×45 cm×26 cm)等。塑料桶可完全取代木桶和瓷缸,比木桶、瓷缸成本要低,重量更轻,搬运清洗管理更方便。容器底部须设置适当大小的排水孔,容器面须清洁,并用麻袋遮光保温、保湿。也可采用豆芽机生产黄豆芽。

(四)栽培管理

(1)光照管理　对豆芽容器要严格密封,禁止豆芽与风、光接触,以保证豆芽的色泽和稳定的气流及较高的CO_2含量。

(2)温度管理　严格控制室温、水温,保证豆芽生长的最适温度。豆芽生长的最适温度为21~28℃,不宜低于20℃或高于28℃,淋水温度25~28℃,室内温度保持在20~25℃。

(3)水分管理　淋水要适当、及时,严禁使用不清洁的塘水和大河水。因井水和溪水无污染,加之冬暖夏凉,对促进豆芽生长和防止豆芽超温有着很好的作用,一般要求5 h左右淋水一次,每次淋水须漫过豆粒 ,使豆芽新陈代谢后的废污物随水流冲走。实际淋水次数、数量、温度要根据不同季节和具体情况灵活决定,但必须注意容器内严禁积水。

(4)应用植物激素生产无根豆芽　当豆芽长到1~2 cm时,每2 mL无根豆芽激素加水2~2.5 kg,喷洒5 kg种豆,豆芽长到3~4 cm时,用同样浓度的激素喷洒第二次,即可生产出无根豆芽。

可提前在浸种的洁净清水中,加入无根专用制剂(每50 kg清水加4 mL无根剂)浸种,待芽长到3~4 cm时,按每10 kg种豆加1支(2 mL)无根豆芽激素,对水15 kg浇淋一次,也可生产无根豆芽。

(5)防病管理　黄豆芽容易产生一些病害,如烫芽,红根,须根长密,豆芽纤维多、细而长,豆芽变黏、滞长,芽根发黑等。其中,烂根是豆芽生产过程中常见的灾害性病症。产生这些常见病的原因有如下几个方面:豆种本身破碎或带有病菌;屋内、盛芽容器、常用器具及用水严重污染;室温过高、过低、忽冷忽热;淋水不及时、不均匀等。为了预防这些病害,在生产前应预先对工房及器具消毒,同时,在生产过程中要严格掌握水温,定时淋水,控制好室内温度。

(五)采收标准、生产周期及投入产出比

黄豆芽通常采取整桶或整盘集装运输进行活体销售,普通黄豆芽的产品收获上市标准为:芽苗色黄,苗高5~8 cm最佳,带点根,没有侧根和根毛,子叶未展或始展,无烂根、“烂脖”,无异味,茎柔嫩、未纤维化。投入产出比为(1∶6)~(1∶8),生长周期3~5 d,整个生长期完全不用激素。

无根黄豆芽是在生长期用植物激素处理培育而成，周期 4～6 d，豆芽长到 6～9 cm 时即可采收，产量投入产出比按重量计为 1∶10 左右。无根豆芽即白豆芽，只有秃头胚根，粗细一致，颜色洁白，嚼之无纤维感，食用时感觉肥嫩爽口，与普通黄豆芽相比，产量更高。

任务二　苗菜类生产

豌豆苗又叫“龙须菜”“龙须豆苗”“蝴蝶菜”等，属于苗菜类，即小植体菜。主要是食用豌豆所生成的幼嫩茎叶和嫩梢，豌豆苗含有丰富的蛋白质、脂肪、碳水化合物，还含有 17 种氨基酸、胡萝卜素及维生素 C 等，其叶肉厚，纤维少，质柔滑，味清香宜人，常吃豌豆苗有健身作用。由于豌豆种子来源甚广，价格较低，同时生产出来的豌豆苗营养丰富、味道鲜美，深受广大消费者喜爱，所以经济效益较好，是栽培最为普遍的芽苗菜之一。

一、品种选择

为保证较高的发芽率，最好采用当年生产或贮存一年的新鲜种。在品种选择上，能同时以嫩梢、嫩荚、嫩籽粒和干籽粒供食的品种最为理想。大多数豌豆品种可用于生产豌豆苗。各品种的豌豆品性和生长特性均有所不同，实践证明，用于豌豆苗栽培的种子应选种皮较厚、千粒重 150～180 g、表面光滑、近球形的种子，发芽率应在 95%以上，且纯度、净度高，发芽势强，抗病性强，产量高。目前主要品种有白玉豌豆、日本小荚、麻豌豆、青豌豆和台湾豌豆等。

二、种子处理

(一)清选

用人工、机械或盐水漂洗进行种子筛选，剔去虫蛀、残破、畸形、霉变的种子，以免生长期间造成直接污染，引起烂种、烂芽及生长不齐等现象。

(二)浸种和预生

1. 浸种

(1)常温浸种　浸种前需先晒种，既可破除种子休眠，又可杀死有害病菌。晒种后用超过干种豆重的 2～3 倍水量浸种，浸泡 8～20 h(冬天浸泡时间长些)，其间换水 2～3 次，保持水的洁净。浸至种子充分膨大，皱纹消失，透过种皮能看到胚根为宜。

(2)烫豆浸种　将选好的种子放在 55℃的热水中不断搅拌，浸泡约 15 min，待水温降至 25℃左右时，加入 500 倍的农保赞 1 号液肥，继续浸种 5～6 h 后捞出。

2. 预生

将浸好的种子放入水桶，上盖湿布保湿，或用湿布包好，置于 20℃左右环境下催芽预生；冬天需 24～48 h，其间要用清水淘洗 2～3 次，待种子冒出小芽即可播种。

三、栽培管理

(一)塑料盘无土栽培

1.播种上盘

一般选用规格为长 60 cm、宽 25 cm、高 5 cm 的塑料苗盘,先用高锰酸钾消毒,播种前先将盘底垫一层浸湿的报纸、无纺布或白棉布等,以免豌豆苗的根从盘底部的孔中穿出,同时便于清盘。将催芽后的种子用清水淘洗干净,平播于盘中,每盘播种量为 500 g 左右。

2.叠盘

播种完后,把 5～10 个育苗盘叠在一起,上、下各盖、垫一个铺有浸湿麻袋片或白棉布的塑料育苗盘,以便保温、保湿、遮光。每摞叠盘之间要留出 2～3 cm 的空间,以加强通风透气,利于均匀出芽;千万不可紧挨着,以免造成空气郁闭,影响豌豆苗的正常生长。

3.催芽

每天用喷花壶喷水 2～3 次,喷淋水温应控制在 18～25℃,喷水量以豌豆和基质喷湿,育苗盘中不大量往外流水、不存水为宜。每次喷水的同时,将育苗盘的上下、前后、左右位置进行调换,以使其受光受温一致,达到出芽整齐一致的目的。

催芽期间棚室温度保持在 18～23℃,湿度要保持在 80%左右。如果湿度过大,豌豆极易发霉腐烂,所以在进行必要的通风排湿的同时,还要有意识地对豌豆勤加冲洗或浸泡、冲刷,以免种豆发臭、发黏。要及时用镊子取出糊化腐烂的种豆和周围粘有黏浆的种豆,并用腐菌清 1 g 兑 20～24℃的温水 15 kg 对整盘豆苗(尤其是病害处)进行喷洒消毒。

4.出盘后管理

经 2 d 左右催芽后,芽苗长至 2～3 cm 时,就应将苗盘摆放在地上或移至栽培架上进行管理。株高 3～5 cm 以前要保持黑暗环境,株高 3～5 cm 以后开始见光,进行绿化,光照强度尽量控制在 2 000～3 000 lx,3～4 d 完成绿化。注意千万不能把培养盘始终放在光照条件下,否则生产出的豌豆苗纤维化严重,甚至不能食用。还要注意豌豆苗的向光性,发现豌豆苗弯曲着向一个方向生长时,要及时将盘相应地倒换一下位置,以便使豌豆苗产品笔直挺立、高矮整齐一致。每天喷水 2～3 次,室内温度保持在 18～23℃,湿度要保持在 80%左右,在阴雨雾雪天或室内温度较低时少喷,高温或湿度小多喷些,水量以湿透报纸为限,勿使盘内积水。

生产中一定要注意控制好棚室内的温湿度,进行必要的通风换气,以免烂苗。万一出现烂苗,可提前采收;烂苗严重时,要将其及时销毁。棚室内温度低于 14℃要马上采取增温措施;棚室内温度高于 35℃时,要马上遮光、通风或棚室内喷水、喷雾降温。

(二)土培

一般在温室或塑料大棚中进行。选择疏松肥沃的土壤,整细耙平,做畦,一般畦宽 1～1.1 m,长度视具体情况而定。按 3 cm 的行距条播。保持土壤见干见湿,当芽高 1.2 cm 时浅松土,防止胚芽弯曲,当幼苗 2～3 片真叶、高 3～5 cm 时整株采收。

(三)"摘尖"栽培

一般在大田上进行,可在 10 月下旬到 11 月上旬播种,主要采用撒播方式,每 667 m^2 用种量 20～25 kg。也可采用 20 cm×20 cm 的株行距播种,当幼苗高 18～20 cm 时采摘顶部嫩梢，1 次播种可以采收 4～6 次，一般每 667 m^2 产嫩梢 1 000～1 200 kg。这里提到的豌豆苗是采摘生长在田间的豌豆植株的嫩尖食用，按现在区分芽菜的标准应列入体芽菜中，叫“豌豆尖”更为确切，豌豆苗摘尖栽培已成为豌豆苗栽培另一种方式。

四、采收标准及上市形式

当豌豆苗有 4～5 片真叶，10～15 cm 高，整齐一致，顶部复叶始展开或已充分展开，无烂根、烂茎基，无异味，茎端 7～8 cm 柔嫩未纤维化，芽苗浅黄绿色或绿色时即可采收上市，可整盘活体上市或用利刀从基部 5～6 cm 处剪切包装出售。

收割时，从芽苗梢部 7～8 cm 处剪割，放入塑料袋、盒中包装上市。采用 18.5 cm×12 cm×3.5 cm 透明塑料盒作包装容器，每盒装 100 g，用保鲜膜封口；或采用 16 cm×27 cm 封口袋上市，每袋装 300～400 g，亦可整盘上市。

五、生产周期及投入产出比

豌豆苗整个生产周期较短，一般在适温（18～25℃）条件下整个生产过程仅需 10 d 左右，冬季温度低时需要 15 d 左右。一般每盘的净菜产量为 300～350 g，其投入产出比按质量计约为 1∶0.8。如果为家庭自用生产，每盘可采收 2～3 茬，投入产出比会更高。

豌豆芽苗的再生栽培：在第 1 次采收豌豆芽苗后，豌豆种子中还有大量的营养，可以继续利用提供幼苗再一次生长。这样既减少了浪费，又增加了经济效益。

在第 1 次采收时，注意不要将豌豆的种子割伤，也不可把芽基割除，以免染病和失去生长点，割取芽苗的距离可距表层豆粒 0.5 cm 左右。同时，应注意收割位置距离豆粒不可过远，留茬过长会引起幼苗生出两个或两个以上的分枝，从而影响生长期和品质。收割后的管理同第 1 次，但要经常检查，捡出烂豆、病豆，防止发生病害，再生栽培以收获 2～3 茬为宜。

六、病害防治

豌豆苗的病害主要是根腐病，严重时可造成绝产绝收。

（1）发病规律　根腐病多在夏季高温季节发生，春季温度较低，发病最轻。能携带病原的有种子、栽培器皿、人员、车辆、尘土等，尤其是已发过病的育苗盘。

（2）防治措施　应选用抗病品种，播种前先将种子消毒，用 0.1%高锰酸钾浸种 15～20 min，冲净后再浸种催芽。育苗盘可用漂白粉或高锰酸钾浸泡、消毒，育苗场地可每周用漂白粉或石灰消毒一次。

复习思考题

1. 简述绿豆芽的生产技术要点。
2. 简述种芽菜和体芽菜的区别。
3. 分析芽苗菜生产过程中容易出现的问题，并提出解决措施。

参考文献

[1] 梁称福,熊丙全.蔬菜栽培技术.北京:化学工业出版社,2016.
[2] 梁称福.蔬菜栽培技术.北京:化学工业出版社,2009.
[3] 练华山,欧阳丽莹.蔬菜生产技术.成都:西南交通大学出版社,2013.
[4] 韩世栋.蔬菜栽培.北京:中国农业出版社,2001.
[5] 韩世栋.蔬菜生产技术.北京:中国农业出版社,2006.
[6] 张振贤.蔬菜栽培学.北京:中国农业大学出版社,2003.
[7] 高中强,丁习武.茄果类蔬菜.北京:中国农业大学出版社,2006.
[8] 浙江农业大学.蔬菜栽培学各论.北京:中国农业出版社,1997.
[9] 中国农业科学院蔬菜花卉研究所.中国蔬菜栽培学(新版).北京:中国农业出版社,2003.
[10] 张耀钢.蔬菜栽培(南方本).北京:中国农业出版社,2001.
[11] 陈杏禹.蔬菜栽培.北京:高等教育出版社,2005.
[12] 周克强.蔬菜栽培学.北京:中国农业大学出版社,2007.
[13] 申爱民.怎样提高辣椒种植效益.北京:金盾出版社,2006.
[14] 高中强,丁习武.茄果类蔬菜.北京:中国农业大学出版社,2006.
[15] 王文强,尹贤贵.番茄无公害早熟栽培.重庆:重庆出版社,1999.
[16] 付海明.黄瓜露地高产栽培技术.天津:天津科技翻译出版社,2009.
[17] 先本刚,詹成波,张建军.碧秀苦瓜嫁接网式配套栽培技术.长江蔬菜,2010(07):14-15.
[18] 黄裕蜀,何礼.豆类蔬菜栽培技术.成都:四川出版集团.成都:天地出版社,2006.
[19] 全锋.南方豆类蔬菜反季节栽培.北京:金盾出版社,2003.
[20] 吕家龙.蔬菜栽培学各论(南方本).北京:中国农业出版社,2001.
[21] 刘国芬.豌豆优良品种与栽培技术.北京:金盾出版社,2001.
[22] 张和义,杨德宝,胡群波.黄花菜扁豆栽培技术.北京:金盾出版社,2002.
[23] 陈光宇.芦笋无公害生产技术.北京:中国农业出版社,2005.
[24] 李文荣.香椿栽培新技术.北京:中国林业出版社,2007.
[25] 巩振辉.香椿日光温室大棚生产技术.西北园艺,2003(09):21-23.
[26] 周克强.蔬菜栽培学.北京:中国农业大学出版社,2007.
[27] 童合一,邢湘臣.水生蔬菜栽培.北京:金盾出版社,2006.
[28] 陆定顺.白菜类蔬菜栽培技术.上海:上海科技出版社,1996.
[29] 刘国琴.白菜类蔬菜栽培与贮藏加工新技术.北京:中国农业出版社,2005.
[30] 孙锦.胡萝卜、萝卜无公害栽培技术.兰州:甘肃科学技术农业出版社,2004.
[31] 汪隆植.中国萝卜.北京:科学技术文献出版社,2005.
[32] 苏小俊.绿叶蔬菜无公害高效栽培重点、难点与实例.北京:科学技术文献出版社,2008.

[33] 张川. 彭州大蒜主要品种及无公害高产栽培技术. 四川农业科技，2006(09)：22-23.
[34] 杨暹. 南方特色蔬菜栽培新技术. 北京：中国农业出版社，1999.
[35] 赵德婉. 生姜优质丰产栽培——原理与技术. 北京：中国农业出版社，2002.
[36] 赵冰编著. 薯蓣类蔬菜高产优质栽培技术. 北京：中国农业出版社，2001.
[37] 范双喜. 现代蔬菜生产技术全书. 北京：中国农业出版社，2003.
[38] 吕家龙. 蔬菜栽培学各论(南方本). 北京：中国农业出版社，2001.
[39] 马成亮，文玲. 朝鲜蓟的栽培技术. 特种经济动植物，2003(2)：38.
[40] 韦美芬. 朝鲜蓟高产栽培技术. 广西园艺，2003(2)：30-31.
[41] 黄裕蜀. 新兴蔬菜——特色菜栽培技术. 成都：四川出版集团，2006.

附　　录

附录一　常见蔬菜种子形态特征

名称	类型	形状	颜色	千粒重/g	其他
萝卜	真种子	卵形或心脏形	灰褐色	13.00	有棱角
甘蓝	真种子	圆球形	紫褐色	3.75	
芥菜	真种子	圆球形	红褐色	0.60	
结球白菜	真种子	圆球形	紫褐色	3.25	
不结球白菜	真种子	圆球形	紫褐色	2.65	
番茄	真种子	心脏形	乳黄色	3.25	有茸毛
辣椒	真种子	近方形	浅黄色	5.25	有网纹
普通甜瓜	真种子	棱形	乳黄色	19.50	
青皮冬瓜	真种子	卵形	乳白色	36.00	种子边缘无棱状突起
粉皮冬瓜	真种子	卵形	乳白色	44.5	种子边缘有棱状突起
葫芦	真种子	草履形	黄褐色	86.72	
苦瓜	真种子	龟背形	浅黄色	139.00	
中国南瓜	真种子	卵形	褐黄色	245.00	有金边
印度南瓜	真种子	近圆形	乳白色	341.65	皱纹多
美洲南瓜	真种子	长卵形	淡黄色	165.00	光滑
西瓜	真种子	椭圆形	黄褐色	100.00	
丝瓜	真种子	卵形	浅黑色	110.50	
莴苣	果实	披针形	灰黑色	1.15	有棱沟
茼蒿	果实	梯形	灰褐色	1.65	有棱沟
牛蒡	果实	棒槌形	灰黑色	13.66	有花纹、有棱沟
石刁柏	真种子	圆球形	灰黑色	22.50	
韭菜	真种子	盾形	黑色	3.45	细皱纹
大葱	真种子	三角锥形	黑色	2.90	有棱角
洋葱	真种子	三角锥形	黑色	3.5	有棱角
豇豆	真种子	肾形	红黑色	150.00	

续表

名称	类型	形状	颜色	千粒重/g	其他
菜豆	真种子	肾形	黑白褐色	400.00	
豌豆	真种子	球形	绿色	325.00	
毛豆	真种子	椭球形	黄青色	250.00	
扁豆	真种子	扁椭球形	黑白色	606.06	
蚕豆	真种子	楔形	绿色	400～2 500	
芫荽	果实	半球形	棕色	8.05	有果棱
花椰菜	真种子	圆球形	紫褐色	3.25	
芹菜	果实	半椭球形	黑褐色	0.47	有果棱
胡萝卜	果实	半卵形	褐色	1.25	有刺毛、有果棱
圆籽菠菜	果实	球形	灰黑色	9.50	
刺籽菠菜	果实	菱形	灰黑色	12.59	
苋菜	真种子	扁卵形	紫黑色	0.55	有光泽
蕹菜	真种子	近卵形	褐黑色	38.40	有茸毛
落葵	果实	球形	紫色	23.11	
荠菜	真种子	棱形	淡黄色	23.00	

附录二　部分常用生长调节剂的缩写及化学名称

序号	缩写或简称	中文名称	外文名称
1	IAA	β-吲哚乙酸	indole acetic acid
2	IBA	β-吲哚丁酸	indole butyric acid
3	NAA	α-萘乙酸	α-naphthalene acetic acid
4	MENA	萘乙酸甲酯	methyl ester of naphthalene acetic acid
5	2,4-D	2,4-二氯苯氧乙酸	2,4-dichlorophenoxy acetic acid
6	2,4-DP	2,4-二氯苯氧丙酸	2-(2,4-dichlorophenoxy)-propionic acid
7	2M-4X(MEPA)	二甲四氯	2-methyl-4-chlorophenoxy acetic acid
8	CLPA	4-氯苯氧乙酸	4-chlorophenoxyacetic acid
9	增产灵	4-碘苯氧乙酸	4-iodophenoxyacetic acid
10	TIBA	三碘苯甲酸	2,3,5-Triiodobenzoic acid
11	MH	青鲜素	maleic hydrazide

续表

序号	缩写或简称	中文名称	外文名称
12	6-BA	6-苄基腺嘌呤	6-benzylaminopurine
13	Kinetin	激动素	kinetin
14	GA	赤霉素	gibberellin
15	CCC	矮壮素	chlormequat chloride
16	ETH	乙烯利	ethephon
17	Morphactin	整形素	chlorflurenol methyl ester
18	ABA	脱落酸	abscisic acid
19	PCPA	对氯苯氧乙酸	4-chlorophenoxyacetic acid
20	KT-30(CPPU)	氯吡苯脲	forchlorfenuron